Chemie heute

Teil 2

Organische Chemie

Schroedel

Chemie heute

Teil 2 – Organische Chemie

Herausgegeben von
Oberstudiendirektor Wolfgang Asselborn, Saarlouis
Akademischer Direktor Manfred Jäckel, Hannover
Oberstudiendirektor Dr. Karl T. Risch, Heidelberg

Bearbeitet von
Prof. Dr. Hans-Dieter Barke, Münster
Studiendirektor Klaus Dehnert, Soest
Diplomlehrerin Rosemarie Förster, Chemnitz
Oberstudienrat Dr. Hermann Hammes-Therre, Bad Münstereifel
Studienrat Norbert Jäckel, Wetter
Oberstudiendirektor Günter Krug, Kenzingen
Diplomlehrer Dieter Matthé, Dresden
Studiendirektor Horst Oehr, Hamburg
Oberstudienrat Dr. Rolf Schulte-Coerne, Gelsenkirchen
Studiendirektor Theophil Schwenk, Backnang
Studienrat Michael Walory, Münster
Studienrat Dr. Winfried Zemann, Hannover

Mit Beiträgen von
Oberstudienrätin Renate Brützel, Wesel
Oberstudienrat Ulrich Claus, Wolfsburg
Studiendirektor Uwe Rehbein, Hamburg
Oberstudiendirektor Albin Schmid, Köln
unter Mitarbeit der Verlagsredaktion

Druck A ^{5} / Jahr 2013
Alle Drucke der Serie A sind im Unterricht parallel verwendbar.

Fotos: Michael Fabian, Udo Heuer, Hans Tegen
Grafik: Birgitt Biermann-Schickling, Theiss Heidolph, Brigitte Karnath, Karin Mall, Tom Menzel, Karola Niehoff, Volkmar Rinke, Günter Schlierf, Dr. Winfried Zemann
Druck und Bindung:
westermann druck GmbH, Braunschweig

ISBN 978-3-507-**86062**-9

Hinweise zum Aufbau des Chemiebuchs

Die Sachtexte der Informationsseiten sind der rote Faden des Buches. Hier werden die neuen Themen behandelt. Merksätze am Ende der Lerneinheiten fassen die wichtigsten Inhalte zusammen. Es schließen sich Aufgaben aus verschiedenen Kategorien an: „Rote Aufgaben" dienen zur Wiederholung der neuen Inhalte. „Schwarze Aufgaben" verknüpfen das neue Wissen mit früher Erlerntem und „blaue Aufgaben" verbinden die Chemie mit dem Alltag.

Im Rechenbeispiel werden typische Aufgaben in nachvollziehbaren Schritten vorgerechnet. **Rechenbeispiel**

Exkurse vermitteln einen Eindruck von den vielfältigen Bezügen der Chemie zu Alltag und Technik. **Exkurs**

Systematische Zusammenhänge lassen sich am besten durch übersichtliche Darstellungen erfassen. **Übersicht**

Hier werden theoretische Grundlagen beschrieben, die helfen, komplexe Inhalte besser zu verstehen. **Theorie**

Steckbriefe stellen die wichtigsten Informationen zu einem Stoff oder einer Stoffgruppe zusammen. **Steckbrief**

Auf diesen Seiten werden Zusatzinformationen, Bilder und Aufgaben zum behandelten Thema angeboten. **Chemie-Recherc**

Im Praktikum üben Schülerinnen und Schüler das experimentelle Arbeiten in der Chemie. **Praktikum**

Projektaufträge werden in Gruppen bearbeitet. Jede Gruppe stellt am Ende ihre Ergebnisse vor. **Projekt**

Diese Aufgabenseite dient zur Wiederholung und Vertiefung und führt die „Wichtigsten Begriffe" auf. **Prüfe dein Wiss**

Am Ende jeden Kapitels werden die neuen Inhalte in kurzer und übersichtlicher Form dargestellt. **Basiswissen**

Sofern nicht anders angegeben beziehen sich alle Angaben im Buch auf 20 °C und normalen Luftdruck.

Inhaltsverzeichnis

Bildquellenverzeichnis

8.1: Mauritius Bildagentur GmbH, Mittenwald; 14.1: Simper, Hannover; 15.1: Agilent Technologies Deutschland GmbH (GC 6890, MSD 5973N), Waldbronn; 22.1: Merthens, Jever; 24.1: Behr GmbH & Co., Stuttgart; 25.2: ESA, Darmstadt; 31.2b: Lufthansa (Krüger), Köln; 31.3b: BASF AG, Ludwigshafen; 35.1, 35.6: PreussenElektra AG, Hannover; 35.2, 35.4: RWE AG, Essen; 35.3: Stadtwerke Hannover AG, Hannover; 35.5: WeberHaus, Rheinau-Linx; 35.7: Bundesministerium für Umwelt, Berlin; 35.8: Simper, Hannover; 37.2: Mobil Erdöl-Erdgas GmbH, Hamburg; 38.1: BASF AG/Wintershall AG, Ludwigshafen; 40.1: Cordes, ChiuZ, Nr. 3, 1977; 41.2: Degussa-Hüls AG, Frankfurt; 44.2: DaimlerChrysler AG, Stuttgart; 45.1a: Dehnert, Soest; 45.2a: WeberHaus, Rheinau-Linx; 46.2: NASA; 48.1: Bilderberg GmbH, Hamburg; 56.5: Prof. Strauß; 62.2: K. Fröhlich, Sarstedt; 67.1a: Mauritius Bildagentur GmbH, Mittenwald; 68.2b: Heinrich Frings GmbH & Co. KG, Bonn; 72.1c: Wellinghorst, Badbergen; 73.1: Tönnies, Hannover; 73.2a: atelier krebs, Hannover; 73.3a: DRAGOCO Gerberding & Co. AG, Holzminden; 75.3: Silvestris GmbH, Kastl; 75.4: Härle, Wangen; 75.5: Dr. Jaenicke, Rodenberg; 76.3: Simper, Hannover; 76.4–5, 76.7: atelier krebs, Hannover; 77.1: Simper, Hannover; 82.1: Mauritius Bildagentur, Mittenwald; 82.2: Katrin Friedrich, Hannover; 83.1: FreseniusKabi Deutschland GmbH, Bad Homburg; 83.2: Katrin Friedrich, Hannover; 83.3: NASA (Fullerton); 84.1b: Prof. Buchheim, Bundesanstalt für Milchforschung, Kiel; 86.1a: Mager, Gengenbach; 87.1a–e, 87.2: Info-Zentrum Schokolade, Leverkusen; 88.2: Tanita Europe GmbH, Sindelfingen; 88.3a–c: Gödecke/Parke-Davis, Freiburg; 90.1a: agrar press, Bergisch Gladbach (über IMA, Bonn); 93.1: AKG, Berlin; 93.2a, b: Lilly Deutschland GmbH, Bad Homburg; 95.2–3: EMS-Bildarchiv, Finningen; 97.2a: Dr. Tony Brain/Focus, Hamburg; 97.2b: Francis Leroy/Focus, Hamburg; 98.1: Dr. Jaenicke, Rodenberg; 102.1: IFA-Bilderteam GmbH (Disc), Frankfurt; 103.1: Opel, Rüsselsheim; 107.2: BASF AG, Ludwigshafen; 107.3a–c: Krupp Kautex Maschinenbau GmbH, Bonn; 108.3: Henkel KGaA, Düsseldorf; 109.1: Angermayer (Pfletschinger), Holzkirchen; 109.3a–c: Sympatex Technology GmbH, Wuppertal; 110.1: Küppersbusch Hausgeräte AG, Gelsenkirchen; 110.3: Müller, Stolpen; 111.1 Imagine Fotoagentur, Hamburg; 113.2: DB AG (Geisler), Berlin; 116.1a–c: Simper, Hannover; 116.2: Wacker-Chemie GmbH, München; 125.1: Westfalen AG, Münster; Umschlag-Hintergrund: IFA-Bilderteam, Frankfurt; Umschlag-Vordergrund: Mauritius Bildagentur GmbH, Mittenwald

Es war uns leider nicht bei allen Abbildungen möglich, den Inhaber der Rechte ausfindig zu machen. Berechtigte Ansprüche werden selbstverständlich im Rahmen der üblichen Vereinbarungen abgegolten.

Übersicht

Sicheres Experimentieren

Gefahrensymbole. Von vielen Stoffen, die im Chemieunterricht verwendet werden, gehen Gefahren aus. Die Gefahrensymbole geben Hinweise auf diese Gefahren.

Stoffe, die beim Verschlucken oder Einatmen oder bei Aufnahme durch die Haut schwere Gesundheitsschäden oder gar den Tod bewirken können.

T: Giftig
T+: Sehr giftig

Stoffe, die beim Verschlucken oder Einatmen oder bei Aufnahme durch die Haut beschränkte Gesundheitsschäden hervorrufen können.

Xn: Gesundheitsschädlich

Stoffe, die das Hautgewebe an der betroffenen Stelle innerhalb weniger Minuten vollständig zerstören können.

C: Ätzend

Stoffe, die auf der Haut nach mehrstündiger Einwirkung deutliche Entzündungen hervorrufen können.

Xi: Reizend

Stoffe, die brennbare Materialien entzünden können oder mit diesen explosive Gemische ergeben.

O: Brandfördernd

Stoffe, die schon durch kurzzeitige Einwirkung einer Zündquelle entzündet werden können oder sich an der Luft von alleine entzünden.

F: Leichtentzündlich
F+: Hochentzündlich

Stoffe, die explodieren können.

E: Explosionsgefährlich

Stoffe, die selbst oder in Form ihrer Umwandlungsprodukte geeignet sind, sofort oder später Gefahren für die Umwelt herbeizuführen.

N: Umweltgefährlich

Sicherheitshinweise. Wegen der besonderen Gefahren sind im Chemieunterricht besondere Sicherheitshinweise zu beachten:

1. Schülerinnen und Schüler dürfen Geräte und Chemikalien nicht ohne Genehmigung berühren. Die Anlagen für elektrische Energie, Gas und Wasser dürfen nur nach Aufforderung eingeschaltet werden.
2. In Experimentierräumen darf weder gegessen noch getrunken werden.
3. Versuchsvorschriften und Hinweise müssen genau befolgt werden. Die Geräte müssen in sicherem Abstand von der Tischkante standfest aufgebaut werden. Der Versuch darf erst dann durchgeführt werden, wenn dazu aufgefordert wurde.
4. Werden Schutzbrillen oder Schutzhandschuhe ausgehändigt, so müssen sie beim Experimentieren getragen werden.
5. Geschmacks- und Geruchsproben dürfen nur dann vorgenommen werden, wenn die Lehrerin oder der Lehrer dazu auffordert. Chemikalien sollen nicht mit den Händen berührt werden.
6. Pipettieren mit dem Mund ist verboten.
7. Chemikalien dürfen nicht in Gefäße umgefüllt werden, die nicht eindeutig und dauerhaft beschriftet sind. Auf keinen Fall dürfen Gefäße benutzt werden, die üblicherweise zur Aufnahme von Speisen und Getränken bestimmt sind.
8. Die Haare sind so zu tragen, dass sie nicht in die Brennerflamme geraten können.
9. Der Arbeitsplatz muss stets sauber gehalten werden. Nach Beendigung des Versuchs sind die Geräte zu reinigen.
10. Chemikalienreste müssen vorschriftsmäßig entsorgt werden.

Sicherheitsleiste. Die im Buch beschriebenen Praktikumsversuche sind mit einer Sicherheitsleiste versehen, die mit Hilfe von acht Symbolkästchen Hinweise zu den Gefahren und zur Entsorgung gibt.

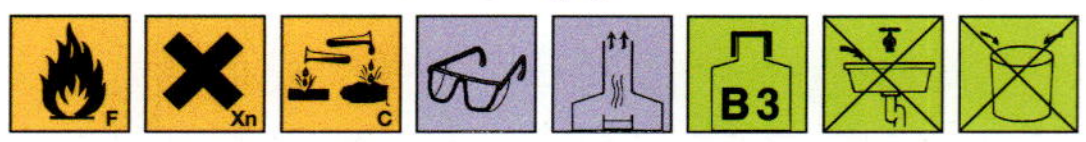

Die drei zuerst angegebenen Symbole enthalten die Gefahrensymbole der verwendeten Stoffe. Die Kästchen 4 und 5 geben Hinweise auf Sicherheitsvorkehrungen beim Experimentieren: Das Symbol „Abzug" bedeutet, dass der Versuch unter dem Abzug durchgeführt werden muss. Man erkennt außerdem, ob Schutzbrillen zu tragen sind. Die letzten drei Kästchen beschreiben die korrekte Entsorgung.
Die genaue Zuordnung der Symbole zu bestimmten Stoffen lässt sich der Stoffliste im Anhang entnehmen.

Entsorgung von Chemikalienresten

Wir wissen alle, dass man Chemikalienreste nicht ohne weiteres in den Abfluss oder den Abfalleimer geben darf. Gefährliche Stoffe müssen vielmehr ordnungsgemäß entsorgt werden. Das gilt besonders für Stoffe, die bei chemischen Experimenten anfallen. Um möglichst wenig Sorgen mit solchen Stoffen zu haben, sollte man folgende Regeln beachten:

Gefährliche Abfälle vermeiden. Zu den wichtigsten Regeln für einen verantwortungsbewussten Umgang mit Stoffen gehört es, *die Entstehung von unnötigen Abfällen oder unnötig großen Mengen an Abfällen zu vermeiden.* Die Anwendung dieser Regel setzt eine sorgfältige Planung der experimentellen Arbeit im Hinblick auf Art und Menge der verwendeten Stoffe voraus.

Gefährliche Abfälle umwandeln. Nicht vermeidbare gefährliche Abfallstoffe sollen in weniger gefährliche Stoffe umgewandelt werden: Säuren und Basen werden neutralisiert. Lösliche Stoffe können zu schwer löslichen umgesetzt werden.
Es ist zweckmäßig, Säuren und Laugen in einem gemeinsamen Behälter zu sammeln. Sie brauchen dann nicht portionsweise neutralisiert zu werden. Dies entspricht der ersten Regel, denn auf diese Weise bleiben die Abfallmengen klein.

Gefährliche Abfälle sammeln. Abfälle, die nicht an Ort und Stelle in ungefährliche Produkte umgewandelt werden können, sind zu sammeln. Von Zeit zu Zeit werden die Abfallbehälter dann durch ein *Entsorgungsunternehmen* abgeholt. Durch das Sammeln in getrennten Behältern wird zum einen die endgültige Beseitigung erleichtert und zum anderen eine Wiederaufbereitung ermöglicht.
Der Fachhandel bietet für das Sammeln gefährlicher Abfälle geeignete Behälter an; es können auch entsprechend beschriftete leere Chemikalienflaschen verwendet werden.

Entsorgungskonzept. Abfallchemikalien müssen nach Stoffklassen getrennt gesammelt werden, damit die ordnungsgemäße endgültige Entsorgung vereinfacht wird. Der folgende Sortiervorschlag ist einfach und übersichtlich und er garantiert eine angemessene endgültige Entsorgung:

Behälter 1 (B1):	Säuren und Laugen
Behälter 2 (B2):	giftige anorganische Stoffe
Behälter 3 (B3):	halogenfreie organische Stoffe
Behälter 4 (B4):	halogenhaltige organische Stoffe

Im **Behälter 1** werden saure und alkalische Lösungen gesammelt. Der Inhalt von Behälter 1 sollte neutralisiert werden, bevor der Behälter ganz gefüllt ist. Der neutralisierte Inhalt kann dann in den Ausguss geschüttet werden. Deshalb dürfen giftige Verbindungen wie saure oder alkalische Chromat-Lösungen *nicht* in diese Behälter gegeben werden.

Im **Behälter 2** werden giftige anorganische Stoffe wie Schwermetallsalze und Chromate gesammelt.

Die endgültige Entsorgung erfolgt hier durch ein Entsorgungsunternehmen.

Im **Behälter 3** werden wasserunlösliche und wasserlösliche halogenfreie organische Stoffe gesammelt. Das gemeinsame Sammeln wasserunlöslicher und wasserlöslicher Stoffe erspart ein weiteres Sammelgefäß und vereinfacht damit das Entsorgungskonzept. Damit sich kein zu großes Volumen an leicht entzündlichen Flüssigkeiten ansammelt, ist durchaus zu erwägen, *geringe Mengen* nicht giftiger wasserlöslicher organischer Abfälle wie Ethanol oder Aceton in den Ausguss zu geben.

Behälter 3 muss von einem Entsorgungsunternehmen ordnungsgemäß entsorgt werden.

In den **Behälter 4** gehören alle Halogenkohlenwasserstoffe, alle sonstigen halogenhaltigen organischen Stoffe sowie die Abfälle aus Halogenierungsreaktionen organischer Stoffe.

Behälter 4 muss von einem Entsorgungsunternehmen ordnungsgemäß entsorgt werden.

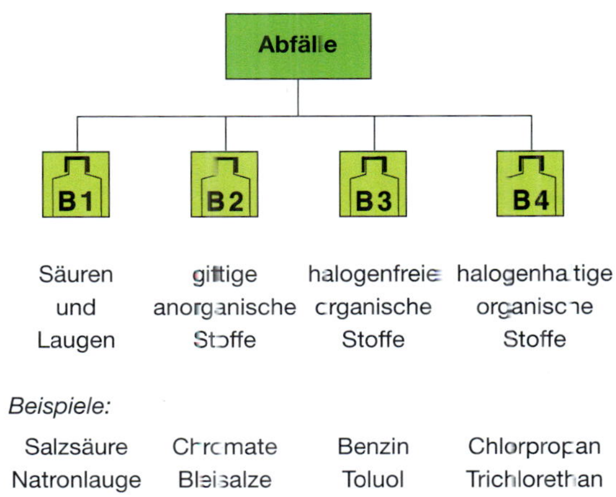

1 Chemie der Kohlenwasserstoffe

Experten schätzen, dass jährlich weltweit bis zu 800 Millionen Tonnen Methan in die Luft gelangen. *Methan* ist ein gasförmiger Kohlenwasserstoff, der den Hauptbestandteil des Biogases ausmacht.

Methanbakterien produzieren dieses Gas bei der Vergärung und der Fäulnis pflanzlichen Materials. So steigen große Mengen an Methan aus dem sumpfigen Untergrund von Reisfeldern auf.

Auch das Rind ist eine Art „Biogasanlage“. Im Rindermagen helfen Methanbakterien bei der Verdauung von Cellulose und bewirken, dass ein Rind täglich bis zu 200 Liter Methan in die Luft rülpst.

Methan gehört zu den Spurengasen der Atmosphäre und wirkt auch als Treibhausgas. So führt die weltweit zunehmende Rinderhaltung nicht nur zu immer mehr Gülle und Mist, sondern sie verstärkt auch den Treibhauseffekt.

1.1 Organische Stoffe – Organische Chemie

Ein einfacher chemischer Nachweis für organische Stoffe

Verkohltes Toastbrot beim Frühstück oder schwarze Würstchen bei der Grillparty sind ein ärgerliches Missgeschick. Ungewollt hat man dabei einen wichtigen chemischen Nachweis durchgeführt: Brot und Fleisch zersetzen sich bei hohen Temperaturen; übrig bleibt eine ungenießbare, kohleartige Masse. Diese *Verkohlung* ist typisch für viele Verbindungen, an deren Aufbau *Kohlenstoff-Atome* beteiligt sind. Allgemein bezeichnet man solche Substanzen als *organische Stoffe*.

Zucker und Kochsalz sehen zum Verwechseln ähnlich aus. Beides sind farblose kristalline Substanzen. Beim Erhitzen zeigt sich, dass Zucker eine organische Verbindung ist: Bei 185 °C bildet sich eine braune, zähe Schmelze, Gase entweichen und bei weiterem Erhitzen bleibt schließlich poröse Zuckerkohle zurück. Kochsalz schmilzt dagegen erst bei einer Temperatur von etwa 800 °C. Es entsteht eine klare Schmelze, aus der beim Abkühlen das Salz ohne erkennbare Veränderung wieder auskristallisiert; eine Zersetzung findet nicht statt. Kochsalz gehört zu den *anorganischen Stoffen*.

Holz, Bienenwachs, Medikamente, Farbstoffe und Kunststoffe sind weitere Beispiele für organische Stoffe. Die Chemie der Kohlenstoff-Verbindungen wird allgemein als **organische Chemie** bezeichnet. Nur einige Kohlenstoff-Verbindungen rechnet man zur **anorganischen Chemie.** Dazu gehören Kohlenstoffmonooxid und Kohlenstoffdioxid sowie die Kohlensäure und ihre Salze, die Carbonate.

Organische Stoffe sind Kohlenstoff-Verbindungen.
Die organische Chemie ist die Chemie der Kohlenstoff-Verbindungen.

1 Welche Atom-Art ist immer am Aufbau organischer Verbindungen beteiligt? Gib Elementsymbol, Atommasse, Ordnungszahl, Anzahl und Art der Elementarteilchen sowie Stellung im Periodensystem an.
2 Was versteht man unter Zuckerkohle?
3 Wie lässt sich experimentell zeigen, dass Kunststoffe organische Verbindungen sind?

Die Anfänge der organischen Chemie

Exkurs

Bis ins 18. Jahrhundert untersuchten die Naturforscher vor allem Stoffe aus der unbelebten Natur. Viele dieser Verbindungen konnten synthetisiert werden. Um 1800 wurden dann auch viele Reinstoffe aus der belebten Natur isoliert und analysiert. Der schwedische Chemiker BERZELIUS schlug für sie 1807 die Bezeichnung **organische Stoffe** vor. Zu dieser Zeit ließ sich keine dieser Verbindungen im Labor herstellen. Man führte ihre Bildung deshalb auf eine besondere „Lebenskraft" des Organismus zurück.

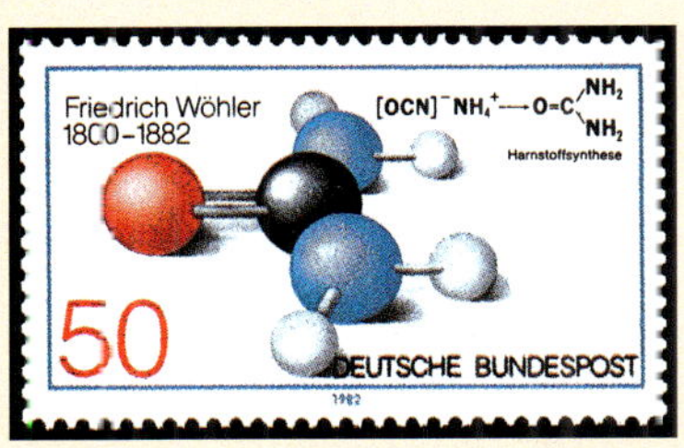

WÖHLERS Harnstoff-Synthese. Im Jahre 1828 berichtete der deutsche Chemiker WÖHLER in einem Brief an BERZELIUS über seine Untersuchungen: „Ich kann, so zu sagen, mein chemisches Wasser nicht halten und muß ihnen sagen, daß ich Harnstoff machen kann, ohne dazu Nieren oder überhaupt ein Thier, sey es Mensch oder Hund, nöthig zu haben. Ich fand, daß immer wenn man Cyansäure mit Ammoniak zu verbinden sucht, eine kristallisierte Substanz entsteht, die ... weder auf Cyansäure noch Ammoniak reagierte ..., und es bedurfte nun weiter Nichts als einer vergleichenden Untersuchung mit Pisse-Harnstoff, den ich in jeder Hinsicht selbst gemacht hatte, und dem Cyan-Harnstoff. Wenn nun ... kein anderes Produkt als Harnstoff entstanden war, so mußte endlich ... der Pisse-Harnstoff genau dieselbe Zusammensetzung haben, wie das cyansaure Ammoniak. Und dies ist in der That der Fall ..."
WÖHLER hatte mit dem Harnstoff die erste organische Verbindung synthetisiert und so den Einstieg in die organische Chemie gefunden.

1 Wie hat BERZELIUS die Verbindungen pflanzlicher und tierischer Herkunft von den Stoffen der unbelebten Natur unterschieden?
2 Warum erwähnt WÖHLER die Nieren im Zusammenhang mit Harnstoff?
3 Nenne je zwei Beispiele für Stoffe aus der belebten und unbelebten Natur.

1.2 Methan – Kohlenwasserstoff Nummer Eins

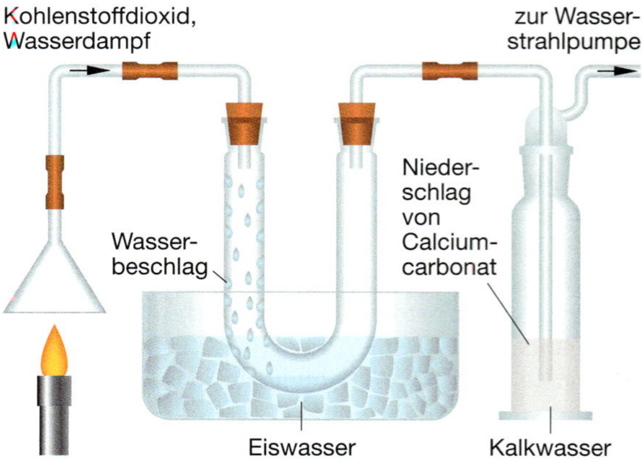

Qualitative Analyse von Methan

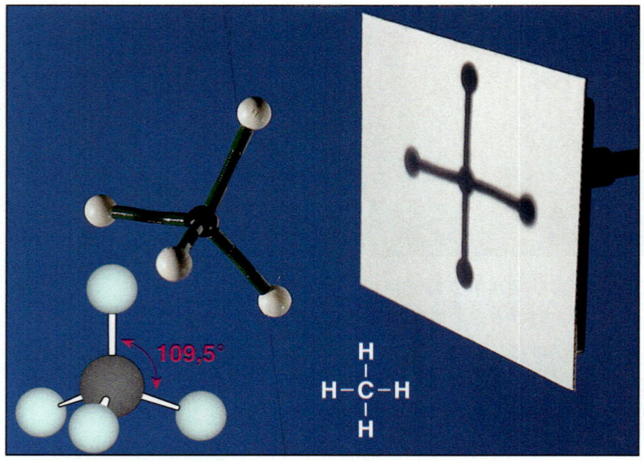

Das Methan-Molekül

Erdgas besteht fast ausschließlich aus Methan. Bei der Verbrennung von Erdgas bilden sich als Reaktionsprodukte Wasserdampf und Kohlenstoffdioxid. Methan-Moleküle müssen also Kohlenstoff-Atome und Wasserstoff-Atome enthalten. Allgemein bezeichnet man alle Verbindungen, die nur aus Kohlenstoff-Atomen und Wasserstoff-Atomen aufgebaut sind, als **Kohlenwasserstoffe.** Methan ist die einfachste Verbindung dieser Art.

Steckbrief: Methan (CH_4)

Vorkommen: Hauptbestandteil des Erdgases; entsteht durch Abbau pflanzlichen Materials in Sümpfen, Deponien, Faultürmen oder Kläranlagen, Wiederkäuermägen und Biogasanlagen.

Eigenschaften: farbloses, geruchloses und brennbares Gas; brennt mit bläulicher Flamme; Methan/Luft-Gemische sind explosiv (Schlagwetter in Bergwerken);
Dichte: 0,67 $\frac{g}{l}$ (bei 20 °C und 1013 hPa)
Schmelztemperatur: – 182 °C
Siedetemperatur: – 161 °C

Verwendung: Heizgas in Kraftwerken und Haushalten; wichtiger Rohstoff für die chemische Industrie

Hoch entzündlich

R 12 Hoch entzündlich
S 9 Behälter an einem gut gelüfteten Ort aufbewahren
S 16 Von Zündquellen fern halten
S 33 Maßnahmen gegen elektrostatische Aufladungen treffen

Molekülformel von Methan. Das Atomanzahlverhältnis im Molekül ergibt sich aus der *quantitativen Analyse:* Dazu oxidiert man in einer geschlossenen Apparatur Methan mit Kupferoxid vollständig zu Wasser und Kohlenstoffdioxid.
Aus der Masse des entstandenen Wassers und dem Volumen des gebildeten Kohlenstoffdioxids ergibt sich das Atomanzahlverhältnis $N(C) : N(H) = 1 : 4$ und damit die *Verhältnisformel* C_1H_4. Die Volumina von eingesetztem Methan und erhaltenem Kohlenstoffdioxid sind gleich groß. Daraus erhält man für die **Molekülformel** von Methan $\mathbf{CH_4}$.

Struktur des Methan-Moleküls. Im Methan-Molekül sind die vier Wasserstoff-Atome jeweils über eine Elektronenpaarbindung mit dem Kohlenstoff-Atom verbunden. Nach dem Elektronenpaarabstoßungs-Modell ordnen sich die Atome tetraederförmig an. Im Zentrum des Tetraeders befindet sich das Kohlenstoff-Atom, an den vier Ecken sind die Wasserstoff-Atome. Der H–C–H-Bindungswinkel beträgt 109,5°. Diesen Winkel bezeichnet man als **Tetraederwinkel.** Am *Kugel/Stab-Modell* lässt sich der räumliche Bau des Moleküls sehr gut erkennen. Die übliche *LEWIS-Formel* entspricht der Projektion des Modells in die Zeichenebene.

Kohlenwasserstoffe sind Verbindungen, deren Moleküle nur aus Kohlenstoff-Atomen und Wasserstoff-Atomen aufgebaut sind. Methan, der einfachste Kohlenwasserstoff, besteht aus tetraederförmigen CH_4-Molekülen.

1 Formuliere die Reaktionsgleichungen für **a)** die Verbrennung von Methan; **b)** die Oxidation von Methan mit Kupferoxid; **c)** den Nachweis von Kohlenstoffdioxid mit Calciumhydroxid-Lösung.

Die Molekülformel von Methan

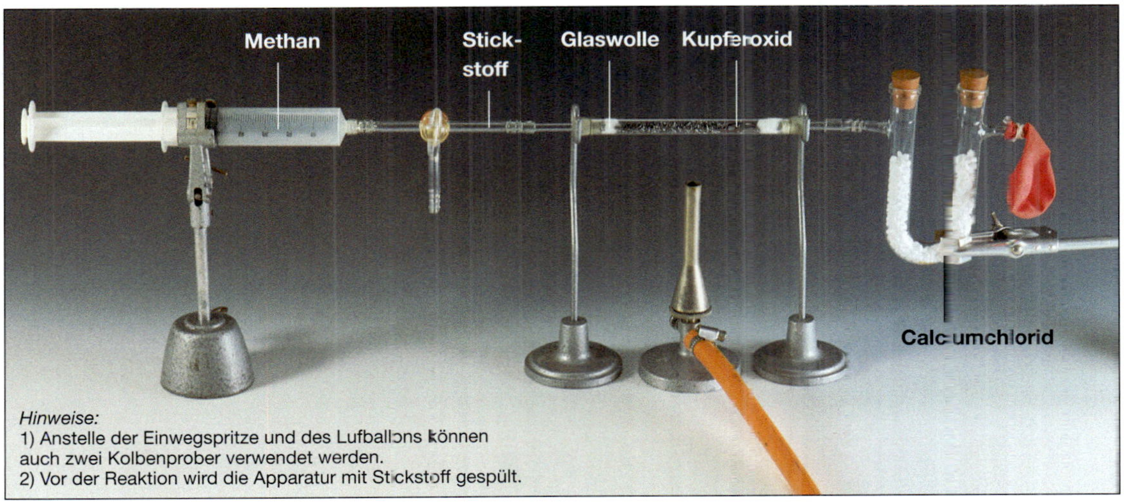

Hinweise:
1) Anstelle der Einwegspritze und des Luftballons können auch zwei Kolbenprober verwendet werden.
2) Vor der Reaktion wird die Apparatur mit Stickstoff gespült.

Auf Rotglut erhitztes Kupferoxid oxidiert Methan vollständig zu Wasserdampf und Kohlenstoffdioxid. Dieses Verfahren geht auf LIEBIG zurück und wird als **quantitative Elementaranalyse** bezeichnet.

Aus 50 ml Methan entstehen 50 ml Kohlenstoffdioxid. 75 mg Wasserdampf werden von wasserfreiem Calciumchlorid gebunden, die Masse ergibt sich aus der Massendifferenz des U-Rohres vor und nach dem Versuch.

Aus den Versuchsergebnissen lässt sich die *Verhältnisformel* und die *Molekülformel* von Methan ermitteln:

1. Wasserstoffanteil:

Die Stoffmenge des Wasserstoffs erhält man aus der Masse des gebildeten Wassers:

$$n(H_2O) = \frac{m(H_2O)}{M(H_2O)} = \frac{75\ \text{mg}}{18\ \frac{\text{mg}}{\text{mmol}}} = 4{,}2\ \text{mmol}$$

$$n(H) = 2 \cdot n(H_2O) = 8{,}4\ \text{mmol}$$

2. Kohlenstoffanteil:

Die Stoffmenge des Kohlenstoffs lässt sich aus dem Volumen und der Dichte berechnen:

$$m(CO_2) = V(CO_2) \cdot \varrho\,(CO_2) = 50\ \text{ml} \cdot 1{,}84\ \frac{\text{mg}}{\text{ml}} = 92\ \text{mg}$$

$$n(CO_2) = \frac{m(CO_2)}{M(CO_2)} = \frac{92\ \text{mg}}{44\ \frac{\text{mg}}{\text{mmol}}} = 2{,}09\ \text{mmol}$$

$$n(C) = n(CO_2) = 2{,}09\ \text{mmol}$$

3. Atomanzahlverhältnis und Verhältnisformel:

Als Verhältnisformel ergibt sich:

$$n(C) : n(H) = \frac{2{,}1\ \text{mmol}}{8{,}4\ \text{mmol}} = 1 : 4 \Longrightarrow \mathbf{C_1H_4}$$

4. Von der Verhältnisformel zur Molekülformel:

Aus 50 ml Methan entstehen 50 ml Kohlenstoffdioxid:
$V(\text{Methan}) : V(CO_2) = 1 : 1$
Gleiche Gasvolumina enthalten nach dem Gesetz von AVOGADRO bei gleichen Bedingungen gleich viele Teilchen. Daraus ergibt sich, dass in *einem* Methan-Molekül wie in *einem* Kohlenstoffdioxid-Molekül *ein* Kohlenstoff-Atom enthalten ist.
Die Molekülformel von Methan lautet daher CH_4.

5. Experimentelle Überprüfung durch Gaswägung:

Man wiegt eine Gaswägekugel mit der darin befindlichen Luft. Anschließend drückt man aus dem Kolbenprober 100 ml Methan hinein und wiegt erneut.
Als Differenz der beiden Wägungen ergibt sich als Masse von 100 ml Methan 67 mg.

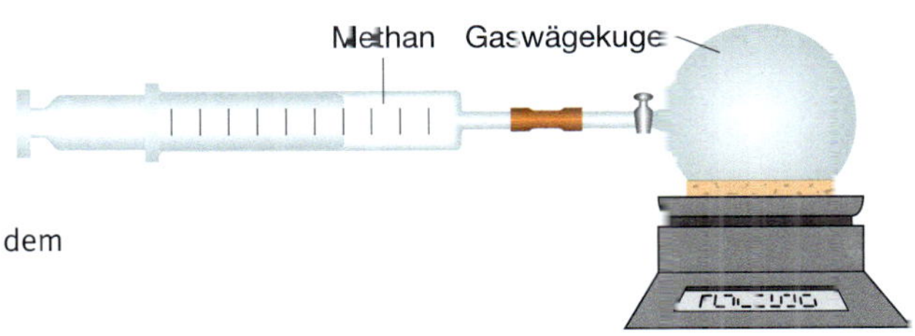

Aus dem Volumen und der Masse lassen sich die Stoffmenge und die molare Masse berechnen:

$$n = \frac{V}{V_m} = \frac{0{,}1\ \text{l}}{24\ \frac{\text{l}}{\text{mol}}} = 0{,}0042\ \text{mol}$$

$$M = \frac{m}{n} = \frac{0{,}067\ \text{g}}{0{,}0042\ \text{mol}} = 16\ \frac{\text{g}}{\text{mol}}$$

Die Molekülformel von Methan ist damit bestätigt.

Projekt

Biogas ... Methan aus Mist

Methanbakterien gewinnen lebensnotwendige Energie durch Zersetzung organischen Materials. Das dabei gebildete **Biogas** besteht vorwiegend aus Methan (etwa 60 %) und Kohlenstoffdioxid (etwa 35 %). Außerdem enthält es noch Wasserstoff, Stickstoff und Schwefelwasserstoff. Große Mengen an Methan entweichen durch solche Vorgänge aus dem sumpfigen Untergrund von Reisfeldern.
Im Rindermagen ermöglichen Methanbakterien die Verdauung von Cellulose. Für die Zersetzung organischer Stoffe benötigen die Methanbakterien keinen Sauerstoff. Die *Methan-Gärung* verläuft *anaerob*.

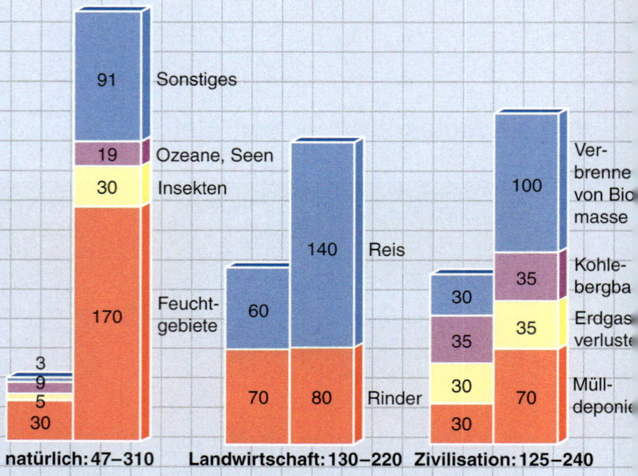

Methan-Quellen *(Emission in Millionen Tonnen pro Jahr)*

V1: Biogas (F+) aus der Thermosflasche

Materialien: Erlenmeyerkolben (300 ml) mit Stopfen, Waage, Wasserbad, Thermosflasche (mindestens 700 ml), Stopfen mit zwei Löchern, Thermometer, gewinkeltes Glasrohr, Kolbenprober mit Hahn (100 ml);
Kohlenstoffdioxid, frische Pferdeäpfel, Kochsalzlösung (0,9 %).

Durchführung:

1. Gib etwa 150 g der frischen Pferdeäpfel und 130 ml der Kochsalzlösung in den Erlenmeyerkolben.
2. Erwärme den Ansatz im Wasserbad auf 40 °C.
3. Spüle die Thermosflasche mit Kohlenstoffdioxid und fülle den Inhalt des Erlenmeyerkolbens in die Thermosflasche. Dabei muss zwischen Substanz und Stopfen ein Zwischenraum von 2 cm bleiben.
4. Baue nun die Apparatur nach der Abbildung zusammen.
5. Notiere über einige Tage den Temperaturverlauf und das gebildete Gasvolumen. Schüttle die Thermosflasche dabei gelegentlich, ohne sie aber zu öffnen. Beende den Versuch, wenn die Gasentwicklung merklich nachlässt.
6. *Zusatz:* Verschließe den Kolbenprober mit dem Hahn und verwende das Biogas für Versuch 2.

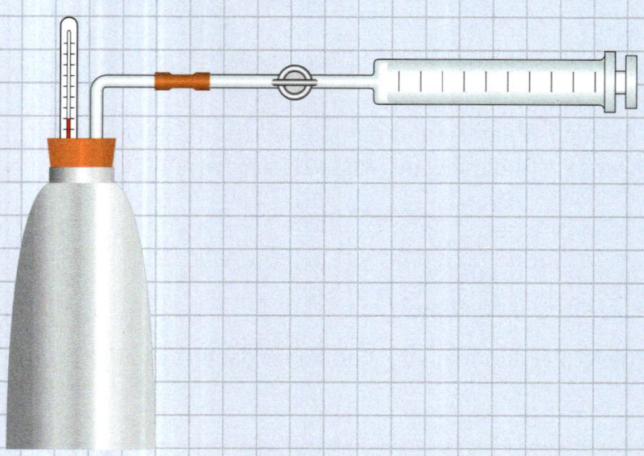

V2: Analyse von Biogas

Materialien: Luftballon, Absorptionsrohr mit Natronkalk (C), Schlauchstück, Glasrohre, Bleiacetat-Papier (Müll); Kolbenprober mit Hahn mit Biogas (F+) aus Versuch 1.

Durchführung:

Quantitative Bestimmung von Kohlenstoffdioxid:

1. Baue die Apparatur nach der Abbildung zusammen.
2. Öffne den Hahn am Kolbenprober und schiebe das Biogas in die Apparatur.
3. Bewege das Gas so lange mit dem Kolbenprober hin und her, bis sich das Volumen nicht mehr ändert. Die Volumenabnahme entspricht dem Anteil an Kohlenstoffdioxid.

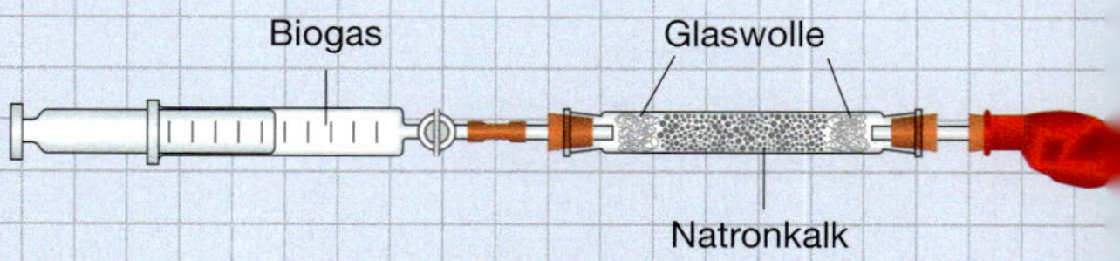

Nachweis von Schwefelwasserstoff:

1. Leite etwas Biogas über feuchtes Bleiacetat-Papier.

Arbeitsaufträge:

1. Besorge Anschriften von landwirtschaftlichen Betrieben, die Biogas produzieren.
2. Informiere dich vor Ort über den Aufbau einer Biogasanlage sowie über die Nutzung des Biogases und des vergorenen Materials.

V3: Biogas als Energieträger

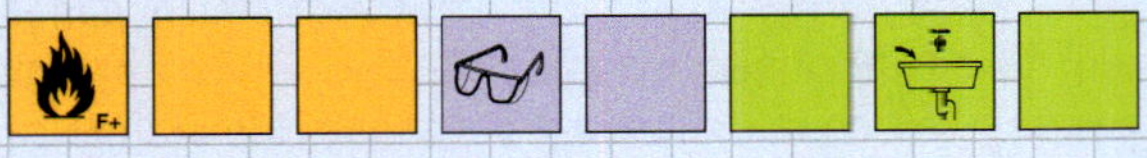

Materialien: Weithalsflasche (250 ml) mit Graduierung, Stopfen mit zwei Löchern, Dreiwegehahn, Ausgleichsbehälter mit Glasrohr mit kapillarer Spitze, gewinkeltes Glasrohr mit Spitze, leere Getränkedose (Blechdose), Thermometer (Einteilung 0,1 °C), Messzylinder (100 ml); Erdgas oder Methan (F+), Biogas (F+).

Durchführung:

1. Fülle die graduierte Glasflasche mit Wasser und baue die Apparatur nach der Abbildung zusammen.
2. Leite über den Dreiwegehahn 250 ml Erdgas oder Methan in die Flasche. Dabei wird das Wasser in den Ausgleichsbehälter verdrängt.
3. Fülle 75 ml Wasser in die Getränkedose und lies die Temperatur des Wassers auf 0,1 °C genau ab.
4. Stelle nun den Dreiwegehahn so ein, dass Gas durch die Glasspitze strömt und entzünde das Gas.
5. Bringe die Getränkedose mit dem Wasser und dem Thermometer über die Flamme. Stelle den Gasstrom ab, wenn ein Gasvolumen von 150 ml verbrannt ist.
6. Durchmische das Wasser in der Dose und lies die Temperatur ab. Ermittle die Temperaturänderung.
7. Ersetze das Wasser in der Blechdose durch 75 ml frisches Wasser und führe den Versuch mit Biogas erneut durch.

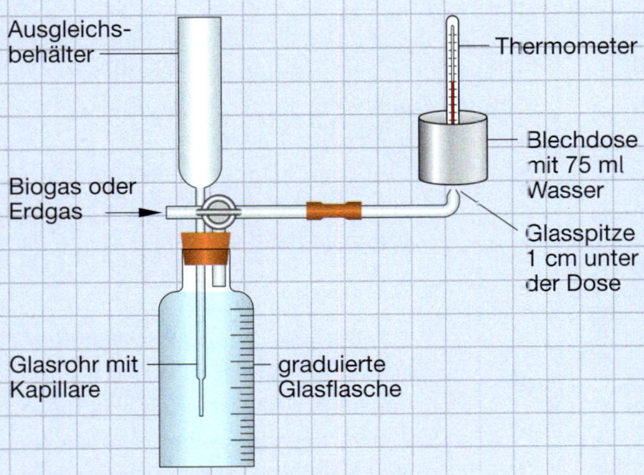

Aufgaben:

a) Vergleiche deine Werte mit den folgenden Durchschnittswerten: Temperaturerhöhung bei Biogas 7 °C; bei Erdgas 11,4 °C (jeweils bei 150 ml Gas).

b) Vergleiche die Heizwerte von Biogas und Erdgas.

Heizkosten, Heizwerte und CO_2-Emission

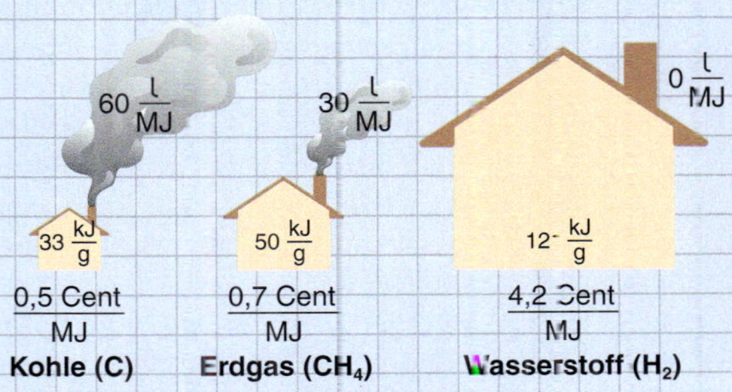

Aufgaben: 1. Vergleiche die Heizwerte der Brennstoffe und die CO_2-Produktion bei ihrer Verbrennung.
2. Vergleiche die Brennstoffe unter ökologischen und wirtschaftlichen Gesichtspunkten.

Biogas als Energieträger

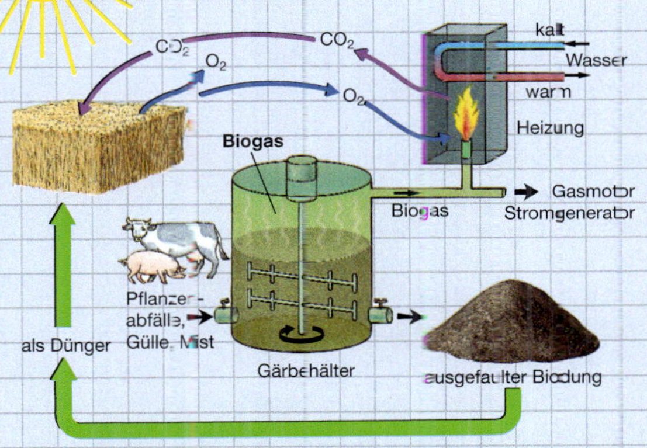

Aufgabe: Aus fast allen organischen Abfällen lässt sich Biogas gewinnen. Wieso kann man das Methan im Biogas als *regenerativen Energieträger* bezeichnen?

Bereits um 1930 gewannen die Städte Halle, Pforzheim, Essen, Heilbronn, Erfurt und München im Bereich ihrer Kläranlagen Biogas für ihren Fuhrpark. Heute könnte man aus den organischen Abfällen eines Einwohners etwa 35 Liter Biogas pro Tag gewinnen. Umgerechnet auf die Einwohnerzahl Deutschlands ließen sich so jährlich 650 Millionen Kubikmeter Biogas erzeugen. Bei einem durchschnittlichen Heizwert von 25000 $\frac{kJ}{m^3}$ könnten dadurch 600 Millionen Liter Heizöl ersetzt werden.

Aufgaben: 1. Warum lassen sich durch Biogas Rohstoffe einsparen und Umweltschäden vermindern?
2. Wieso wird die Biogasproduktion trotzdem nicht umfassend realisiert?

1.3 Feuerzeuggas – Was ist das?

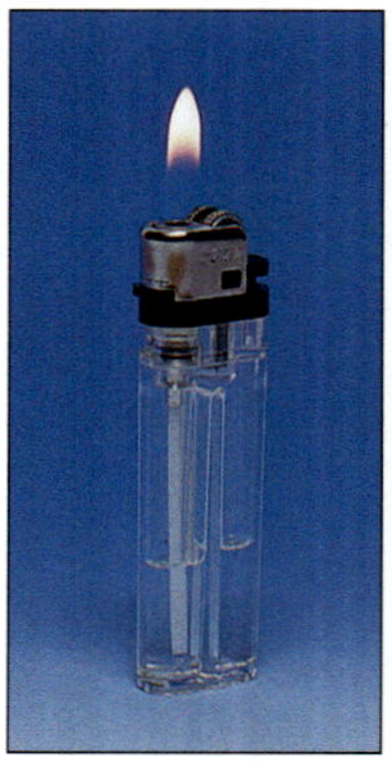

Beim Camping werden Gaskocher meist mit **Butan** aus blauen Kartuschen oder Gasflaschen betrieben. Bei Normaldruck ist Butan gasförmig; es lässt sich jedoch durch Druck verhältnismäßig leicht verflüssigen. Daher wird es auch als Flüssiggas bezeichnet. In manchen Feuerzeugen kann man das verflüssigte Butan direkt beobachten.
Bei der Verbrennung von Butan entstehen Kohlenstoffdioxid und Wasserdampf. Butan-Moleküle enthalten also Kohlenstoff-Atome und Wasserstoff-Atome; andere Atome lassen sich nicht nachweisen. Butan ist daher ein *Kohlenwasserstoff.*

Quantitative Analyse. Die Anzahl der Wasserstoff-Atome in einem Butan-Molekül lässt sich durch Zersetzung mit Hilfe einer Hochspannungsfunkenstrecke ermitteln. Bei dieser Reaktion zerfällt Butan in festen Kohlenstoff und gasförmigen Wasserstoff. Das experimentell ermittelte Volumenverhältnis $V(\text{Butan}) : V(\text{Wasserstoff})$ beträgt 1 : 5. Da Wasserstoff aus zweiatomigen Molekülen (H_2) besteht, folgt daraus, dass ein Butan-Molekül zehn Wasserstoff-Atome enthält.
Die Anzahl der Kohlenstoff-Atome pro Molekül ergibt sich über eine Gaswägung: Bei 20 °C und normalem Luftdruck kommt man für Butan auf etwa 2,4 $\frac{g}{l}$. Da ein Mol eines Gases bei diesen Bedingungen ein Volumen von 24 l einnimmt, hat Butan eine molare Masse von:
$2{,}4\,\frac{g}{l} \cdot 24\,\frac{l}{mol} \approx 58\,\frac{g}{mol}$.
Ein Butan-Molekül hat also eine Masse von 58 u, es enthält neben zehn Wasserstoff-Atomen vier Kohlenstoff-Atome. Die Molekülformel lautet demnach $\mathbf{C_4H_{10}}$.

Struktur des Butan-Moleküls. Durch Kombination von vier Kohlenstoff-Atomen und zehn Wasserstoff-Atomen lassen sich zwei verschiedene Strukturen aufbauen: Im ersten Fall erhält man ein Molekül, in dem die Kohlenstoff-Atome in einer Kette angeordnet sind. Es handelt sich dabei um die Struktur von normalem Butan (*n*-Butan). Im zweiten Fall ergibt sich ein verzweigtes Molekül: *iso*-Butan.
Feuerzeuggas enthält neben *n*-Butan stets einen kleinen Anteil an *iso*-Butan.

Gas-Chromatografie. *n*-Butan und *iso*-Butan unterscheiden sich kaum in ihren Eigenschaften. Ein geeignetes Verfahren zur Trennung von Feuerzeuggas in seine Bestandteile ist die Gas-Chromatografie. Hierbei erfolgt die Trennung in einem langen dünnen Glasrohr, das mit einem porösen Feststoff gefüllt ist. Die Oberfläche des Feststoffs ist mit einer Flüssigkeit bedeckt, in der sich die Bestandteile des Feuerzeuggases unterschiedlich gut lösen.
Zur Trennung wird ein geringes Volumen Feuerzeuggas in das Glasrohr gespritzt und mit Hilfe eines Trägergases durch das Rohr transportiert. *n*-Butan löst sich besser in der Flüssigkeit und wird stärker zurückgehalten als *iso*-Butan. Am Ende des Glasrohres tritt deshalb zuerst *iso*-Butan aus, gefolgt von *n*-Butan.

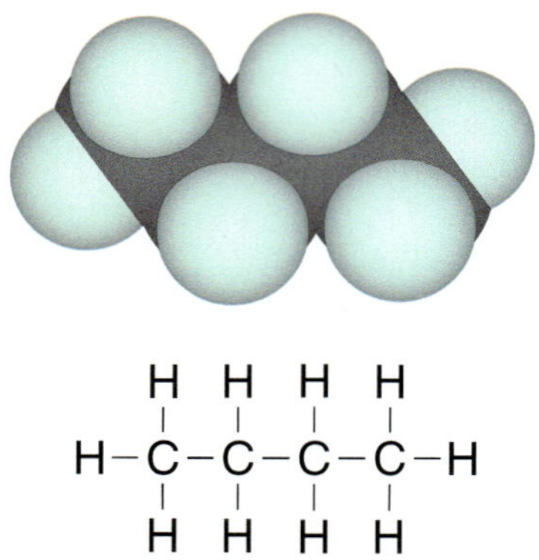

n-Butan

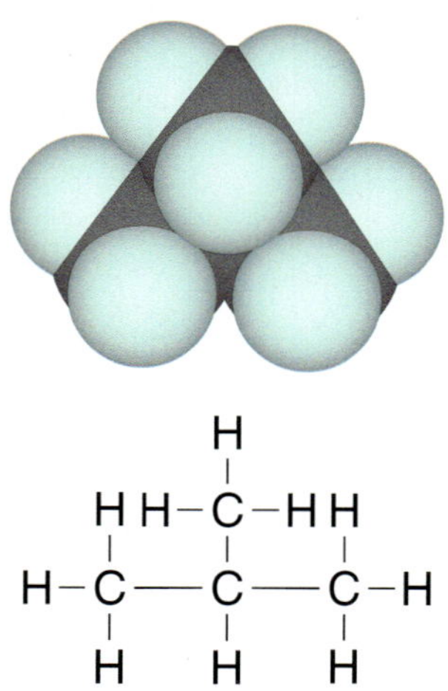

iso-Butan

Butan hat die Molekülformel C_4H_{10}.
Es gibt zwei Butan-Moleküle mit unterschiedlicher Strukturformel: *n*-Butan und *iso*-Butan.
Ein Gemisch von *n*-Butan und *iso*-Butan lässt sich durch Gas-Chromatografie trennen.

1 Formuliere die Reaktionsgleichungen für die Verbrennung und für die thermolytische Zersetzung von Butan.
2 Berechne die Mengen an Kohlenstoffdioxid und an Wasser, die bei der Verbrennung von 10 g Butan entstehen.
3 Meist enthalten Campinggas und Feuerzeuggas noch etwas Propan (C_3H_8). Wie macht sich das bei der Gas-Chromatografie bemerkbar?
4 Welche Vorgänge laufen im Einzelnen ab, wenn du ein Gasfeuerzeug benutzt?

Chemiker auf Spurensuche

Exkurs

Für viele chemische Verbindungen mit schädlichen Wirkungen auf Mensch und Umwelt werden gesetzlich zulässige Höchstmengen festgelegt. Bei den meisten Umweltchemikalien liegen diese Konzentrationen im ppm-Bereich (engl. *parts per million*): Wie bei der Nadel im Heuhaufen ist dann unter einer Million Teilchen ein Schadstoff-Teilchen aufzuspüren. Man sucht also nach kleinsten Spuren.

Gas-Chromatografie. Ein wichtiges Verfahren in der *Spurenanalytik* ist die Gas-Chromatografie. Mit ihrer Hilfe lassen sich gasförmige und leicht verdampfbare Substanzen trennen und identifizieren.

Kernstück eines Gas-Chromatografen ist ein langes, dünnes Rohr, die *Trennsäule*. Sie ist mit einem porösen Stoff gefüllt. Auf der großen Oberfläche dieses Stoffes befindet sich als *stationäre Phase* ein dünner Film eines schwer verdampfbaren Lösungsmittels. Durch die Trennsäule strömt als *mobile Phase* ein Trägergas, meist Helium oder Stickstoff.

Zur Analyse wird nun eine kleine Probe des zu untersuchenden Stoffgemisches in die Trennsäule gespritzt. Der kontinuierliche Trägergasstrom nimmt die Moleküle der Probe auf und strömt als mobile Phase an der stationären Phase vorbei. Die verschiedenartigen Moleküle der Probe treten in Wechselwirkung mit den Molekülen des Lösungsmittels. Art und Stärke der Anziehungskräfte hängen entscheidend von der Polarität der Moleküle ab. Am Ende der Trennsäule kommen zuerst die Moleküle an, die nur schwach an das Lösungsmittel gebunden werden. Je nach Stärke der Anziehungskräfte folgen die übrigen Moleküle in gewissen zeitlichen Abständen.

Ein *Detektor* am Ende der Trennsäule erkennt verschiedene Substanzen an einer Änderung der Wärmeleitfähigkeit. Jede Änderung wird als Signal an einen Computer übertragen. Ein Programm stellt die Signale grafisch als Ausschläge (Peaks) dar: Man erhält ein *Gas-Chromatogramm*. Die Zeit bis zum Erscheinen des Ausschlages ist für jede Substanz charakteristisch. Aus Lage und Höhe der Peaks lassen sich Art und Menge der Substanz bestimmen. Elektronisch gespeicherte Vergleichsdaten erleichtern die Auswertung.

1 Beschreibe und erkläre am Beispiel von Feuerzeuggas das Prinzip der Trennung von Substanzen im Gas-Chromatografen.

2 Bei der Gas-Chromatografie wird bevorzugt Helium als Trägergas eingesetzt. Welche Vorteile hat dies im Vergleich zur Verwendung von Wasserstoff?

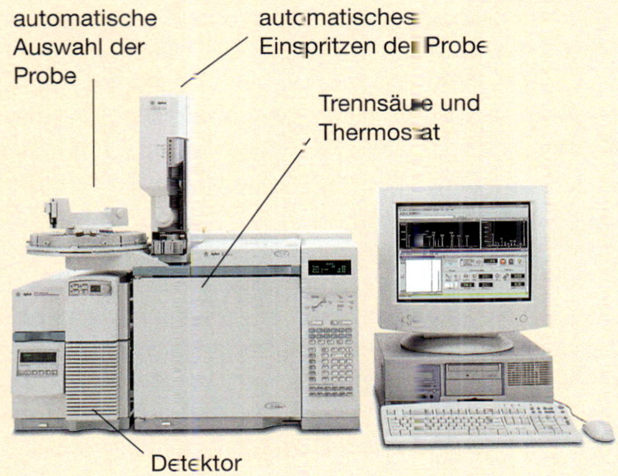

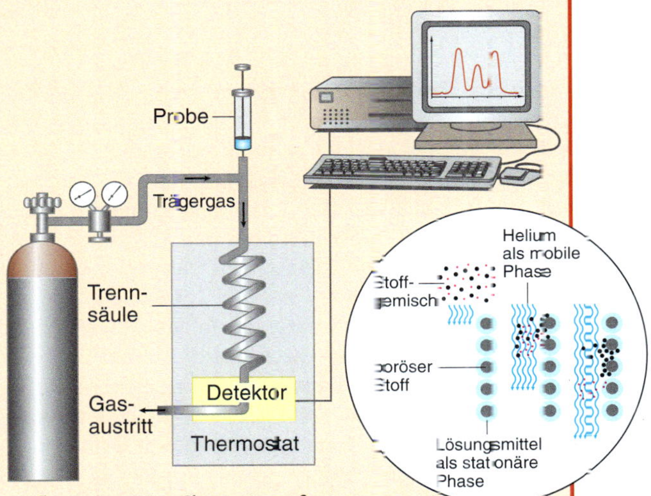

Aufbau eines Gas-Chromatografen

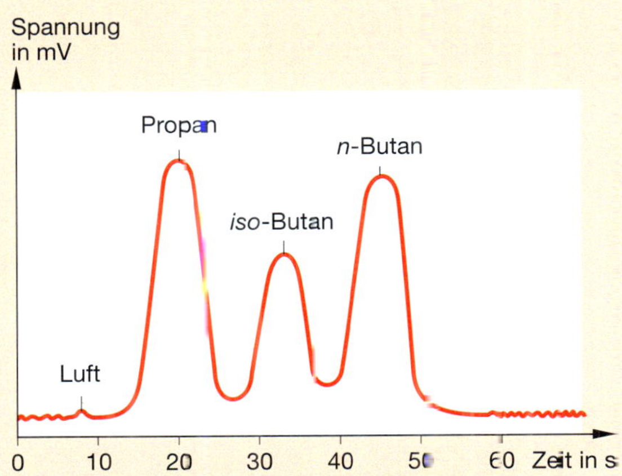

Gas-Chromatogramm von Feuerzeuggas

1.4 Die Alkane – eine homologe Reihe

Neben dem im Erdgas enthaltenen Methan und dem als Campinggas genutzten Butan gibt es eine große Anzahl weiterer Kohlenwasserstoffe. Dazu gehören neben gasförmigen auch zahlreiche flüssige und feste Kohlenwasserstoffe. Flüssige Kohlenwasserstoffe sind die Hauptbestandteile von *Benzin; Paraffine* sind feste Kohlenwasserstoffe, die man in Kerzen und Wachsmalstiften findet.

Die Kohlenwasserstoffe lassen sich in zwei Gruppen einteilen: die *gesättigten* und die *ungesättigten* Kohlenwasserstoffe. Zu den gesättigten Kohlenwasserstoffen oder **Alkanen** gehören alle Verbindungen, in denen die Kohlenstoff-Atome jeweils vier Bindungspartner haben. Zwischen den C-Atomen liegen also nur Einfachbindungen vor. Die restlichen Bindungen sind mit Wasserstoff-Atomen besetzt.
Bei den ungesättigten Kohlenwasserstoffen treten dagegen auch C/C-Mehrfachbindungen auf.

Homologe Reihe. Das einfachste Alkan ist das aus CH_4-Molekülen aufgebaute Methan. Ethan hat die Molekülformel C_2H_6. Fügt man formal in einem Ethan-Molekül eine CH_2-Gruppe ein, erhält man ein Molekül mit der Formel C_3H_8. Dabei handelt es sich um das Propan-Molekül. Das Butan-Molekül (C_4H_{10}) hat wiederum eine CH_2-Gruppe mehr als das Propan-Molekül.
Die Alkane lassen sich nach der Anzahl der in ihren Molekülen enthaltenen Kohlenstoff-Atome ordnen. Jedes Glied dieser Reihe wächst um eine CH_2-Gruppe gegenüber dem vorhergehenden Molekül; eine solche Reihe bezeichnet man als **homologe Reihe.**
Durch diesen regelmäßigen Aufbau ergibt sich für alle Glieder der Alkan-Reihe die allgemeine Molekülformel C_nH_{2n+2}.

Name	Formel	
Methan	CH_4	CH_4
Ethan	C_2H_6	$CH_3–CH_3$
Propan	C_3H_8	$CH_3–CH_2–CH_3$
Butan	C_4H_{10}	$CH_3–(CH_2)_2–CH_3$
Pentan	C_5H_{12}	$CH_3–(CH_2)_3–CH_3$
Hexan	C_6H_{14}	$CH_3–(CH_2)_4–CH_3$
Heptan	C_7H_{16}	$CH_3–(CH_2)_5–CH_3$
Octan	C_8H_{18}	$CH_3–(CH_2)_6–CH_3$
Nonan	C_9H_{20}	$CH_3–(CH_2)_7–CH_3$
Decan	$C_{10}H_{22}$	$CH_3–(CH_2)_8–CH_3$
Dodecan	$C_{12}H_{26}$	$CH_3–(CH_2)_{10}–CH_3$
Hexadecan	$C_{16}H_{34}$	$CH_3–(CH_2)_{14}–CH_3$
Eicosan	$C_{20}H_{42}$	$CH_3–(CH_2)_{18}–CH_3$

Namen und Formeln von Alkanen

Benennung von Alkanen. Die Namen der ersten vier Glieder der homologen Reihe der Alkane (Methan bis Butan) entstanden zu einer Zeit, als der systematische Aufbau der Alkane noch nicht bekannt war. Auch heute noch werden diese *Trivialnamen* verwendet. Die Namen der weiteren Glieder werden gebildet, indem man vor die Endung **-an** ein lateinisches oder griechisches Zahlwort setzt, das die Anzahl der Kohlenstoff-Atome im Molekül angibt: Pentan (C_5H_{12}), Hexan (C_6H_{14}), Heptan (C_7H_{16}).

Alkyl-Gruppen. Spaltet man formal von einem Alkan-Molekül ein Wasserstoff-Atom ab, erhält man eine Alkyl-Gruppe. So leitet sich die Methyl-Gruppe (CH_3-Gruppe) vom Methan ab. Man spricht auch vom Methyl-Rest oder allgemein von *Alkyl-Resten.* In Formeln bezeichnet man Alkyl-Reste kurz durch **–R.**

Alkane sind gesättigte Kohlenwasserstoffe. In ihren Molekülen liegen zwischen den Kohlenstoff-Atomen nur Einfachbindungen vor. Die Alkane bilden eine homologe Reihe mit der allgemeinen Molekülformel C_nH_{2n+2}.

1 Wodurch unterscheiden sich gesättigte und ungesättigte Kohlenwasserstoffe?
2 Gib Namen und Formel des Alkans mit 15 C-Atomen an.
3 Unter den Alkanen, die als reine Stoffe synthetisiert wurden, hält das Alkan mit einer Kette aus 390 Kohlenstoff-Atomen den Rekord. Gib die Molekülformel an.
4 Auch die Alkyl-Gruppen bilden eine homologe Reihe. Gib Namen und Formeln der ersten vier Glieder an. Wie lautet ihre allgemeine Formel?

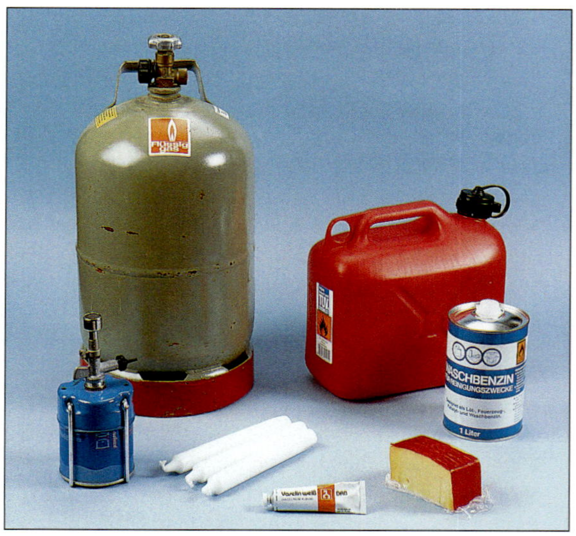

Handelsformen von Kohlenwasserstoffen

Molekülmodelle und Strukturformeln

Molekülformel: C_4H_{10}

Strukturformeln:

$CH_3-CH_2-CH_2-CH_3$

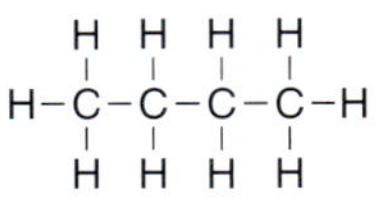

LEWIS-Formel

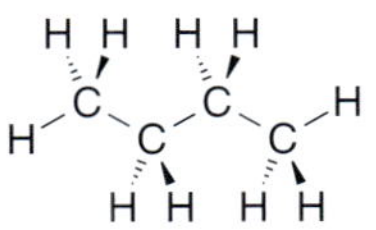

Keil/Strich-Formel

Das n-Butan-Molekül: Formeln

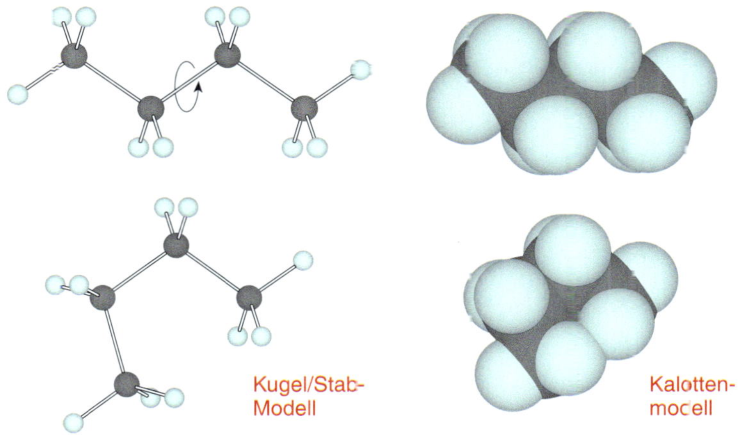

Freie Drehbarkeit führt zu verschiedenen Konformationen.

Die Eigenschaften der Stoffe hängen in starkem Maße vom räumlichen Bau der Moleküle ab. Durch viele Experimente ist es gelungen, gesicherte Daten über den Aufbau der Alkan-Moleküle zu gewinnen:

- Bei einer C–C-Einfachbindung haben die Atomkerne einen Abstand von 154 pm voneinander (1 pm = 10^{-12} m).
  Eine C–H-Bindung hat eine Länge von 108 pm.
- Bei Kohlenstoff-Atomen mit vier Bindungspartnern beträgt der Bindungswinkel 109,5° (Tetraederwinkel).
- Bei einer C–C-Einfachbindung sind die Molekülteile um die C–C-Achse gegeneinander drehbar. Deshalb sind verschiedene räumliche Anordnungen der Atome möglich, die man als *Konformationen* bezeichnet.

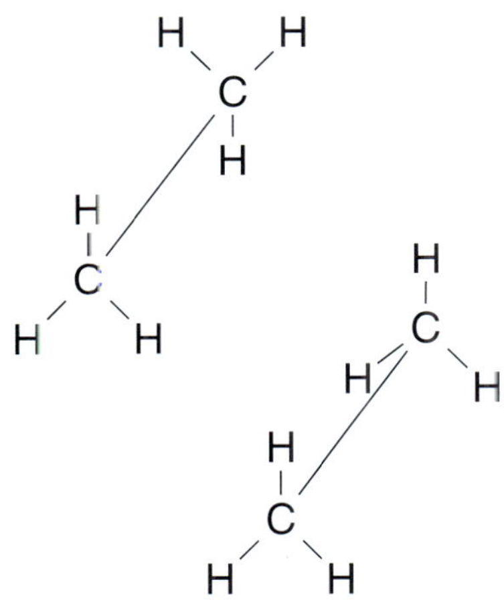

Konformationen des Ethans

Kugel/Stab-Modell. Beim Kugel/Stab-Modell stellt man die Atome durch kleine Kugeln und die Elektronenpaarbindungen durch Stäbchen dar. Für das Kohlenstoff-Atom wird eine schwarze Kugel mit vier Bindungsstellen im Winkel von 109,5° benutzt. Eine weiße Kugel mit einer Bindungsstelle steht für ein Wasserstoff-Atom. Die Stäbchen werden nach der Bindungslänge zugeschnitten. Das Kugel/Stab-Modell gibt *Bindungswinkel* und *Bindungslängen* sehr anschaulich wieder. Auch die freie Drehbarkeit um die C–C-Einfachbindung lässt sich gut demonstrieren. Die Raumerfüllung und damit die äußere Form der Moleküle wird aber nicht deutlich.

Kalottenmodell. In diesem Modell werden die Atome durch Kugeln dargestellt, die sich teilweise durchdringen. Dies entspricht den gemeinsamen Elektronenwolken bei Elektronenpaarbindungen. Bindungslängen und Bindungswinkel werden maßstabsgerecht wiedergegeben. Die Raumerfüllung von Molekülen wird besonders deutlich.

Strukturformeln. Die zeichnerische Darstellung von Alkan-Molekülen ist wegen der tetraedrischen Anordnung der Bindungen am C-Atom schwierig.
Bei der Keil/Strich-Formel legt man die Kohlenstoff-Kette in die Papierebene. Der Tetraederwinkel wird richtig eingezeichnet. Die aus der Papierebene ragenden Bindungen werden durch einen ausgefüllten Keil, die hinter die Papierebene ragenden Bindungen durch einen gestrichelten Keil dargestellt.

Meist verzichtet man aber auf eine exakte räumliche Darstellung und zeichnet in den **LEWIS-Formeln** statt des Tetraederwinkels einen rechten Winkel. Es wird also nur dargestellt, welche Atome miteinander verknüpft sind.
Die Strukturformeln großer Moleküle sind übersichtlicher, wenn man die Kohlenstoff-Atome mit den direkt daran gebundenen Wasserstoff-Atomen zu CH_2-Gruppen oder CH_3-Gruppen zusammenfasst.

1 Zeichne die LEWIS-Formeln der ersten fünf Alkane.
2 Beschreibe die beiden dargestellten Ethan-Konformationen. Welche ist wohl energetisch stabiler?

1.5 Vielfalt – Verzweigung und Ringbildung

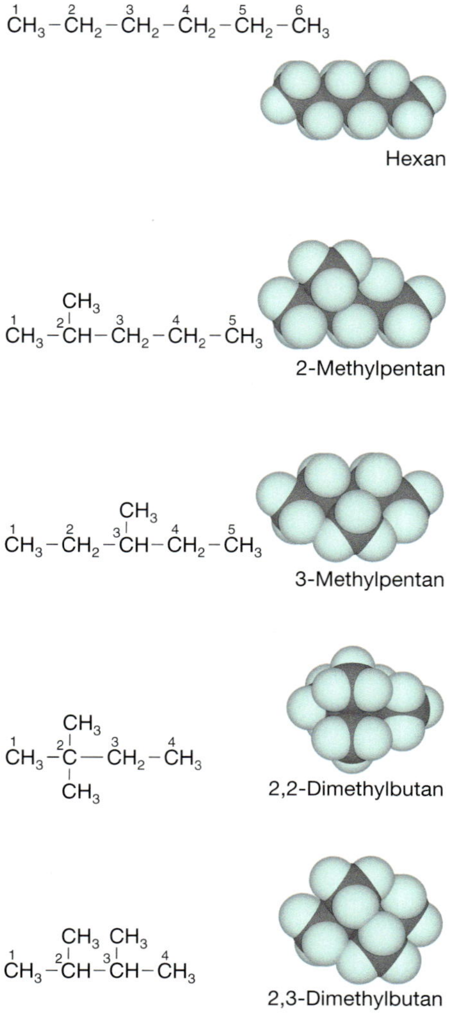

Die isomeren Hexane

Hexan wird häufig als Lösungsmittel eingesetzt. Man beobachtet einen Siedebereich von 50 °C bis 70 °C. Diese Flüssigkeit hat also keine einheitliche Siedetemperatur. Somit kann es sich nicht um einen Reinstoff, sondern nur um ein Gemisch handeln.

Isomerie. Das Gemisch besteht aus unterschiedlich gebauten Hexan-Molekülen. Während im unverzweigten Hexan-Molekül (*n*-Hexan) alle sechs Kohlenstoff-Atome eine Kette bilden, zeigen die anderen Hexan-Moleküle eine verzweigte Anordnung der Kohlenstoff-Atome. Die verschiedenartigen Hexan-Moleküle haben die gleiche Molekülformel C_6H_{14}, unterscheiden sich aber in ihrer Struktur. Man bezeichnet diese Erscheinung als **Isomerie** und die einzelnen Verbindungen als *Isomere.*
Die Zahl der möglichen Isomeren einer Verbindung nimmt mit der Anzahl der Kohlenstoff-Atome stark zu: Vom Butan (C_4H_{10}) gibt es zwei Isomere, vom Hexan (C_6H_{14}) schon fünf und beim Decan ($C_{10}H_{22}$) sind es bereits 75 Isomere. Beim Eicosan ($C_{20}H_{42}$) beträgt die Zahl der möglichen Isomeren 366 319.

In der Regel ist die Siedetemperatur eines Isomers um so niedriger, je stärker verzweigt seine Molekülstruktur ist. So siedet 2,2-Dimethylbutan bei 50 °C, während die Siedetemperatur von *n*-Hexan bei 69 °C liegt.

Cycloalkane. Gesättigte Kohlenwasserstoffe können auch ringförmige Moleküle bilden, die Cycloalkane. In ihren Eigenschaften sind die Cycloalkane mit den Alkanen vergleichbar. Ihre Moleküle enthalten aber zwei Wasserstoff-Atome weniger als die Alkane mit gleicher Anzahl an Kohlenstoff-Atomen.
Das wichtigste Cycloalkan ist *Cyclohexan* (C_6H_{12}). Es hat ähnliche Eigenschaften wie Hexan und wird ebenfalls als Lösungsmittel verwendet. Wie in allen gesättigten Kohlenwasserstoffen betragen die Bindungswinkel im Molekül 109,5°. Cyclohexan-Moleküle sind daher nicht eben gebaut. Hierbei gibt es verschiedene Strukturmöglichkeiten mit unterschiedlichen räumlichen Stellungen der Atome zueinander.
Allgemein bezeichnet man verschiedene räumliche Anordnungen von Atomen in Molekülen als *Konformationen.* Bei den Cyclohexanen ist die *Sesselkonformation* die stabilste Form, weil hier alle Wasserstoff-Atome den größtmöglichen Abstand voneinander haben.

Isomere haben die gleiche Molekülformel, unterscheiden sich aber in ihrer Strukturformel und somit auch in ihren Eigenschaften. Cycloalkane sind gesättigte Kohlenwasserstoffe mit ringförmigen Molekülen.

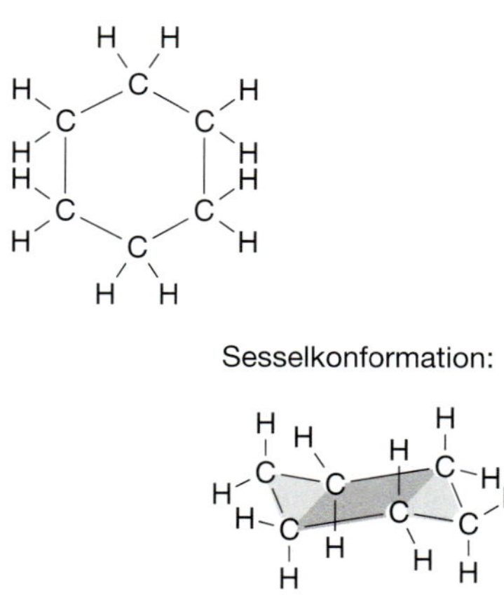

Cyclohexan

1 Zeichne die LEWIS-Formeln der isomeren Heptane.
2 Warum kann man Hexan mit Hilfe der Gas-Chromatografie in verschiedene Isomere trennen?
3 Zeichne die Strukturformeln von Cyclopropan, Cyclobutan und Cyclopentan.
4 Butan lässt sich durch Druck oder Abkühlen verflüssigen. Bei –1 °C kondensiert ein Teil des Gases, während der übrige Teil erst bei –12 °C flüssig wird. Erkläre diese Erscheinung und ordne die verschiedenen Siedetemperaturen zu.
5 Bei der Wannenkonformation von Cyclohexan sind die Kohlenstoff-Atome in Form einer Wanne angeordnet. Zeichne das Kugel/Stab-Modell für die Wannenkonformation. Warum ist die Wannenkonformation weniger stabil als die Sesselkonformation?

1.6 Nomenklatur – Namen leicht zu finden

Bis heute wurden bereits mehr als zehn Millionen organische Verbindungen näher untersucht, darunter zahlreiche isomere Alkane. Damit trotz dieser Vielzahl der Überblick nicht verloren geht, war es notwendig, ein eindeutiges und möglichst rationelles System der Namensgebung, eine *Nomenklatur,* einzuführen. Heute halten sich die Chemiker bei der Benennung organischer Verbindungen weltweit an Regeln, die von besonderen Nomenklatur-Kommissionen der **IUPAC** (International **U**nion of **P**ure and **A**pplied **C**hemistry) erarbeitet werden.

Für die wissenschaftlich exakte Benennung der isomeren Alkane gelten folgende IUPAC-Regeln:
Zuerst wird die längste Kohlenstoff-Kette im Molekül, die *Hauptkette,* bestimmt. Dann betrachtet man die Verzweigungen. Diese *Seitenketten* bezeichnet man allgemein als Alkyl-Gruppen. Die Namen der Alkyl-Gruppen ergeben sich, indem man die Silbe -an des zugehörigen Alkans durch die Endung **-yl** ersetzt. Die einfachsten Alkyl-Reste sind der Methyl-Rest (CH_3-Rest) und der Ethyl-Rest (C_2H_5-Rest).

Nomenklaturregeln für Alkane:

1. Alkane haben die Endung **-an.** Der Name des Alkans, das die Hauptkette bildet, liefert den *Stammnamen* der Verbindung.

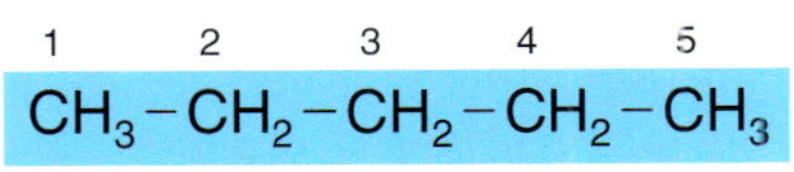

Beispiel: Pentan

2. Die Namen der Seitenketten werden dem Stammnamen vorangestellt.
Um anzuzeigen, an welches C-Atom die Seitenkette gebunden ist, wird die Hauptkette nummeriert. Die Verzweigungsstellen sollen dabei möglichst kleine Zahlen erhalten. Diese Zahlen werden den Namen der Seitenketten vorangestellt.

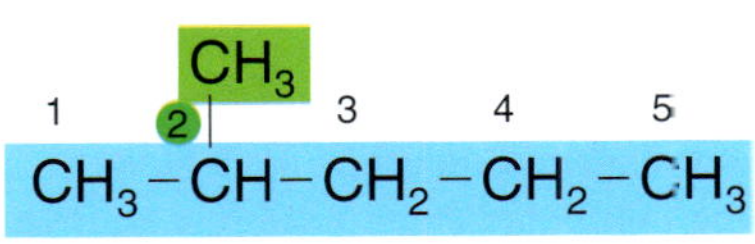

Beispiel: 2-Methylpentan

Vorsicht! 2-Methylpentan ist ein isomeres *Hexan.* Die Benennung erfolgt aber nach der Anzahl der Kohlenstoff-Atome in der längsten Kette: Der Stammname ist deshalb *-pentan.*

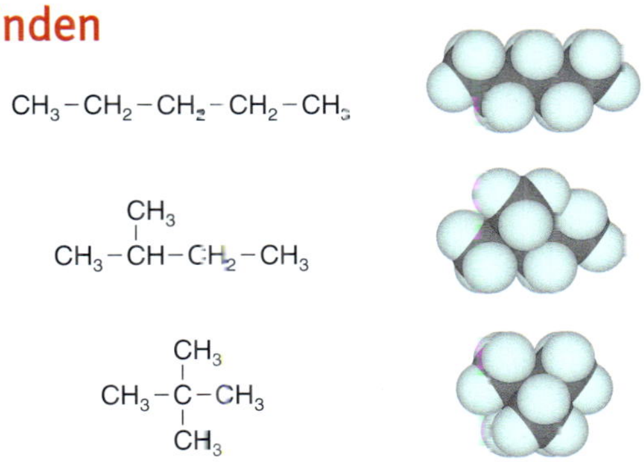

Die isomeren Pentane

3. Treten gleiche Seitenketten mehrfach in einem Molekül auf, so wird ein entsprechendes Zahlwort (di-, tri-, tetra-, penta-) vorangestellt.
Unterschiedliche Seitenketten werden alphabetisch nach den Namen der Alkyl-Gruppen geordnet.

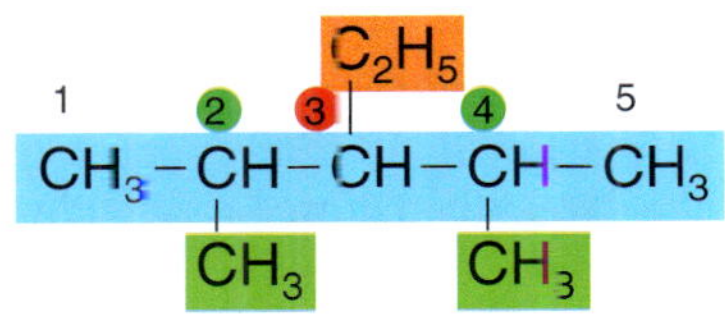

Beispiel: 3-Ethyl-2,4-dimethylpentan

1 Benenne die oben dargestellten isomeren Pentane.
2 Welches *n*-Alkan ist ein Isomeres von 2,2-Dimethylpropan? Begründe.
3 Gib die Strukturformeln folgender Verbindungen an: 3-Ethylpentan, 3-Ethyl-2-methylhexan, 2,2,4-Trimethylpentan und 2,2,3-Trimethyl-4-propylheptan.
4 Auch unter den Alkyl-Resten finden sich isomere Gruppen. Zeige dies am Beispiel der Propyl-Gruppe.
5 Benenne folgende Alkane:

a)
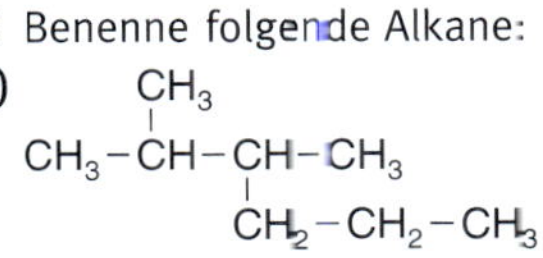

b)
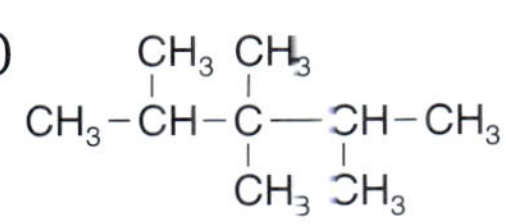

c)
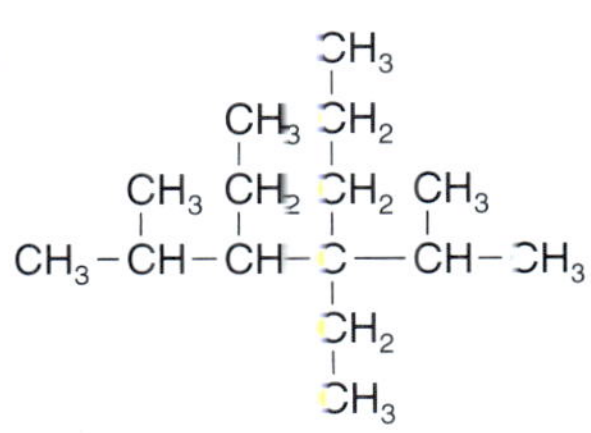

1.7 VAN-DER-WAALS-Bindung und Stoffeigenschaften

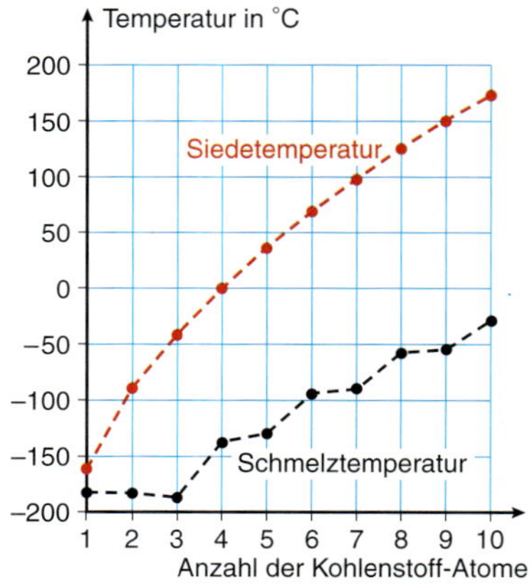

Schmelztemperaturen und Siedetemperaturen unverzweigter Alkane

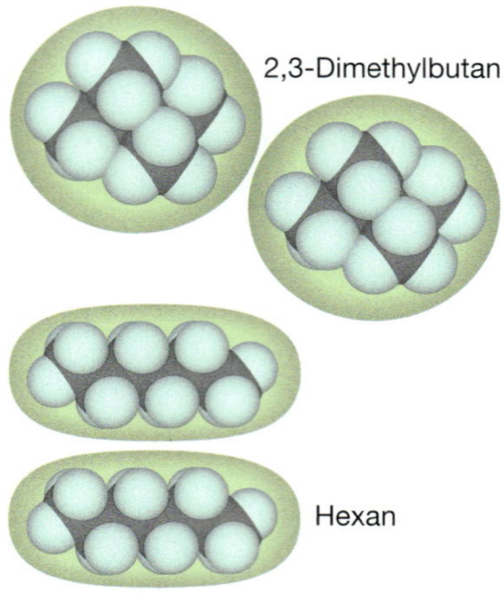

Verzweigungsgrad und Berührungsfläche

	Schmelztemperatur in °C	Siedetemperatur in °C
2-Methylbutan	−159,9	27,9
2,2-Dimethylpropan	−16,6	9,5
2-Methylpentan	−153,7	60,3
3-Methylpentan	−162,9	63,3
2,2-Dimethylbutan	−99,9	49,7
2,3-Dimethylbutan	−128,5	58,0

Schmelztemperaturen und Siedetemperaturen verzweigter Alkane

Aufgrund des gleichartigen Aufbaus ihrer Moleküle haben Alkane ähnliche chemische Eigenschaften. Die Abstufungen der physikalischen Eigenschaften weisen auf Unterschiede in den Anziehungskräften zwischen den Molekülen hin. Größe und Form der Moleküle spielen dabei eine Rolle.

VAN-DER-WAALS-Bindung. Die Moleküle der Kohlenwasserstoffe sind nahezu unpolar, denn Kohlenstoff-Atome und Wasserstoff-Atome haben eine ähnliche Elektronegativität. Trotzdem wirken Anziehungskräfte zwischen den Molekülen.
Diese zwischenmolekularen Bindungen bezeichnet man nach dem niederländischen Physiker VAN DER WAALS als *VAN-DER-WAALS-Bindungen.* Verglichen mit Elektronenpaarbindungen sind VAN-DER-WAALS-Bindungen viel schwächer, doch summieren sie sich bei größeren Molekülen in ihrer Stärke.

Schmelztemperaturen und Siedetemperaturen. Die kurzkettigen Alkane von Methan bis Butan sind bei Raumtemperatur Gase. Ab Pentan folgen flüssige Kohlenwasserstoffe. Alkane mit 18 und mehr Kohlenstoff-Atomen im Molekül sind fest. Weil lange Moleküle mehr Berührungsstellen untereinander besitzen als kurze, wirken sich die VAN-DER-WAALS-Bindungen bei ihnen besonders stark aus. Das erklärt, warum die Siedetemperatur mit der Kettenlänge der Alkan-Moleküle ansteigt.
Bei isomeren Alkanen hat meist der Stoff die niedrigere Siedetemperatur, dessen Moleküle stärker verzweigt sind. Auch hier spielt die Kontaktmöglichkeit zwischen den Molekülen eine Rolle: Je mehr sich Moleküle der Kugelform nähern, desto kleiner ist ihre Berührungsfläche und desto weniger wirken sich die VAN-DER-WAALS-Bindungen aus.

Löslichkeit. Untereinander sind Alkane in jedem Verhältnis mischbar. Auch weitgehend unpolare Stoffe wie Fett oder Iod lösen sich gut in den unpolaren Alkanen. In diesen Fällen bilden sich zwischen den Molekülen VAN-DER-WAALS-Bindungen aus. Dagegen sind Alkane mit Wasser nicht mischbar, man bezeichnet sie als wasserabstoßend oder **hydrophob.**

Stark polare Stoffe wie Zucker oder Ionenverbindungen wie Kochsalz sind in Alkanen unlöslich, da die VAN-DER-WAALS-Bindungen zu schwach sind, um den Kristallverband aufzulösen. Zucker und Kochsalz lösen sich dagegen leicht in Wasser. Es gilt die Regel: *Stoffe ähnlicher Polarität lösen sich ineinander.*

Die Schmelztemperaturen und Siedetemperaturen der Alkane steigen mit zunehmender Kettenlänge.
Zwischen unpolaren Molekülen liegen VAN-DER-WAALS-Bindungen vor. Unpolare Stoffe lösen sich in unpolaren Lösungsmitteln, nicht aber in polaren Lösungsmitteln.

1 a) Zeichne die Strukturformeln von 2-Methylpentan und 2,2-Dimethylbutan.
b) Warum handelt es sich um Isomere?
c) Begründe die unterschiedlichen Siedetemperaturen.
2 Warum löst sich Brom gut in Heptan? Warum ist Kaliumbromid dagegen unlöslich in Heptan?
3 Beschreibe den Unterschied zwischen VAN-DER-WAALS-Bindungen und Wasserstoffbrückenbindungen.
4 Vergleiche am Beispiel des Heptans die Bindungen zwischen den Atomen eines Moleküls mit den zwischenmolekularen Bindungen.
5 Beschreibe und erkläre den in der Grafik oben links dargestellten Verlauf der Siedetemperaturen für die *n*-Alkane.

Eigenschaften gesättigter Kohlenwasserstoffe

V1: Qualitative Analyse eines Alkans (F+)

Materialien: Trichter, Glasrohre, Schlauchverbindungen, U-Rohr mit zwei durchbohrten Stopfen, Waschflasche, Wasserstrahlpumpe, Eiswasserbad, Gasbrenner; Kalkwasser.

Durchführung:
1. Baue die Versuchsapparatur nach der Abbildung auf S. 10 zusammen.
2. Ziehe mit Hilfe der Wasserstrahlpumpe die Verbrennungsprodukte des Gasbrenners durch die Apparatur.

Aufgaben:
a) Notiere deine Beobachtungen.
b) Formuliere die Reaktionsgleichungen für die Verbrennung des Alkans und für die Nachweisreaktion mit Kalkwasser.

V2: Untersuchung flüssiger Alkane

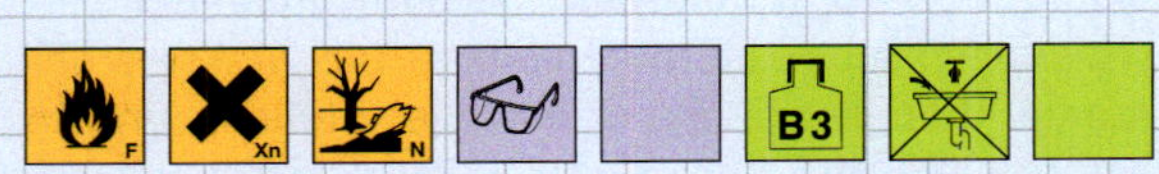

Materialien: Tropfpipetten, Stopfen, Stoppuhr, 2 Bechergläser (25 ml), 2 Messpipetten (10 ml) mit Pipettierhilfe; Heptan (F, Xn, N), Dodecan oder Paraffinöl, zu lösende Stoffe: Speisefett, Kerzenwachs, Natriumchlorid, Iod (Xn), Sudanrot, Methylenblau (Xn).

Durchführung:
Alkane als Lösungsmittel:
1. Gib in sechs Reagenzgläser kleine Proben der zu lösenden Stoffe und füge jeweils 3 ml Heptan zu.
2. Verschließe die Reagenzgläser und schüttle kräftig.
3. Gib zu den gefärbten Lösungen etwa gleich viel Wasser und schüttle erneut.

Viskositätsvergleich flüssiger Alkane:
1. Ziehe Heptan mit der Pipettierhilfe bis zur Nullmarke der Pipette.
2. Starte den Auslauf, indem du die Pipettierhilfe abziehst. Miss die Zeit, bis der Auslauf beendet ist.
3. Wiederhole den Versuch mit Dodecan oder Paraffinöl.

Aufgaben:
a) Welche Stoffe lösen sich in Heptan?
b) Warum unterscheiden sich Natriumchlorid und Iod so stark in ihrer Löslichkeit in Heptan und Wasser?
c) Begründe die unterschiedlichen Auslaufzeiten der Alkane beim Viskositätsvergleich.

V3: Entflammbarkeit von Alkanen

Materialien: Tropfpipetten, 3 kleine Porzellantiegel, Tiegelzange, Holzspan, Becherglas (400 ml), Gasbrenner; Heptan (F, Xn, N), Petroleum, Paraffinöl.

Durchführung:
1. Gib jeweils etwa 2 ml der Flüssigkeit in einen Porzellantiegel. Versuche, die Flüssigkeit mit einem brennenden Holzspan zu entzünden.
2. Die Tiegel mit den Stoffen, die sich bei Zimmertemperatur nicht entzünden lassen, werden erwärmt, indem man sie mit der Tiegelzange in ein Becherglas mit heißem Wasser hält. Versuche erneut, die Flüssigkeit mit einem brennenden Holzspan zu entzünden.

Aufgabe: Notiere deine Beobachtungen.

Hannover, Juli 2000 (SV). Erst schaute ein 18-Jähriger zu tief ins Glas, dann schaute er mit angezündetem Feuerzeug in die Tanköffnung, wodurch er eine kleine Explosion verursachte. Nur weil der mit dem 18-Jährigen befreundete Autobesitzer rasch den Tankwart der nächsten Tankstelle alarmierte, konnte mit einem Feuerlöscher Schlimmeres vermieden werden.

Auf die richtige Temperatur kommt es an!

Flammpunkt: Temperatur, bei der der Dampf über einer Flüssigkeit bei Annäherung einer Zündquelle zum ersten Mal kurz aufflammt und wieder erlischt.	Heizöl	60 °C
	Diesel	> 55 °C
	Cyclohexan	–18 °C
	Benzin	–20 °C
	Hexan	–22 °C
Zündtemperatur: Temperatur, bei der sich der Stoff an der Luft selbst entzündet und weiterbrennt.	Methan	600 °C
	Ethan	515 °C
	Butan	365 °C
	Heizöl	220 °C
Zündgrenzen: Volumenanteil des Gases in einem Gas/Luft-Gemisch, bei dem eine Zündung möglich ist.	Methan	5,0 % bis 15,0 %
	Benzindampf	0,6 % bis 8,0 %

1.8 Reaktionen der Alkane

Erdgasexplosionen können verheerende Auswirkungen haben!

Reaktion von Heptan mit Brom. Erst bei Belichtung entfärbt sich das Gemisch.

Früher benutzte man für die Alkane die Bezeichnung **Paraffine** (lat. *parum affinis:* wenig zugeneigt), weil die gesättigten Kohlenwasserstoffe sehr reaktionsträge sind. Deshalb kann Natrium zum Schutz vor Reaktionen an der Luft in einem flüssigem Alkangemisch (Paraffinöl) aufbewahrt werden. Auch andere reaktionsfähige Stoffe wie Salzsäure, Schwefelsäure und Natronlauge reagieren nicht mit Alkanen.
Alkane können aber auch äußerst heftig reagieren: Öltanker geraten in Brand oder Häuser werden durch Erdgasexplosionen zerstört.

Reaktion mit Sauerstoff – Oxidation. Wie die Beispiele zeigen, reagieren Alkane mit Sauerstoff. Chemisch betrachtet handelt es sich dabei um eine Oxidationsreaktion. Die bei der Reaktion frei werdende Energie nutzt man zum Heizen und zum Antrieb von Maschinen. Als Verbrennungsprodukte entstehen Kohlenstoffdioxid und Wasser:

$$C_7H_{16}\ (l) + 11\ O_2\ (g) \longrightarrow 7\ CO_2\ (g) + 8\ H_2O\ (g);\ \text{exotherm}$$

Reaktion mit Halogenen – Substitution. Auch die Halogene Chlor und Brom reagieren nicht spontan mit Alkanen: Gibt man einige Tropfen Brom zu Heptan, so bleibt die braune Farbe des Broms erhalten. Das Gemisch entfärbt sich jedoch, wenn man es belichtet. Dabei entsteht ein farbloses Gas, das mit feuchter Luft Nebel bildet. Feuchtes Universalindikator-Papier färbt sich rot, die wässerige Lösung des Gases reagiert also sauer. Mit Silbernitrat-Lösung erhält man eine hellgelbe Fällung von Silberbromid. Bei dem gasförmigen Reaktionsprodukt handelt es sich um Bromwasserstoff. Außerdem entsteht Bromheptan.

$$C_7H_{16}\ (l) + Br_2\ (l) \xrightarrow{\text{Licht}} C_7H_{15}Br\ (l) + HBr\ (g)$$

Bei dieser Reaktion ist ein Wasserstoff-Atom des Heptan-Moleküls durch ein Brom-Atom ersetzt worden. Eine solche Reaktion wird daher als **Substitution** bezeichnet (lat. *substituere:* ersetzen).

Bei der Reaktion von Heptan mit Brom entstehen verschiedene Substitutionsprodukte. Die Wasserstoff-Atome können in unterschiedlicher Stellung und in unterschiedlicher Anzahl durch Brom-Atome ersetzt werden. Bei der Benennung der **Halogenalkane** werden die Halogen-Atome wie die Alkyl-Gruppen bei den verzweigten Alkanen behandelt.

Alkane sind reaktionsträge. Mit Sauerstoff gehen sie Oxidationsreaktionen und mit Halogenen Substitutionsreaktionen ein. Bei einer Substitution wird in einem Molekül ein Atom durch ein anderes Atom ersetzt.

1 Wieso hießen die Alkane früher Paraffine?
2 Was versteht man unter einer Substitutionsreaktion?
3 Formuliere die Reaktionsgleichung für folgende Reaktionen von Pentan: Verbrennung; Substitution mit Chlor.
4 Bei der Bromierung von Heptan entstehen verschiedene Substitutionsprodukte.
a) Gib die Strukturformeln und die Namen der Monobromheptane an.
b) Gib jeweils ein Beispiel für Di-, Tri-, Tetra- und Pentabromheptan mit Namen und Strukturformel an.
c) Wie beurteilst du die praktische Bedeutung der Halogenierung von Alkanen zur Herstellung einer ganz bestimmten Verbindung?
5 Ein Liter Heptan ($\varrho = 0{,}68\ \frac{g}{ml}$) wird verbrannt. Wie viel Liter Luft sind dazu bei 20 °C erforderlich?
6 Erdgas ist geruchlos. Welcher Stoff wird dem Erdgas zugesetzt, damit man vor ausströmendem Gas gewarnt wird?

Die radikalische Substitution

Hinter den Reaktionsgleichungen für organische Reaktionen verbirgt sich oftmals ein komplizierter Reaktionsablauf. Die modellhafte Darstellung einer Reaktion in verschiedenen Teilschritten bezeichnet man als **Reaktionsmechanismus.**

Bei der Reaktion von Chlor mit Methan treten als Zwischenstufen *Radikale* auf, reaktive Teilchen mit ungepaarten Elektronen. Man spricht deshalb vom *Mechanismus der radikalischen Substitution.*

1. Startreaktion: Chlor-Moleküle werden durch Licht in Atome gespalten. Der Punkt in der LEWIS-Formel steht für das ungepaarte Elektron dieses Radikals.

$$|\overline{Cl}-\overline{Cl}| \xrightarrow{\text{Licht}} |\overline{Cl}\cdot + \cdot\overline{Cl}|$$

Chlor → Chlor-Radikale

2. Kettenreaktionen: Chlor-Radikale entreißen Methan-Molekülen Wasserstoff-Atome. Es entstehen Chlorwasserstoff-Moleküle und Methyl-Radikale.

$$CH_4 + \cdot\overline{Cl}| \longrightarrow \cdot CH_3 + H-\overline{Cl}|$$

Methan + Chlor-Radikale → Methyl-Radikal + Chlorwasserstoff

Durch die Reaktion von Methyl-Radikalen mit Chlor-Molekülen werden Monochlormethan-Moleküle und neue Chlor-Radikale gebildet.

$$\cdot CH_3 + |\overline{Cl}-\overline{Cl}| \longrightarrow |\overline{Cl}-CH_3 + \cdot\overline{Cl}|$$

Methyl-Radikal + Chlor → Monochlormethan + Chlor-Radikal

Solche Reaktionsfolgen werden als *Radikalkettenreaktionen* bezeichnet, weil bei jedem Teilschritt ein Radikal reagiert und ein neues Radikal entsteht, das dann die Reaktionskette fortsetzt.

3. Abbruchreaktionen: Stoßen zwei Radikale zusammen, so können die beiden ungepaarten Elektronen eine Elektronenpaarbindung bilden. Es entsteht ein Molekül, das nicht mehr weiterreagiert.

$$|\overline{Cl}\cdot + \cdot\overline{Cl}| \longrightarrow |\overline{Cl}-\overline{Cl}| \quad \text{Chlor}$$

$$|\overline{Cl}\cdot + \cdot CH_3 \longrightarrow |\overline{Cl}-CH_3 \quad \text{Monochlormethan}$$

$$H_3C\cdot + \cdot CH_3 \longrightarrow CH_3-CH_3 \quad \text{Ethan}$$

1 Bei der Chlorierung von Methan können auch Dichlormethan, Trichlormethan und Tetrachlormethan entstehen. Formuliere dafür die Reaktionsgleichungen.
2 Ethan reagiert mit Brom. Gib Namen und Strukturformeln aller möglichen Reaktionsprodukte an.

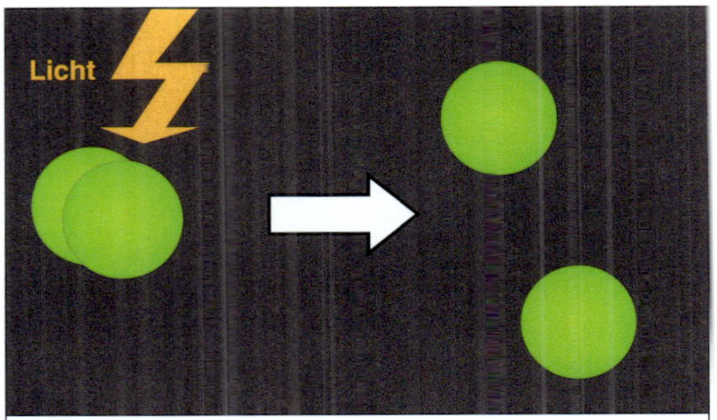

Startreaktion: *Bildung von Chlor-Radikalen durch die Einwirkung von Licht auf ein Chlor-Molekül*

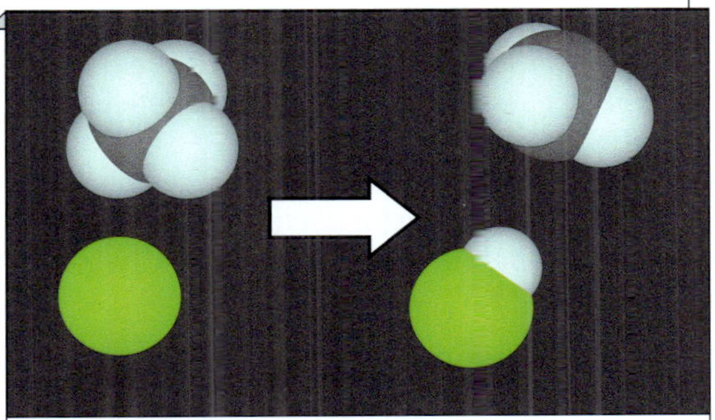

Kettenreaktion: *Bildung von Methyl-Radikalen und Entstehung von Chlorwasserstoff*

Kettenreaktion: *Bildung von Chlor-Radikalen und Entstehung von Monochlormethan*

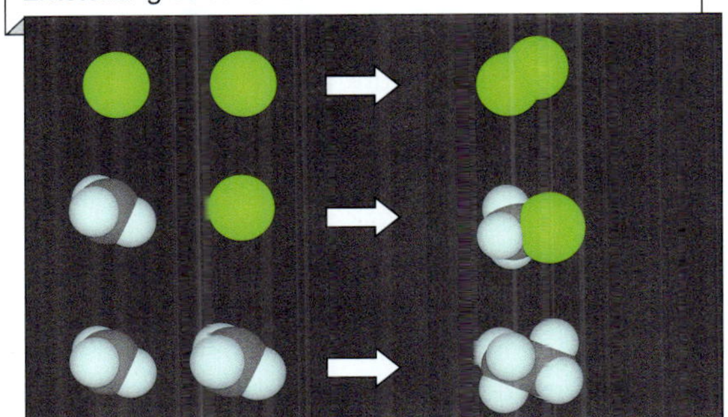

Abbruchreaktion: *Reaktion von Radikalen zu Molekülen*

1.9 Halogenkohlenwasserstoffe

Werden in Kohlenwasserstoff-Molekülen Wasserstoff-Atome durch Halogen-Atome ersetzt, so erhält man *Halogenkohlenwasserstoffe.* Man bezeichnet diese Produkte daher auch als Halogen-*Derivate* der Kohlenwasserstoffe (lat. *derivare:* ableiten).

Eigenschaften. Halogenkohlenwasserstoffe haben höhere Schmelztemperaturen und Siedetemperaturen als Kohlenwasserstoffe. Ursache sind stärkere zwischenmolekulare Bindungen. Halogenkohlenwasserstoff-Moleküle sind im Gegensatz zu den unpolaren Kohlenwasserstoff-Molekülen schwach polar. Die VAN-DER-WAALS-Bindungen zwischen Halogenwasserstoff-Molekülen sind deshalb stärker.
Mit zunehmender Zahl der Halogen-Atome in einem Molekül nimmt die Brennbarkeit ab. Außerdem sind Halogenkohlenwasserstoffe ausgezeichnete Lösungsmittel für hydrophobe Stoffe.
Organische Halogen-Verbindungen lassen sich durch die **BEILSTEIN-Probe** nachweisen: Gibt man ein Halogenalkan auf ein Kupferblech und hält es in die Brennerflamme, so färbt sich die Flamme grün.

Verwendung. Aufgrund ihrer Eigenschaften ergaben sich für die Halogenkohlenwasserstoffe viele Einsatzmöglichkeiten in Industrie und Technik: In chemischen Reinigungen verdrängte *Tetrachlorethen* (PER, $CCl_2{=}CCl_2$) das feuergefährliche Waschbenzin. In Büros wurden Korrekturlacke verwendet, die in *1,1,1-Trichlorethan* gelöst waren. Die Oberfläche von Metallen entfettete man mit *Tetrachlormethan,* das auch als Feuerlöschmittel Verwendung fand. *Halothan* (CF_3–CHBrCl) und *Trichlormethan* (Chloroform) dienten als Narkosemittel. **F**luor**c**hlor**k**ohlen**w**asserstoffe (FCKW) wurden als Treibgase für Sprays und Kunststoffschäume sowie als Kühlmittel in Kühlgeräten verwendet.

Probleme. Durch den Einsatz der Halogenkohlenwasserstoffe konnten also giftige Verbindungen ersetzt und Gefahren durch Brände oder Explosionen vermindert werden. Heute weiß man aber, dass Bromkohlenwasserstoffe und Chlorkohlenwasserstoffe Gesundheit und Umwelt gefährden: Sie sind schwer abbaubar und reichern sich daher in der Nahrungskette an, viele sind Krebs erregend und können Missbildungen hervorrufen. Außerdem zerstören sie die schützende Ozonschicht.
Die chemische Industrie unternimmt daher große Anstrengungen, den Verbrauch an Halogenkohlenwasserstoffen herabzusetzen. So sank der Verbrauch des Lösungsmittels *Dichlormethan* in Deutschland von 1986 bis 1997 auf ein Viertel. Halogenkohlenwasserstoffe werden durch weniger gefährliche Stoffe ersetzt. Als Treibgas wird heute bevorzugt Butan und als Kühlmittel werden Cyclopentan und Fluorkohlenwasserstoffe eingesetzt. Die Herstellung von vollhalogenierten FCKWs ist inzwischen verboten.

Seit 1998 sind chlorhaltige Kältemittel in Pkw-Klimaanlagen verboten: Dichlordifluormethan wurde durch 1,1,1,2-Tetrafluorethan ersetzt.

Halogenkohlenwasserstoff-Moleküle enthalten ein oder mehrere Halogen-Atome, sie sind dadurch schwach polar. Halogenkohlenwasserstoffe fanden vielfältige Verwendung in Industrie und Technik. Umweltschädliche Stoffe sind inzwischen ersetzt worden.

1 Gib Formeln und wenn möglich die Verwendung folgender Halogenkohlenwasserstoffe an:
a) Dichlordifluormethan, **b)** Trichlorfluormethan, **c)** Bromtrifluormethan (Halon), **d)** Triiodmethan (Iodoform),
e) 1,1,1-Trichlorethan, **f)** 2-Brom-2-chlor-1,1,1-trifluorethan (Halothan) und **g)** Chlorethan.

2 Erkläre die Abkürzungen CKW, FKW, FCKW, H-FCKW und H-FKW.

3 Informiere dich im Internet über die neuesten Entwicklungen bei den Halogenkohlenwasserstoffen.

Ozon – Gefahr und Schutz

Journalisten schlagen Alarm: Unter Berufung auf Experten warnen sie davor in der sommerlichen Mittagszeit im Freien Sport zu treiben, weil die Ozonwerte zu *hoch* sind. Gleichzeitig wird aber beklagt, dass die Ozon-Konzentration in der Ozonschicht zu *niedrig* ist und immer weiter sinkt.

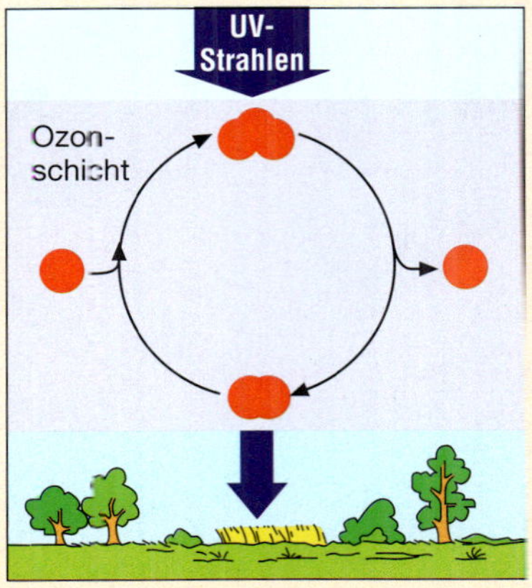

Die Ozonschicht als Schutzschild: Abnahme der gefährlichen UV-Strahlung

Gefahr durch Ozon. Im Gegensatz zu gewöhnlichem Sauerstoff (O_2) sind Ozon-Moleküle (O_3) aus *drei* Sauerstoff-Atomen aufgebaut. Ozon ist äußerst reaktiv. Viele Stoffe werden von Ozon angegriffen. Ozon reizt die Augen, die Schleimhäute und die Lunge. Auch Pflanzen werden stark geschädigt. Ozon ist deshalb in bodennahen Luftschichten unerwünscht.

Hauptursache für die Bildung von *bodennahem Ozon* sind menschliche Aktivitäten: Abgase von Autos und Industrieanlagen enthalten Stickstoffoxide. Durch die UV-Strahlung der Sonne werden von Stickstoffdioxid-Molekülen Sauerstoff-Radikale abgespalten, die mit Sauerstoff-Molekülen der Luft zu Ozon-Molekülen reagieren.

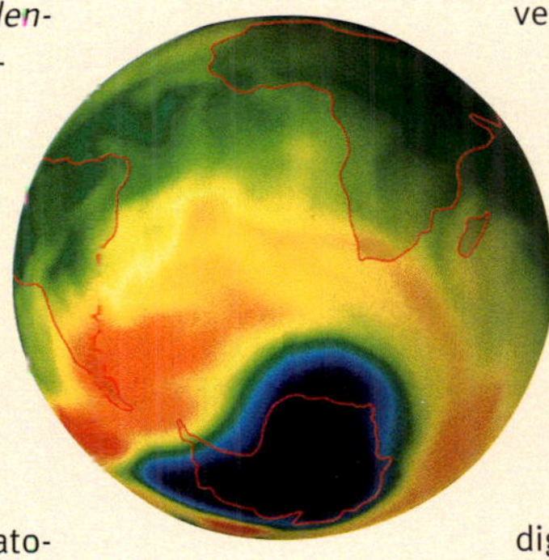

Schutz durch Ozon. Im Bereich der Stratosphäre bildet sich Ozon in 20 bis 30 Kilometer Höhe durch Einwirkung von energiereicher *UV-Strahlung* auf Sauerstoff-Moleküle. Durch die Spaltung von Sauerstoff-Molekülen wird UV-Strahlung absorbiert. Auch das Ozon selbst nimmt UV-Strahlung auf. So schützt die Ozonschicht die Lebewesen auf der Erde vor zu intensiver UV-Strahlung. Ohne die Filterwirkung der Ozonschicht würde die UV-Strahlung beim Menschen verstärkt zu Augenerkrankungen, zu einer erhöhten Hautkrebsrate und zur Schwächung des Immunsystems führen. Durch eine massive Schädigung von Algen und Kleinstlebewesen im Meer könnte die Nahrungskette gestört und damit die Ernährungsgrundlage des Menschen gefährdet werden.

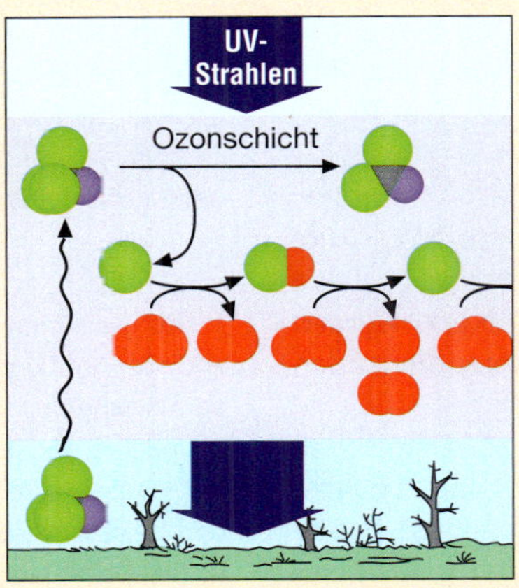

Zerstörung der Ozonschicht durch Fluorchlorkohlenwasserstoffe

Zerstörung der Ozonschicht. Die Fluorchlorkohlenwasserstoffe (FCKW) galten lange Zeit als ideale Treibgase und Kühlflüssigkeiten. Sie sind chemisch sehr reaktionsträge und ungiftig. Gerade weil sie so stabil sind und sich so schlecht in Wasser lösen, haben sie sich zum *Ozonkiller* entwickelt. Einmal frei gesetzt gelangen sie im Laufe der Jahre bis in 30 Kilometer Höhe. Dort spaltet die UV-Strahlung Chlor-Atome ab. Jedes dieser aggressiven Chlor-Radikale kann dann in einer *Radikalkettenreaktion* mit Ozon reagieren und bis zu 10 000 Ozon-Moleküle zerstören, ehe es selbst wieder gebunden und damit unschädlich wird. Durch den Abbau des Ozons entstehen in der Stratosphäre zeitweise Bereiche mit auffällig verminderter Ozon-Konzentration. Diese Erscheinung bezeichnet man auch als **Ozonloch.**

Schon 1974 warnten amerikanische Chemiker vor einer möglichen Schädigung des Ozons durch Fluorchlorkohlenwasserstoffe. Jahrelang wurde jedoch die Berechtigung dieser Warnung immer wieder in Zweifel gezogen.

Erst 1990 wurde in London ein vollständiger Ausstieg bis zum Jahr 2000 vorgesehen. 1992 folgte auf der UNO-Ozonkonferenz in Kopenhagen der Beschluss, dass alle unterzeichnenden Industriestaaten bis zum Jahr 1996 aus Produktion und Verbrauch der FCKWs aussteigen. Seit 1995 dürfen daher nach geltendem EU-Recht vollhalogenierte FCKW weder hergestellt noch verwendet werden.

Doch auch das hilft erst langfristig: Es dauert 20 Jahre, bis FCKW-Moleküle vom Boden bis in die Stratosphäre gelangen und dort die Ozonschicht zerstören.

1 Gib für die in den Abbildungen dargestellten Umsetzungen die Reaktionsgleichungen an.

2 Suche im Internet die neuesten Angaben zu Produktion und Verbrauch ozonabbauender Stoffe.

1.10 Ethen – ein Alken

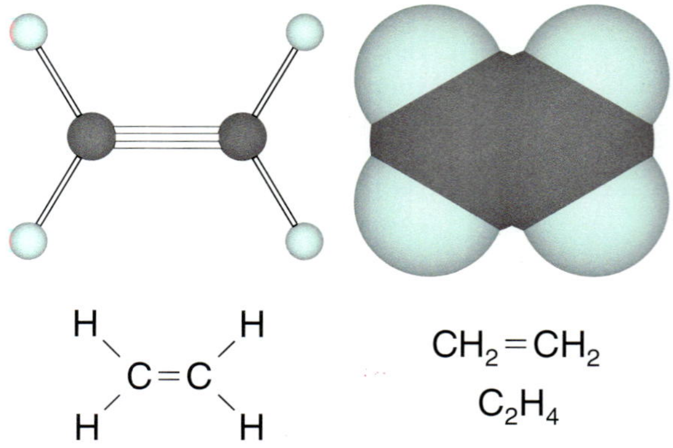

Das Ethen-Molekül

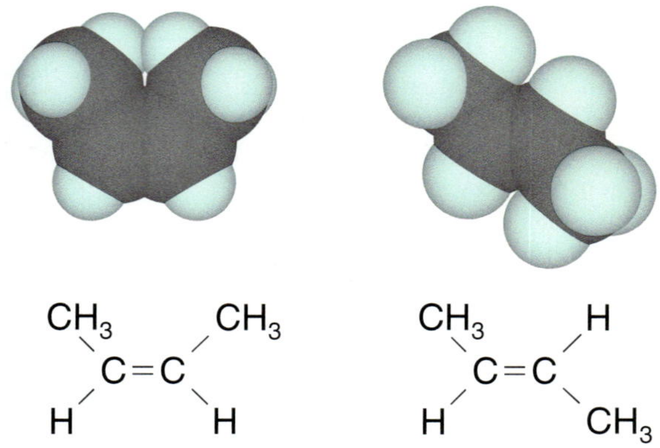

cis-But-2-en und trans-But-2-en

Erhitzt man Paraffinöl in Gegenwart eines Katalysators, so entsteht ein Produktgemisch aus dünnflüssigen und gasförmigen Kohlenwasserstoffen. Der Hauptbestandteil des Gasgemisches ist **Ethen,** ein farbloses Gas.

Struktur des Ethen-Moleküls. Die Bestimmung der Molekülformel von Ethen ergibt C_2H_4. An jedes Kohlenstoff-Atom sind zwei Wasserstoff-Atome gebunden. Da ein Kohlenstoff-Atom immer vier Bindungen eingeht, muss im Ethen-Molekül eine **C=C-Zweifachbindung** vorliegen. Ethen ist daher ein **ungesättigter Kohlenwasserstoff.** Die Moleküle ungesättigter Kohlenwasserstoffe enthalten mindestens eine C/C-Mehrfachbindung.

Die beiden C-Atome sind durch *zwei* gemeinsame Elektronenpaare verbunden. Die Oktettregel ist damit für beide Atome erfüllt. Der Abstand zwischen den beiden Kohlenstoff-Atomen ist mit 134 pm kleiner als in der C–C-Einfachbindung mit 154 pm. Sämtliche Atome des Moleküls liegen in einer Ebene, alle Bindungswinkel betragen 120°.

Alkene. Ethen ist das erste Glied der *homologen Reihe der Alkene.* Diese Kohlenwasserstoff-Moleküle haben je *eine* C=C-Zweifachbindung; ihre allgemeine Formel lautet C_nH_{2n}. Die Namen der Alkene werden gebildet, indem die Endung -an des entsprechenden Alkans durch **-en** ersetzt wird.
Alkene unterscheiden sich in ihren physikalischen Eigenschaften kaum von den Alkanen. Ihre Löslichkeit ist ähnlich und bei gleicher Kettenlänge haben sie fast identische Schmelztemperaturen und Siedetemperaturen. Alken-Moleküle sind wie Alkan-Moleküle unpolar und gehen untereinander VAN-DER-WAALS-Bindungen ein.

Von Buten an gibt es isomere Moleküle, sie unterscheiden sich in der Lage der C=C-Zweifachbindung. Die Stellung der C=C-Zweifachbindung wird durch eine Ziffer vor der Silbe -en angegeben. Verbindungen mit *zwei* C=C-Zweifachbindungen bezeichnet man als *Di*ene.

1 2 3 4	1 2 3 4	1 2 3 4
$CH_2{=}CH{-}CH_2{-}CH_3$	$CH_3{-}CH{=}CH{-}CH_3$	$CH_2{=}CH{-}CH{=}CH_2$
But-1-en	But-2-en	Buta-1,3-dien

***cis/trans*-Isomerie.** Im Gegensatz zur C–C-Einfachbindung können die Molekülteile um die C=C-Zweifachbindung nicht gedreht werden. Dadurch entsteht eine neue Art von Isomerie, die ***cis/trans*-Isomerie:** Beim *cis*-But-2-en liegen die beiden Methyl-Gruppen auf der gleichen Seite der C=C-Zweifachbindung, beim *trans*-But-2-en stehen sie einander gegenüber. *cis/trans*-Isomere unterscheiden sich in ihren Eigenschaften, beispielsweise in den Siedetemperaturen.

Alkene sind ungesättigte Kohlenwasserstoffe mit einer C=C-Zweifachbindung und der allgemeinen Formel C_nH_{2n}. Die Molekülteile sind nicht frei um die C=C-Zweifachbindung drehbar. Dadurch kommt es zur *cis/trans*-Isomerie.

1 Gib die Molekülformel von Propen an.

2 Benenne die nebenstehenden Verbindungen.

$CH_2{=}CH{-}CH{=}CH{-}CH_3$

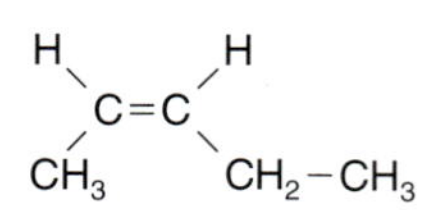

3 Zeichne die Strukturformeln der isomeren Pentene und benenne die Verbindungen.

4 Zeige am Beispiel des Ethen-Moleküls, dass die Oktettregel für beide Kohlenstoff-Atome erfüllt ist.

5 Grüne Bananen werden mit Ethen begast. Suche in einem Lexikon nach dem Nutzen dieser Behandlung.

1.11 Addition und Eliminierung

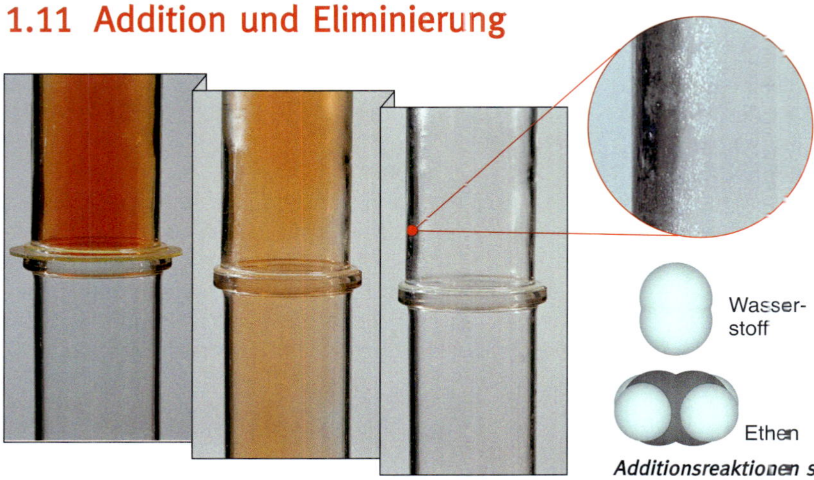

Reaktion von Ethen mit Brom

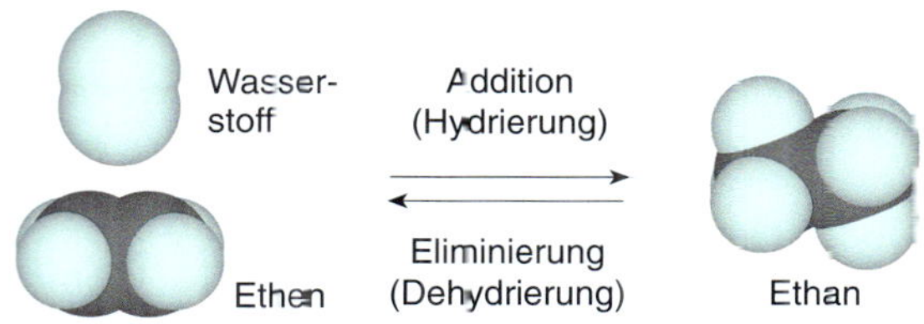

Additionsreaktionen sind umkehrbar, dabei läuft eine Eliminierungsreaktion ab.

Alkene sind wesentlich reaktionsfähiger als Alkane. Dies zeigt sich besonders deutlich bei der Reaktion mit Brom: Ein Standzylinder wird mit Ethen gefüllt und mit einer Glasscheibe abgedeckt. Dann setzt man einen mit Brom-Dampf gefüllten Standzylinder umgekehrt darauf. Sobald man die Glasscheiben entfernt, mischen sich die beiden Gase. Das Gemisch entfärbt sich und an der Glaswand bilden sich farblose Tropfen von 1,2-Dibromethan.

Addition. Bei der Reaktion wird jedes Kohlenstoff-Atom der C=C-Zweifachbindung mit einem Brom-Atom verknüpft. Gleichzeitig bildet sich eine C–C-Einfachbindung aus. Man sagt, Brom wird an die C=C-Zweifachbindung addiert. Solche Reaktionen, bei denen sich zwei Moleküle zu *einem* Molekül vereinigen, bezeichnet man als **Additionsreaktionen**.

$$\underset{\text{Ethen}}{CH_2{=}CH_2\ (g)} + \underset{\text{Brom}}{Br_2\ (g)} \longrightarrow \underset{\text{1,2-Dibromethan}}{CH_2Br{-}CH_2Br\ (l)}\ ;\ \text{exotherm}$$

Die rasche Entfärbung bei der Reaktion mit Brom dient auch als *Nachweisreaktion für Alkene.*

Durch die Addition von Wasser an Alkene lassen sich Alkohole herstellen. So entsteht durch die Reaktion von Ethen mit Wasser Ethanol:

$$\underset{\text{Ethen}}{CH_2{=}CH_2\ (g)} + \underset{\text{Wasser}}{H_2O\ (l)} \xrightarrow{\text{Katalysator}} \underset{\text{Ethanol}}{CH_3{-}CH_2OH\ (l)}\ ;\ \text{exotherm}$$

Wird Wasserstoff an Ethen addiert, so bildet sich Ethan. Bei dieser als **Hydrierung** bezeichneten Reaktion entsteht somit aus einem ungesättigten Kohlenwasserstoff ein gesättigter Kohlenwasserstoff:

$$\underset{\text{Ethen}}{CH_2{=}CH_2\ (g)} + \underset{\text{Wasserstoff}}{H_2\ (g)} \longrightarrow \underset{\text{Ethan}}{CH_3{-}CH_3\ (g)}\ ;\ \text{exotherm}$$

Eliminierung. Additionsreaktionen sind *umkehrbar.* Bei hohen Temperaturen lassen sich aus den Molekülen von gesättigten Kohlenwasserstoff-Verbindungen kleine Moleküle abspalten. Solche Reaktionen bezeichnet man als **Eliminierungsreaktionen.**

Besonders wichtig ist die Abspaltung von Wasserstoff-Molekülen aus Alkan-Molekülen. Eine Eliminierung von Wasserstoff nennt man **Dehydrierung.** Aus dem gesättigten Kohlenwasserstoff Ethan bildet sich auf diese Weise Ethen:

$$\underset{\text{Ethan}}{CH_3{-}CH_3\ (g)} \longrightarrow \underset{\text{Ethen}}{CH_2{=}CH_2\ (g)} + \underset{\text{Wasserstoff}}{H_2\ (g)}\ ;\ \text{endotherm}$$

Aus Halogenalkan-Molekülen lassen sich Halogenwasserstoff-Moleküle eliminieren. Aus Bromethan erhält man so Ethen und Bromwasserstoff:

$$\underset{\text{Bromethan}}{CH_3{-}CH_2Br\ (l)} \longrightarrow \underset{\text{Ethen}}{CH_2{=}CH_2\ (g)} + \underset{\text{Bromwasserstoff}}{HBr\ (g)}\ ;\ \text{endotherm}$$

Bei einer Additionsreaktion wird ein Molekül an eine C/C-Mehrfachbindung eines ungesättigten Kohlenwasserstoff-Moleküls addiert.

1 Folgende Stoffe werden an Propen addiert: Chlor, Wasserstoff, Chlorwasserstoff. Formuliere die Reaktionsgleichungen und gib die Namen der Produkte an.
2 Gib eine Reaktionsgleichung für die Dehydrierung von Butan an. Wie viele verschiedene Produkte sind möglich?
3 Welches Produkt erwartest du bei der Dehydrierung von Ethen? Schlage eine Molekülformel vor.
4 Ethen-Moleküle können auch miteinander reagieren. Dabei entsteht der Kunststoff Polyethen (PE). Zeichne einen Formelausschnitt mit sechs kettenförmig angeordneten Kohlenstoff-Atomen.

1.12 Ethin – ein Alkin

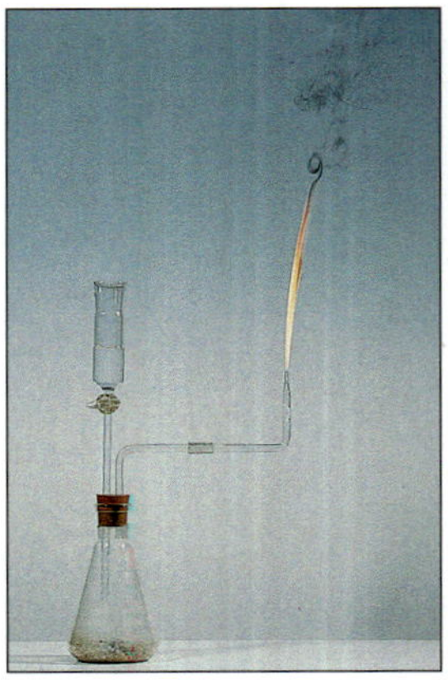

Tropft man Wasser auf festes Calciumcarbid, so entsteht ein farbloses Gas, das mit rußender Flamme verbrennt. Es handelt sich um **Ethin.**

CaC_2 (s) + 2 H_2O (l) ⟶
Calciumcarbid   Wasser

C_2H_2 (g) + $Ca(OH)_2$ (s); exotherm
Ethin   Calciumhydroxid

In Museen kann man noch die großen Scheinwerfer von alten Fahrrädern und Autos bewundern. Es handelt sich dabei um Carbidlampen, die mit Calciumcarbid und Wasser betrieben wurden. Das frei werdende Ethin wurde entzündet und man verfügte so über eine transportable Lichtquelle.

Ethin ist der einfachste Vertreter der homologen Reihe der **Alkine.** Darunter versteht man ungesättigte Kohlenwasserstoffe mit *einer* C≡C-Dreifachbindung und der allgemeinen Formel C_nH_{2n-2}.

Struktur des Ethin-Moleküls. Die starke Rußentwicklung bei der Acetylenflamme deutet auf einen geringen Wasserstoffanteil im Molekül hin. Die Bestimmung der molaren Masse ergibt 26 $\frac{g}{mol}$. Daraus leitet sich die *Molekülformel* C_2H_2 ab. Wegen der Vierbindigkeit des Kohlenstoff-Atoms muss zwischen den beiden Kohlenstoff-Atomen eine *C≡C-Dreifachbindung* vorliegen. Die beiden Kohlenstoff-Atome sind also durch drei gemeinsame Elektronenpaare miteinander verbunden.

H–C≡C–H
CH≡CH
C_2H_2

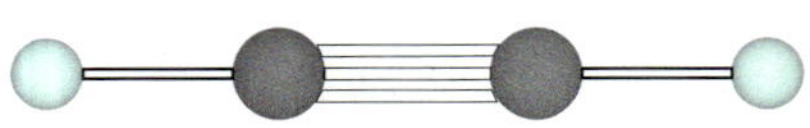

Die Bindungslänge der C≡C-Dreifachbindung ist mit 120 pm noch geringer als bei der C=C-Zweifachbindung mit 134 pm. Da die Kohlenstoff-Atome im Ethin-Molekül jeweils nur ein Wasserstoff-Atom als Bindungspartner haben, liegen sämtliche Atome des Moleküls auf einer Geraden. Das Ethin-Molekül ist linear gebaut, der H–C–C-Bindungswinkel beträgt 180°.

Eigenschaften und Verwendung. Ethin wird auch als *Acetylen* bezeichnet. Gemische mit Luft, die zwischen 1,5 % und 82 % Ethin enthalten, können explodieren. In der Technik wird Ethin zum Schweißen und Schneiden von Eisen oder Stahl verwendet. Dabei wird das Gas im Schweißbrenner mit Sauerstoff verbrannt:

2 C_2H_2 (g) + 5 O_2 (g) ⟶
4 CO_2 (g) + 2 H_2O (g); exotherm

Diese Reaktion ist stark exotherm, es werden Temperaturen über 3000 °C erreicht, sodass Eisen und Stahl schmelzen.

Ethin zerfällt unter Druck explosionsartig in die Elemente. Es kann daher nicht wie Ethan und Ethen direkt in Stahlflaschen gepresst werden. Das Gas wird zuerst in Aceton gelöst und dann unter einem verhältnismäßig geringen Druck von 12 bar in Stahlflaschen gefüllt, die Kieselgur zum Aufsaugen der Lösung enthalten. Unter diesen Bedingungen lösen sich 300 Liter Ethin-Gas in einem Liter Aceton.

An der C≡C-Dreifachbindung der Alkin-Moleküle sind Additionsreaktionen möglich. Die Addition von Wasserstoff führt zu Alkenen und zu Alkanen. Auch Halogene oder Halogenwasserstoffe können an die C≡C-Dreifachbindung addiert werden.

Ethin ist der einfachste ungesättigte Kohlenwasserstoff mit einer C≡C-Dreifachbindung. Er gehört zur homologen Reihe der Alkine mit der allgemeinen Formel C_nH_{2n-2}.

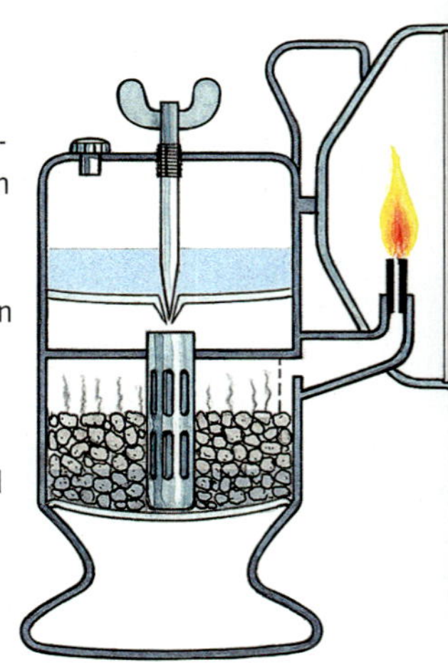

1 Gib die Strukturformeln von Propin und von Butin an.
2 Formuliere die Reaktionsgleichungen für **a)** die Addition von Brom an Ethin, **b)** die Reaktion von Ethin zu Ethen und dann zu Ethan, **c)** die Herstellung von Chlorethen aus Ethin.
3 Gibt es bei den Alkinen *cis/trans*-Isomere?
4 Ethin wird heute vorwiegend durch unvollständige Verbrennung von Methan hergestellt. Formuliere die Reaktionsgleichung.
5 Erkläre die Funktionsweise der Carbidlampe.

Eigenschaften ungesättigter Kohlenwasserstoffe

V1: Nachweis mit BAEYER-Reagenz

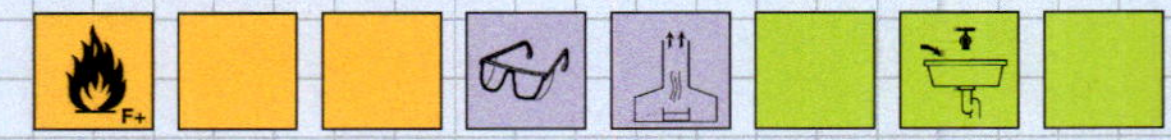

Materialien: Einwegspritze (20 ml) mit abgestumpfter Kanüle, Stopfen;
BAEYER-Reagenz (Kaliumpermanganat-Lösung mit Zusatz von Natriumcarbonat), Ethen (F+).

Durchführung:

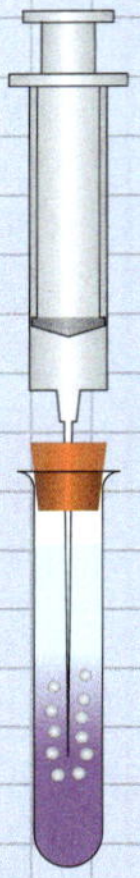

1. Baue die Versuchsapparatur nach der Abbildung auf.

2. Drücke das Ethen-Gas in kleinen Blasen langsam in die BAEYER-Reagenzlösung. Die Kanüle sollte dabei etwa bis zur halben Höhe in die Lösung eintauchen.
Eventuell muss nach dem Einspritzen des Gases etwa eine Minute lang vorsichtig geschüttelt werden.
Achtung! Dabei muss die Spritze festgehalten werden!

Aufgaben:

a) Notiere deine Beobachtungen.

b) Kaliumpermanganat ist ein in der Praxis häufig verwendetes Oxidationsmittel. Welcher Reaktionstyp liegt der BAEYER-Probe zu Grunde? Welche Beobachtung stützt deine Annahme?

c) Das Kaliumpermanganat reagiert mit einer C/C-Mehrfachbindung. Mit der BAEYER-Probe kann somit der ungesättigte Charakter einer Verbindung nachgewiesen werden. Wie würde daher Ethin mit dem BAEYER-Reagenz reagieren?

A1: a) Ethin kann durch Reaktion von Calciumcarbid mit Wasser hergestellt werden. Formuliere die Gleichung für die Reaktion von Calciumcarbid mit Wasser. In welchem Bereich müsste der pH-Wert der Lösung am Ende der Reaktion liegen?
b) Formuliere die Reaktionsgleichung für die Verbrennung von Ethin. Warum rußt die Flamme bei der Verbrennung von Ethin stärker als bei der Verbrennung von Ethen?
c) Calciumcarbid kann aus Calciumoxid (Branntkalk) und Kohlenstoff (Koks) hergestellt werden. Formuliere die Reaktionsgleichung.
d) Das Ethin-Molekül kann als *Protonendonator* wirken und zwei Protonen abgeben. Zeichne die LEWIS-Formel des gebildeten Anions.
e) Salze mit dem Säurerest-Ion C_2^{2-} bezeichnet man als *Acetylide*. Formuliere die Reaktionsgleichung für die Bildung von Silberacetylid durch die Reaktion von Ethin mit Silbernitrat-Lösung.

V2: Nachweis mit Brom

Materialien: Tropfpipetten, Stopfen;
Bromwasser (gesättigte Lösung zuvor auf das vierfache Volumen verdünnen; Xn), Oct-1-en (F, N), Oct-1-in (F, X).

Durchführung:

1. Gib einen Tropfen Oct-1-en in ein Reagenzglas und füge einige Tropfen Bromwasser hinzu.

2. Verschließe das Reagenzglas mit dem Stopfen und schüttle.

3. Wiederhole den Versuch mit Oct-1-in.

Aufgaben:

a) Notiere deine Beobachtungen.

b) Formuliere die Reaktionsgleichungen.

V3: Bananenreifung

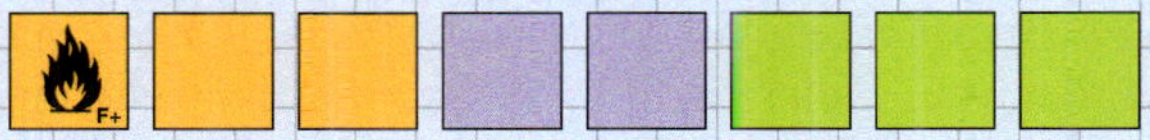

Materialien: 2 Einwegspritzen (20 ml), Kanüle, 3 PE-Gefrierbeutel (1 l), 3 Gefrierbeutelverschlüsse, Klebeband;
4 Bananen (möglichst grün), 1 Banane (möglichst reif), Ethen (F+).

Durchführung:

1. Gib in jeden der drei Gefrierbeutel eine unreife Banane und lagere die vierte offen.

2. Füge in einen der drei Beutel die reife Banane hinzu.

3. Verschieße die Gefrierbeutel gasdicht mit dem Verschluss.

4. Spritze 40 ml Ethen in einen Gefrierbeutel mit einer unreifen Banane. Verschließe die Einstichstelle möglichst schnell mit dem Klebeband und kennzeichne diesen Beutel entsprechend.

5. Lagere die vier Bananen unter gleichen Bedingungen, bis ein deutlicher Unterschied im Reifungsgrad bemerkbar ist (etwa drei Tage).

Aufgaben:

a) Notiere deine Beobachtungen.

b) Wieso ist aus der Versuchsreihe zu schließen, dass reife Bananen Ethen abgeben?

c) Bananen werden in den Herkunftsländern im grünen Zustand geerntet und in Kühlräumen gelagert. Erst bei Bedarf lässt man sie durch Begasung mit einem Gemisch aus 5 % Ethen und 95 % Stickstoff reifen und bringt sie in den Handel. Warum werden die Bananen nicht schon reif geerntet und dann zum Verbraucher gebracht?

1.13 Benzol – ein aromatischer Kohlenwasserstoff

An Benzinzapfsäulen sind drei Gefahrensymbole angebracht: F+ (hoch entzündlich), T (giftig) und N (umweltgefährlich). Das Symbol F+ ist sofort verständlich. Das Symbol T muss angegeben werden, weil Benzin bis zu 1 % Krebs erzeugendes **Benzol** enthält.
Benzol entsteht bei der Verarbeitung von Erdöl. In der chemischen Industrie sind Benzol und Benzol-Derivate wichtige Lösungsmittel sowie Zwischenprodukte für die Herstellung von Farbstoffen und Kunststoffen.

Benzol gehört zur Stoffklasse der **aromatischen Kohlenwasserstoffe.** Die Bezeichnung „aromatisch“ geht auf den süßlich-aromatischen Geruch vieler Naturstoffe zurück, die sich vom Benzol ableiten. Alle aromatischen Kohlenwasserstoffe enthalten als gemeinsames Merkmal mindestens einen Benzol-Rest.

Struktur des Benzol-Moleküls. Die Molekülformel C_6H_6 lässt vermuten, dass im Benzol-Molekül C/C-Mehrfachbindungen vorliegen. Der deutsche Chemiker KEKULÉ schlug daher 1866 eine Sechseckformel mit abwechselnden C–C-Einfachbindungen und C=C-Zweifachbindungen vor. Versetzt man Benzol mit Brom, so findet jedoch keine Additionsreaktion statt. Strukturuntersuchungen haben ergeben, dass die sechs Kohlenstoff-Atome einen ebenen Ring bilden. Alle Bindungen im Ring sind gleichartig und der Abstand zwischen zwei Kohlenstoff-Atomen beträgt immer 139 pm. Damit liegt er zwischen den Bindungslängen der C–C-Einfachbindung (154 pm) und der C=C-Zweifachbindung (134 pm).
Jedes Kohlenstoff-Atom ist durch zwei Einfachbindungen mit den benachbarten Kohlenstoff-Atomen und durch eine Einfachbindung mit einem Wasserstoff-Atom verbunden. An jedem C-Atom ist damit noch ein Außenelektron übrig. Diese sechs Elektronen bilden ein ringförmiges Elektronensystem, das die Bindungen zwischen den Kohlenstoff-Atomen verstärkt. Als Strukturformel zeichnet man deshalb ein regelmäßiges Sechseck mit Innenkreis.

Reaktionsverhalten. Das Benzol-Molekül ist infolge der besonderen Bindungsverhältnisse so stabil, dass es Brom-Moleküle nicht addiert. Benzol verhält sich fast wie ein gesättigter Kohlenwasserstoff. Fügt man dem Gemisch jedoch einen Katalysator wie Aluminiumbromid ($AlBr_3$) hinzu, so bilden sich Monobrombenzol und Bromwasserstoff. Dabei wird ein Wasserstoff-Atom des Benzol-Moleküls durch ein Brom-Atom ersetzt, es findet also eine **Substitution** statt.

Benzol ist der einfachste aromatische Kohlenwasserstoff. Seine Formel lautet C_6H_6. Benzol geht Substitutionsreaktionen ein.

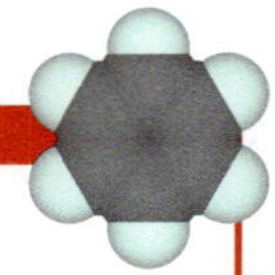

Steckbrief: Benzol (C_6H_6)

Eigenschaften: farblose Flüssigkeit mit süßlich-aromatischem Geruch;
Dichte: 0,874 $\frac{g}{ml}$;
Schmelztemperatur: 5,5 °C;
Siedetemperatur: 80 °C;
Flammpunkt: –11 °C.

Verwendung: Ausgangsstoff zur Herstellung von Textilfasern, Kunststoffen, Farbstoffen, Arzneimitteln, Aromastoffen, Pflanzenschutzmitteln.

Gefahren: Benzol ist giftig und Krebs erzeugend; Benzoldämpfe verursachen Schwindelgefühl, Übelkeit, Atemlähmung; Benzol schädigt Leber, Nieren und Knochenmark; Benzol kann auch durch die Haut aufgenommen werden.

Leicht entzündlich

Giftig

R 45 Kann Krebs erzeugen
R 46 Kann vererbbare Schäden verursachen
R 11 Leicht entzündlich
R 23/24/25 Giftig beim Einatmen, Verschlucken und Berührung mit der Haut
R 36/38 Reizt die Augen und die Haut
R 48 Gefahr ernster Gesundheitsschäden bei längerer Exposition
R 65 Gesundheitsschädlich: Kann beim Verschlucken Lungenschäden verursachen
S 53 Exposition vermeiden
S 44 Bei Unfall oder Unwohlsein sofort Arzt hinzuziehen

Strukturformel:

Benzolformel von KEKULÉ (1866)

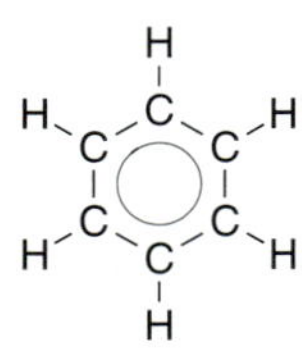

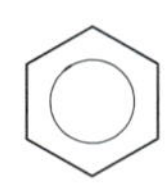
Benzolformel heute

1 Gib die Reaktionsgleichung für die Verbrennung von Benzol an.
2 Cyclohexen reagiert mit Brom in einer Additionsreaktion, Benzol dagegen in einer Substitutionsreaktion. Gib dafür eine Erklärung und formuliere die beiden Reaktionsgleichungen mit Strukturformeln.
3 Warum ist an Tankstellen das Symbol F+ angebracht, obwohl Benzol das Symbol F trägt?

Suche:

Aromatische Kohlenwasserstoffe

Ergebnisse:

→ **Toluol (Methylbenzol)**

Formel: $C_6H_5–CH_3$

Eigenschaften: farblose, leicht entzündliche Flüssigkeit; aromatischer Geruch; gesundheitsschädlich

Verwendung: Lösungsmittel, z. B. in Klebstoffen; Ausgangsstoff für die Herstellung organischer Verbindungen wie Farben und Sprengstoffe sowie Saccharin (Süßstoff)

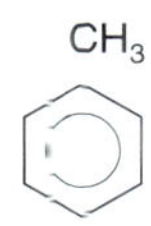

Sprengstoff: Trinitrotoluol (TNT)

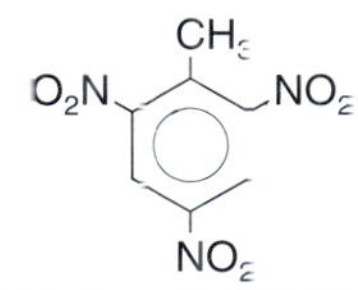

→ **Xylol (Dimethylbenzol)**

Formel: $C_6H_4(CH_3)_2$

Eigenschaften: farblose Flüssigkeit; bildet gesundheitsschädliche Dämpfe

Verwendung: Lösungsmittel für Wachse, Kunstharze, Kautschuk; Verdünnungsmittel für Lacke und Anstrichstoffe; Weichmacher für Kunststoffe und Kunstfasern; Zusatz zu Flugzeugbenzin

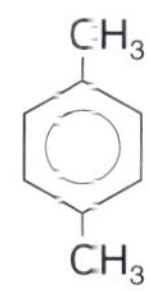

→ **Styrol (Phenylethen)**

Formel: $C_6H_5–CH=CH_2$

Eigenschaften: farblose, stechend riechende Flüssigkeit; in Wasser unlöslich; wirkt reizend auf Haut und Augen; geht Additionsreaktionen ein

Verwendung: Herstellung von Polystyrol und Gießharzen

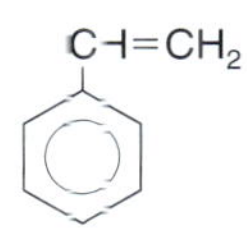

→ **Biphenyl**

Formel: $H_5C_6–C_6H_5$

Eigenschaften: farblose, glänzende Blättchen; wirkt reizend auf Haut, Augen und Atemwege; pilztötende Wirkung

Verwendung: Konservierung von Zitrusfrüchten (E 230); Herstellung von Pharmaka; Färbebeschleuniger in Färbereien; Schädlingsbekämpfungsmittel; Heizbadflüssigkeit

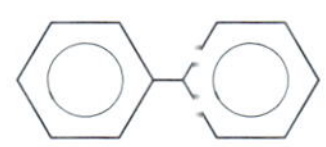

→ **Naphthalin**

Formel: $C_{10}H_8$

Eigenschaften: glänzende, farblose Kristalle; Dämpfe wirken reizend auf Augen und Atemwege; keimtötende Wirkung; Geruch nach Mottenkugeln

Verwendung: Ausgangsstoff für die Herstellung von Heilmitteln und Farben; Gerbstoff für Felle und Pelze; Insektizid; früher: Mottenkugeln

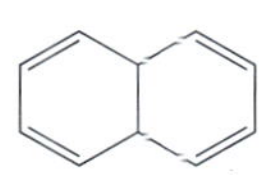

→ **Benzpyren**

Formel: $C_{20}H_{12}$

Eigenschaften: gelbe, nadelförmige Kristalle; Krebs erzeugende Substanz

Vorkommen: entsteht bei der unvollständigen Verbrennung organischer Stoffe; in Auto- und Industrieabgasen; beim Grillen durch die Zersetzung von herabtropfendem Fett und beim Rauchen in der Tabakbrennzone

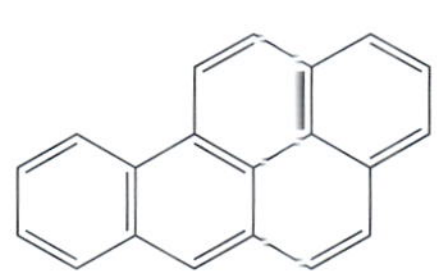

„Die EU-Gesundheitsminister: Rauchen kann tödlich sein."

Prüfe dein Wissen

Quiz

A1 a) Erkläre die Begriffe des Fensters.
b) Notiere auf der Vorderseite von Karteikarten den Begriff, auf der Rückseite die Erklärung.

A2 Was versteht man unter gesättigten Kohlenwasserstoffen, was sind ungesättigte Kohlenwasserstoffe?

A3 Welche Kohlenstoff-Verbindungen rechnet man nicht zu den organischen Verbindungen sondern zu den anorganischen Stoffen? Gib Namen und Formeln an.

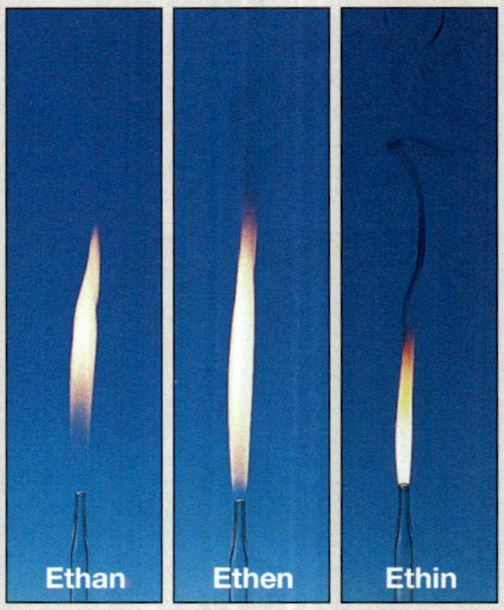

A4 a) Was ist der Hauptbestandteil von Ruß?
b) Erkläre, warum die Flammen von Ethan, Ethen und Ethin unterschiedlich rußen.

A5 Welches Octan-Isomer hat die kürzeste Hauptkette und gleichzeitig die meisten Methyl-Gruppen in den Seitenketten?
Zeichne die Strukturformel und gib den systematischen Namen der Verbindung an.

A6 Benenne die folgenden Verbindungen:

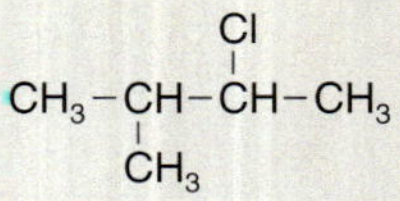

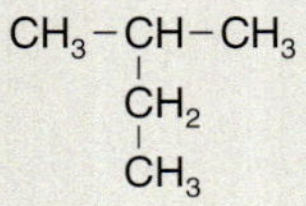

Know-how

A7 Brom reagiert mit Propan, mit Propen und mit Propin. Formuliere jeweils die Reaktionsgleichungen. Benenne die Reaktionsprodukte und den jeweiligen Reaktionstyp.

A8 a) Wieso lässt sich Chlor in Trichlormethan nicht mit Hilfe von Silbernitrat-Lösung nachweisen?
b) Welche Nachweisreaktion bietet sich stattdessen an? Beschreibe kurz die Vorgehensweise.

A9 Gib die Reaktionsgleichung für die Hydrierung von Propen und für die Dehydrierung von Propan an. Benenne den jeweiligen Reaktionstyp.

Die wichtigsten Begriffe

- organische Chemie
- Kohlenwasserstoffe
- Alkane, Alkene, Alkine
- homologe Reihe
- Isomerie, *cis/trans*-Isomerie
- VAN-DER-WAALS-Bindung
- Substitution
- Radikale
- Halogenkohlenwasserstoffe
- Addition
- Eliminierung
- Benzol

A10 Bei der Addition von Chlorwasserstoff an Propen können verschiedene Isomere entstehen. Formuliere die möglichen Reaktionsgleichungen und benenne die Produkte.

A11 Bei Dienen unterscheidet man *kumulierte* (benachbarte), *konjugierte* (durch eine Einfachbindung getrennte) und *isolierte* (durch mehr als eine Einfachbindung getrennte) Zweifachbindungen. Gib als Beispiel jeweils ein Pentadien mit Strukturformel und Namen an.

A12 *cis*-1,2-Dichlorethen siedet bei 60 °C, während *trans*-1,2-Dichlorethen bei 48 °C siedet.
a) Zeichne die Strukturformeln der beiden Halogenalkene.
b) Erkläre die unterschiedlichen Siedetemperaturen. Welches der beiden Moleküle ist polar, welches ist unpolar?

Natur – Mensch – Technik

A13 Welches Missgeschick in der Küche zeigt, dass Milch organische Verbindungen enthält?

A14 a) Erkläre das Vorkommen von Methan im Sumpfgas, im Faulgas und im Grubengas.
b) Was sind Schlagende Wetter?
c) Wie kommt es zu Irrlichtern im Moor?

A15 Propan und Butan werden als Heizgase verwendet. Warum werden sie als Flüssiggase bezeichnet?

A16 Wie lässt sich ein Ölfleck aus der Kleidung entfernen? Beschreibe und erkläre das Vorgehen. Begründe die Wirkung des Lösungsmittels.

A17 Bei starkem Frost können Dieselkraftstoff und Heizöl ausflocken. Erkläre diesen Vorgang. Welche unangenehmen Folgen hat das Ausflocken bei Dieselfahrzeugen?

Chemie der Kohlenwasserstoffe

Basiswissen

1. Einteilung und Merkmale

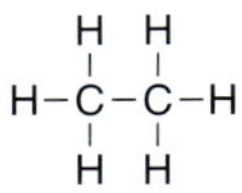 Ethan	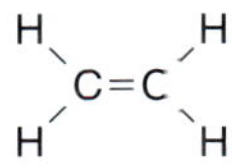 Ethen	H−C≡C−H Ethin	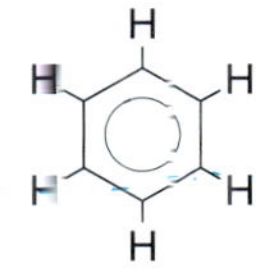 Benzol
homologe Reihe der Alkane C_nH_{2n+2} gesättigt C–C-Einfachbindung	homologe Reihe der Alkene C_nH_{2n} ungesättigt C=C-Zweifachbindung	homologe Reihe der Alkine C_nH_{2n-2} ungesättigt C≡C-Dreifachbindung	Aromaten aromatisch besonderes Bindungssystem

2. Isomerie und Nomenklatur

Isomere Verbindungen haben die gleiche Molekülformel, besitzen aber unterschiedliche Strukturformeln. Die Benennung organischer Verbindungen erfolgt nach internationalen Nomenklaturregeln.

C_4H_{10}	**C_4H_8**		**C_5H_{10}**
$CH_3-CH_2-CH_2-CH_3$ Butan 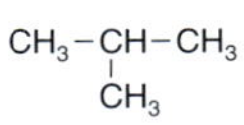 2-Methylpropan	$CH_2=CH-CH_2-CH_3$ But-1-en $CH_3-CH=CH-CH_3$ But-2-en	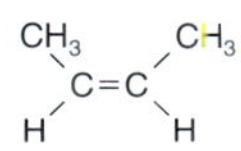 *cis*-But-2-en 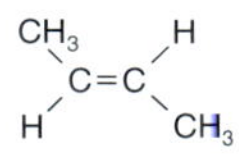 *trans*-But-2-en	$CH_2=CH-CH_2-CH_2-CH_3$ Pent-1-en 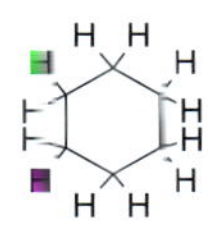 Cyclohexan
unterschiedliche Verzweigung	unterschiedliche Lage der C=C-Zweifachbindung	unterschiedliche Stellung der CH_3-Gruppen	Kette oder Ring

3. Eigenschaften

VAN-DER-WAALS-Bindungen. Zwischen den unpolaren Molekülen der Kohlenwasserstoffe wirken schwache Anziehungskräfte, die VAN-DER-WAALS-Bindungen. Sie nehmen mit der Molekülgröße zu.

Schmelz- und Siedetemperaturen. Kohlenwasserstoffe schmelzen und sieden bei niedrigen Temperaturen. Mit steigender Molekülgröße nehmen die Schmelz- und Siedetemperaturen wegen der stärker werdenden VAN-DER-WAALS-Bindungen zu.

Löslichkeit. Stoffe ähnlicher Polarität sind ineinander löslich. Kohlenwasserstoffe mischen sich mit anderen unpolaren Stoffen, lösen sich aber nicht in polaren Lösungsmitteln wie Wasser. Kohlenwasserstoffe sind **hydrophob.**

4. Reaktionen

Substitution: In einem Molekül wird ein Atom durch ein anderes Atom ersetzt. Substitutionsreaktionen sind charakteristisch für **gesättigte** und **aromatische** Kohlenwasserstoffe.

$$C_6H_{14} + Br_2 \xrightarrow{\text{Licht}} C_6H_{13}Br + HBr$$

Hexan, Brom, Bromhexan, Bromwasserstoff

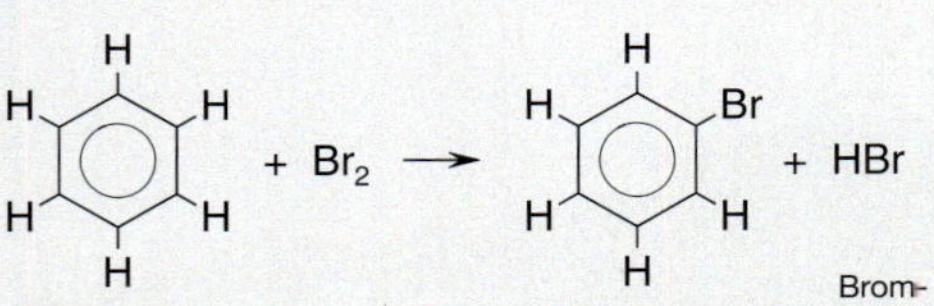

Benzol, Brom, Brombenzol, Bromwasserstoff

Addition: Ein Molekül wird an eine C/C-Mehrfachbindung eines **ungesättigten** Kohlenwasserstoffs addiert.

Eliminierung: Aus einem Molekül wird unter Ausbildung einer C/C-Mehrfachbindung ein Molekül abgespalten.

$$CH_2{=}CH_2 + Br_2 \underset{\text{Eliminierung}}{\overset{\text{Addition}}{\rightleftarrows}} CH_2Br{-}CH_2Br$$

Ethen, Brom, 1,2-Dibromethan

$$CH_2{=}CH_2 + H_2 \underset{\text{Dehydrierung}}{\overset{\text{Hydrierung}}{\rightleftarrows}} CH_3{-}CH_3$$

Ethen, Wasserstoff, Ethan

2 Energie und Umwelt

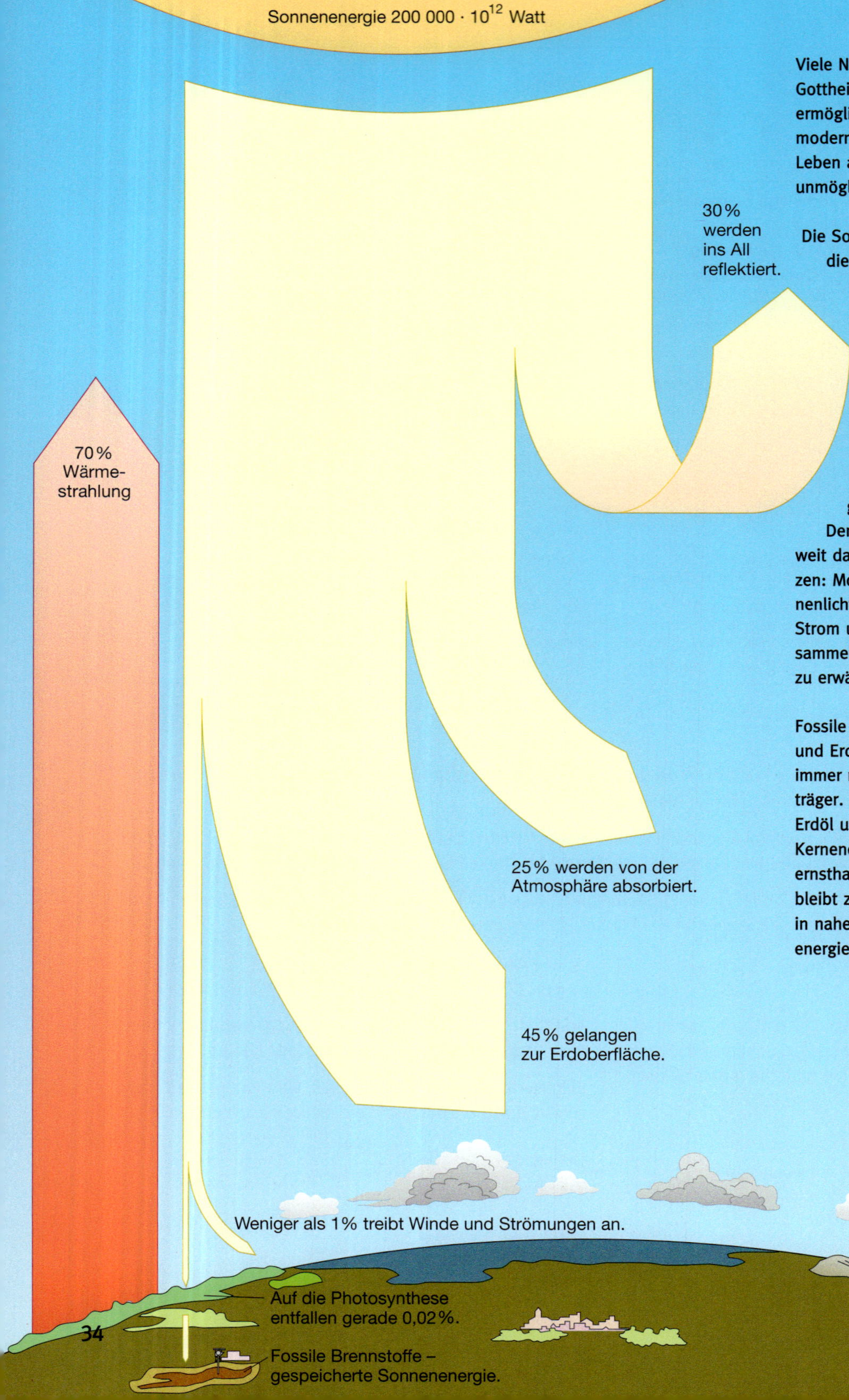

Viele Naturvölker beten die Sonne als Gottheit an, die das Leben auf der Erde ermöglicht und erhält. Aber auch die moderne Naturwissenschaft weiß, dass Leben auf der Erde ohne Sonnenlicht unmöglich wäre.

Die Sonnenstrahlung, die insgesamt die Erdoberfläche erreicht, ist unvorstellbar groß; sie entspricht der Leistung von 200 Millionen Kraftwerken mit einer Leistung von je 1000 Megawatt. Die Sonnenenergie gelangt aber weder konzentriert noch gleichmäßig genug auf die Erde, um sie überall und ständig als Energiequelle verwenden zu können. Dennoch arbeitet man heute weltweit daran die Sonnenenergie zu nutzen: Moderne Solarzellen wandeln Sonnenlicht unmittelbar in elektrischen Strom um, und Sonnenkollektoren sammeln Sonnenenergie, um Wasser zu erwärmen.

Fossile Brennstoffe wie Kohle, Erdöl und Erdgas und die Kernenergie sind immer noch die wichtigsten Energieträger. Die Verbrennung von Kohle, Erdöl und Erdgas und der Einsatz der Kernenergie schaffen allerdings viele ernsthafte ökologische Probleme. So bleibt zu hoffen, dass die Menschheit in naher Zukunft lernt, die Sonnenenergie in größerem Umfang zu nutzen.

Die wichtigsten Energieträger

Übersicht

- noch für einige Jahrhunderte verfügbar
- hohe Energieausnutzung
- bei der Verbrennung Bildung von Kohlenstoffdioxid und Umweltbelastung durch Abgase

- zeitlich unbegrenzt verfügbar, aber standort- und witterungsabhängig
- keine Bildung von Abgasen
- großer Flächenbedarf
- teuer, da geringer Wirkungsgrad

- noch für einige Jahrzehnte verfügbar
- gut zu lagern und gut zu transportieren
- hohe Energieausnutzung
- bei der Verbrennung Bildung von Kohlenstoffdioxid und Umweltbelastung durch Abgase

- zeitlich unbegrenzt verfügbar, aber standortabhängig
- keine Bildung von Abgasen
- jahreszeitenabhängig
- Stauwerke können die Umwelt beeinträchtigen

- noch für einige Jahrzehnte verfügbar
- bei der Verbrennung Bildung von Kohlenstoffdioxid, weniger Umweltbelastung durch Abgase als bei Kohle und Erdöl

- zeitlich unbegrenzt verfügbar, aber standort- und witterungsabhängig
- keine Bildung von Abgasen
- geringe Kapazität
- großer Flächenbedarf
- Geräuschbelästigung in der näheren Umgebung

- noch für einige Jahrhunderte verfügbar
- hohe Kapazität
- keine Bildung von Abgasen
- Entsorgung von radioaktiven Abfällen ungeklärt
- Akzeptanzprobleme
- Sicherheitsprobleme

- zeitlich unbegrenzt verfügbar
- erneuert sich immer wieder im natürlichen Kreislauf
- bei der Verbrennung Bildung von Kohlenstoffdioxid und Umweltbelastung durch Abgase
- massive Nutzung kann die Umwelt schädigen

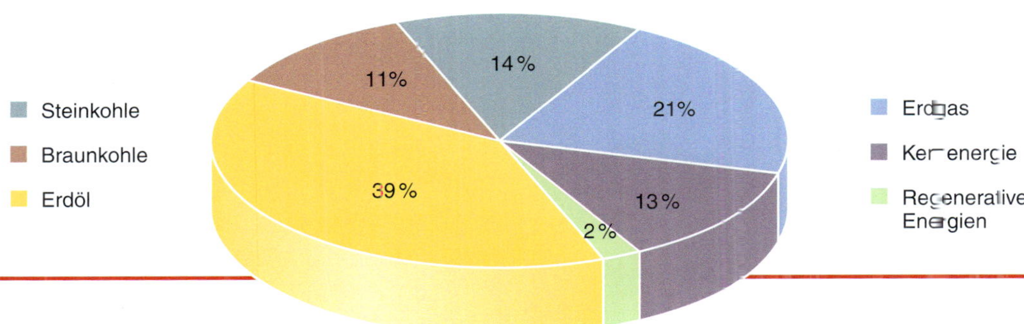

2.1 Entstehung von Kohle, Erdöl und Erdgas

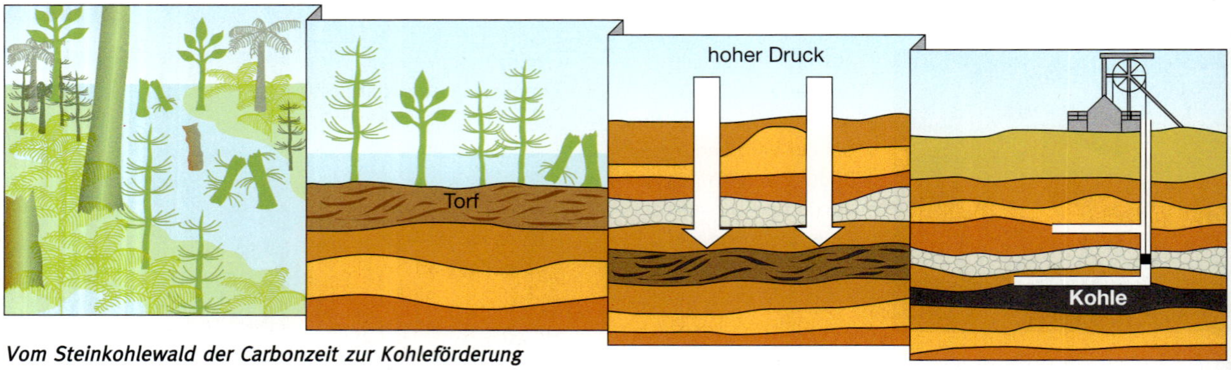

Vom Steinkohlewald der Carbonzeit zur Kohleförderung

Naturkundemuseen zeigen versteinerte Abdrücke und Teile von Pflanzen und Tieren aus Urzeiten. Weil man diese Versteinerungen häufig bei Ausgrabungen findet, bezeichnet man sie als *Fossilien* (lat. *fossa:* Graben). Auch Kohle, Erdöl und Erdgas sind aus abgestorbenen Lebewesen entstanden. Deshalb spricht man auch von *fossilen Energieträgern.*

Kohle. Vor rund 300 Millionen Jahren bedeckten tropische Sumpfwälder große Landstriche unserer Erde. Bäume stürzten um und sanken in den sumpfigen Untergrund. Unter Luftabschluss wurde daraus zunächst *Torf.* Erdbewegungen verlagerten diese Schichten in die Tiefe, Wasser und Wind schichteten Sand und Ton darüber. Heute findet man das ehemalige Pflanzenmaterial bis zu 1000 m tief als *Steinkohle* oder weniger tief als *Braunkohle.*

Die Umwandlung von Holz in Kohle erfolgte im Laufe mehrerer Millionen Jahre unter hohem Druck und bei hohen Temperaturen. Dabei stieg der Kohlenstoffanteil von 55 % beim Torf auf über 70 % bei der Braunkohle und bis auf 85 % bei der Steinkohle. Anthrazit weist sogar einen Kohlenstoffanteil von 92 % auf. Steinkohle wird meist bergmännisch im Unter-Tage-Betrieb gewonnen, Braunkohle wird mit riesigen Baggern im Tagebau abgebaut.

Erdöl und Erdgas. Vor 200 Millionen Jahren bildeten sich in tropischen Meeren riesige Planktonmengen. Diese Kleinlebewesen sanken nach dem Absterben auf den Meeresgrund, wo sie unter Luftabschluss zersetzt wurden. Dadurch entstand eine Faulschlammschicht mit einem hohen Anteil an Kohlenwasserstoffen.

Durch Bewegungen der Erdkruste gelangte der mit Sand und Ton abgedeckte Faulschlamm in die Tiefe. Dort bildeten sich unter hohem Druck und bei hohen Temperaturen Erdöl und Erdgas. Sie verdrängten das Wasser aus den Poren des darüber liegenden Gesteins und stiegen auf. Unter undurchlässigen Schichten bildeten sich große Lagerstätten.

Kohle, Erdöl und Erdgas entstanden unter Luftabschluss und hohem Druck aus abgestorbenen Lebewesen. Man bezeichnet sie als fossile Energieträger.

1 Wie sind Kohle, Erdöl und Erdgas entstanden?

2 Warum steigt der Kohlenstoffanteil, wenn aus Holz Torf, Braunkohle und schließlich Steinkohle entsteht?

3 Informiere dich in einem Atlas über das weltweite Vorkommen von Erdgas und Erdöl. Stelle eine Liste der Länder und Fördermengen auf.

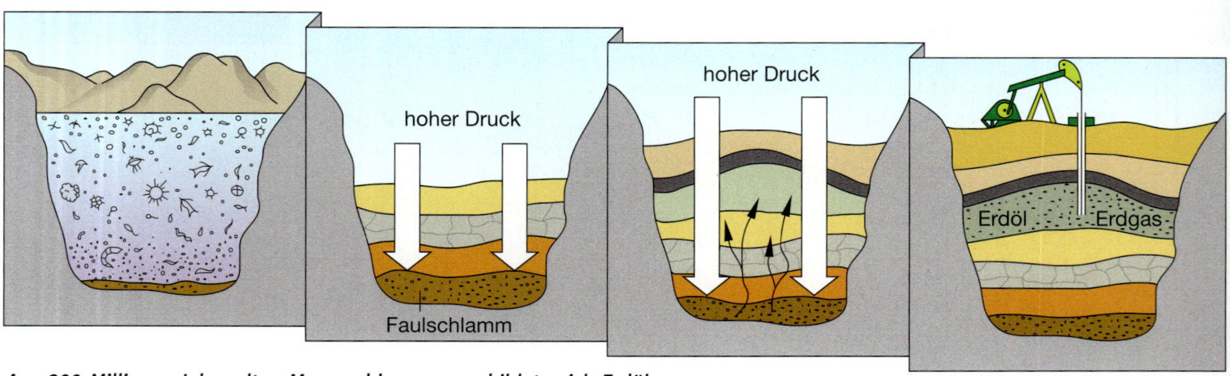

Aus 200 Millionen Jahre alten Meeresablagerungen bildete sich Erdöl.

2.2 Gewinnung von Erdöl und Erdgas

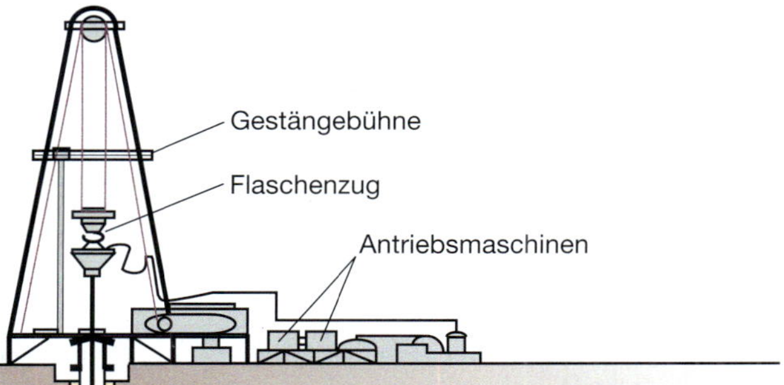

Die Lagerstätten von Erdöl und Erdgas sind weit über die Erde verteilt. Um Öl und Gas führende Schichten in einer Tiefe von mehreren Kilometern aufzuspüren, werden seismografische Untersuchungen durchgeführt. Hierzu bohrt man Löcher von etwa 10 m Tiefe und löst dort eine Sprengung aus. Die Erschütterungswellen, die vom Explosionsherd ausgehen, pflanzen sich durch das Gestein fort und werden an Schichtgrenzen reflektiert. Sie kommen mit unterschiedlicher Verzögerung an die Oberfläche zurück. Die Auswertung der Signale liefert ein Bild vom Aufbau des Untergrunds. Fachleute lesen in diesen Bildern wie in einem Buch und sagen voraus, wo Erdöl oder Erdgas zu vermuten ist.

Erdölförderung. Zuerst werden Probebohrungen durchgeführt und Gesteinsproben aus großer Tiefe heraufgeholt. Wenn schließlich Öl aus einem dieser so genannten Bohrkerne tropft, besteht Hoffnung auf ein ergiebiges Erdöllager. Mit einem einzigen Bohrloch kann man aber kein Erdölfeld erschließen. Darum wächst bald ein ganzer Wald von Bohrtürmen. Eines Tages ist es so weit, Erdöl sprudelt an die Oberfläche. Die Bohrtürme werden abgebaut, und Pumpen, die das „flüssige Gold“ Tag und Nacht heraufholen, nehmen ihren Platz ein.

Der Druck, der das Öl anfänglich wie von selbst heraufbringt, lässt mit der Zeit nach, und auch die Pumpen können schließlich kaum noch etwas nach oben befördern. Nun wird Wasser in das Gestein gepresst, um das Öl aus den Poren auszutreiben. Aber selbst mit den besten Methoden lassen sich meist nicht mehr als 30 % des tatsächlich vorhandenen Öls gewinnen.

Über Pipelines gelangt das Erdöl zu Aufbereitungsanlagen oder zu Häfen, wo es in Tanker gepumpt und über die Meere transportiert wird.

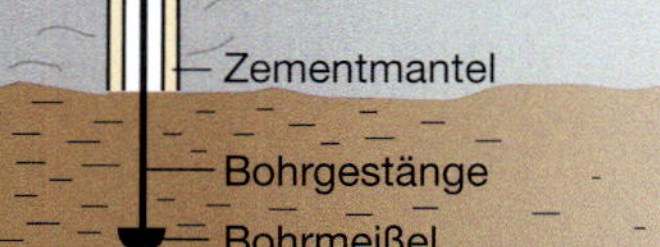

Förderplattform in der Nordsee

Erdgas aus der Nordsee. In den letzten Jahrzehnten wurden riesige Erdgasfelder in der Nordsee erschlossen. Mächtige Plattformen stehen mit bis zu 300 m hohen Stelzen auf dem Meeresgrund.

Über unterseeische Pipelines strömt das Gas zu den Verarbeitungsstellen an der Küste. Hier reinigt man es zunächst von Feuchtigkeit und Staub. Außerdem wird Schwefelwasserstoff-Gas entfernt, aus dem sich bei der Verbrennung umweltschädliches Schwefeldioxid-Gas bilden würde.
Um den vermehrten Bedarf in den Wintermonaten decken zu können, wird ein großer Teil des im Sommer geförderten Erdgases gespeichert. In Norddeutschland werden die Erdgas-Vorräte unter einem Druck von bis zu 8 MPa (80 bar) in Salzstöcken gelagert, nachdem dort das Salz herausgelöst wurde

Etwa 30 % unseres Erdgases stammt aus der Nordsee, 37 % werden aus Russland importiert.
Erdgas besteht hauptsächlich aus Methan. Es besitzt als Brennstoff Vorteile gegenüber Kohle und Erdöl: Bei der Verbrennung entstehen weniger Schadstoffe und man braucht keine kostspieligen Tanks.

Erdöllager und Erdgaslager werden durch Bohrungen erschlossen. Erdgas ist als Brennstoff umweltverträglicher als Erdöl.

1 Informiere dich im Internet über folgende Themen:
a) Wie lange reichen die Erdöl-Reserven?
b) Welche Staaten fördern Erdgas in der Nordsee?
c) Welche Umweltprobleme können sich ergeben, wenn Erdöl aus dem Meer gefördert wird?

2.3 Erdölaufbereitung – eine raffinierte Sache

Erdöl kann nicht direkt weiterverarbeitet werden, weil es noch mit Salz, Sand, Wasser und verschiedenen Gasen vermischt ist. Diese Verunreinigungen werden entfernt und man erhält **Rohöl.**

Das Rohöl wird in einer **Erdölraffinerie** (franz. *raffiner:* verfeinern) destilliert. Dabei zerlegt man es in Stoffgemische, die einen bestimmten *Siedebereich* besitzen. Solche Produkte bezeichnet man als *Erdöl-Fraktionen.* Sie bestehen aus Kohlenwasserstoffen unterschiedlicher Molekülgröße.

Fraktionierte Destillation. Im großtechnischen Raffinerie-Verfahren wird Rohöl auf 300 °C erhitzt, sodass ein großer Teil des Erdöls verdampft. Die Dämpfe strömen in eine *Destillationskolonne.* Diese turmartige Anlage enthält etwa 40 Etagen, die *Böden.* Der heiße Dampf strömt durch kurze Röhren, die die Böden miteinander verbinden, nach oben. Auf dem Wege von Boden zu Boden kühlt sich der Dampf nach und nach ab. In der Destillationskolonne kondensieren daher auf den unteren Böden höher siedende, langkettige und weiter oben niedriger siedende, kurzkettige Kohlenwasserstoffe. Am Kopf des Destillationsturms entweichen gasförmige Kohlenwasserstoffe. Die Kondensate mehrerer Böden werden zu Fraktionen zusammengefasst. So erhält man folgende Produkte: **Schweröl, leichtes Heizöl** (Dieselöl), **Petroleum, Kerosin** und **Benzin.**

Vakuumdestillation. Bei der Rohöl-Destillation bleibt eine schwarze, zähe Flüssigkeit zurück. Sie besteht überwiegend aus besonders langkettigen Kohlenwasserstoffen. Eine Destillation bei höherer Temperatur ist nicht möglich, weil die Moleküle dabei gespalten werden. Man arbeitet deshalb bei Unterdruck. **Schweres Heizöl** und die noch höher siedenden **Schmieröle** verdampfen dann unzersetzt. Nach dieser *Vakuumdestillation* bleibt **Bitumen** übrig, das im Straßenbau als Asphalt verwendet wird.

Rohöl wird durch fraktionierte Destillation in Fraktionen zerlegt, die aus Kohlenwasserstoffen unterschiedlicher Molekülgröße bestehen.

1 Erläutere den Begriff *fraktionierte* Destillation.
2 Was versteht man unter einer Vakuumdestillation?
3 **a)** Welche Kohlenwasserstoffe enthält Benzin?
b) Gib die Strukturformeln der gasförmigen Kohlenwasserstoffe an, die aus der Destillationskolonne entweichen.
4 Informiere dich über den Begriff Petrochemie.
5 Warum streicht man beim Hausbau Bitumenmasse an die äußeren Kellerwände?

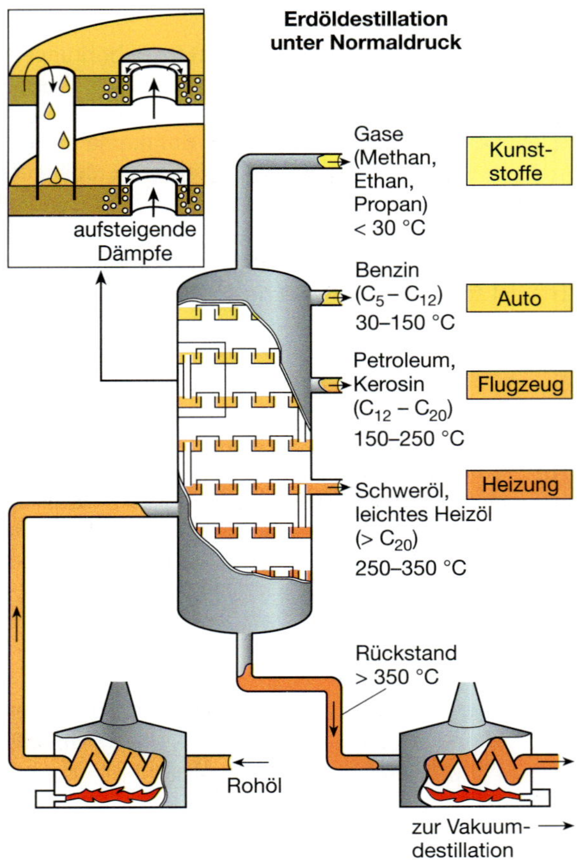

2.4 Cracken

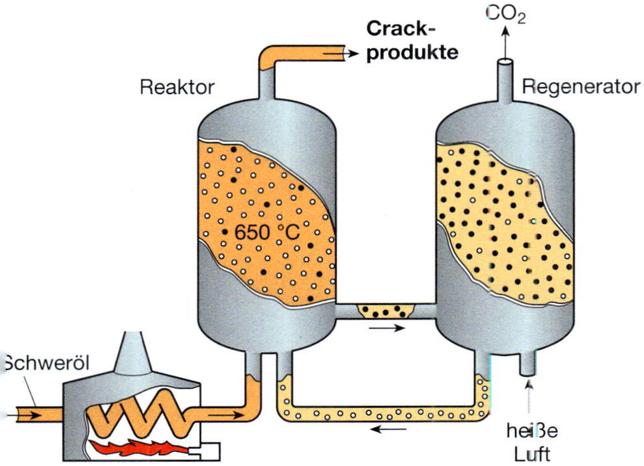

Zerbricht ein Molekül aber an *zwei* Stellen, so entsteht ein **Di-Radikal.** Diese Teilchen mit zwei ungepaarten Elektronen können ringförmige Moleküle bilden, indem sich die offenen Enden des Bruchstücks miteinander verbinden. Es entstehen *Cycloalkane.* Befinden sich die beiden ungepaarten Elektronen an benachbarten Kohlenstoff-Atomen, so kann sich eine *C=C-Zweifachbindung* ausbilden. Dabei entstehen ungesättigte Kohlenwasserstoffe (Alkene).

Beim Crack-Prozess werden höher siedende Rohöl-Fraktionen in Benzin umgewandelt. Dabei zerbrechen langkettige Kohlenwasserstoff-Moleküle in kurzkettige Moleküle. Die als Zwischenprodukte gebildeten Radikale sind reaktive Teilchen mit ungepaarten Elektronen.

Um die Nachfrage nach Benzin auf dem Weltmarkt befriedigen zu können, sollten 40 % des Rohöls aus Benzin bestehen. Diese Bedingung erfüllt Rohöl in der Regel aber nicht. So enthält Rohöl aus Niedersachsen nur 22 % dieser Rohöl-Fraktion. Rohöl aus Venezuela liefert bei der Destillation fast gar kein Benzin. Um aus höher siedenden Fraktionen zusätzliches Benzin zu gewinnen, wurde die Technik des *Crackens* (engl. *crack:* spalten) entwickelt.

Cracken. Lässt man *Schweröl* auf eine heiße Eisenplatte tropfen, so entstehen Dämpfe von niedrig siedenden Kohlenwasserstoffen. Plötzliches Erhitzen lässt also langkettige Alkan-Moleküle in kürzere Moleküle zerbrechen. Diese Möglichkeit nutzt man großtechnisch beim *Crack-Prozess.* Dabei leitet man 650 °C heiße Schweröl-Dämpfe in einen Reaktor mit umherwirbelnden Katalysator-Perlen, an deren Oberfläche die Moleküle gecrackt werden. Gleichzeitig scheidet sich Ruß ab und macht den Katalysator nach und nach unwirksam. Darum bläst man stets einen bestimmten Anteil der Katalysator-Perlen zusammen mit Luft in einen Regenerator. Dort verbrennt der Ruß mit Luftsauerstoff.

Cracken im Molekül-Modell. Unter dem Einfluss hoher Temperaturen zerbrechen längere Kohlenwasserstoff-Moleküle an einer oder an mehreren Stellen. Die entstehenden Bruchstücke tragen *ungepaarte Elektronen.* Diese Teilchen sind sehr reaktiv. Man bezeichnet sie als **Alkyl-Radikale.**

Alkyl-Radikale entreißen anderen Molekülen Wasserstoff-Atome, sodass wieder vollständige Kohlenwasserstoff-Moleküle entstehen. Verliert ein Molekül auf diese Weise sämtliche Wasserstoff-Atome, so bleibt elementarer Kohlenstoff als *Ruß* zurück.

1 Beschreibe den technischen Ablauf des Crack-Prozesses.

2 a) Was versteht man unter einem Radikal?

b) Welche Rolle spielen Radikale beim Crack-Prozess?

3 a) Warum wird die helle Oberfläche des Perl-Katalysators beim Cracken schwarz?

b) Stelle die Regeneration des Katalysators in einer Reaktionsgleichung dar.

4 Beim Cracken können auch verzweigte Kohlenwasserstoffe entstehen. Gib eine Erklärung.

5 Wie erreicht man beim Crack-Prozess einen kontinuierlichen Betrieb?

6 Stelle mit einem Molekülbaukasten unterschiedliche Kohlenwasserstoff-Moleküle her, die beim Cracken entstehen können.

7 Beim *Hydrocracken* fügt man den Ausgangsstoffen Wasserstoff hinzu. Was wird hiermit bezweckt?

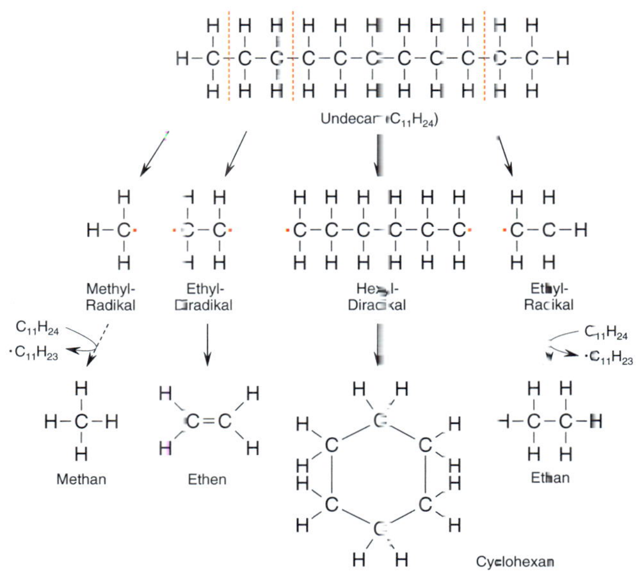

Cracken, molekular betrachtet

Exkurs

Der richtige Kraftstoff

Der Klopfvorgang im Motor?

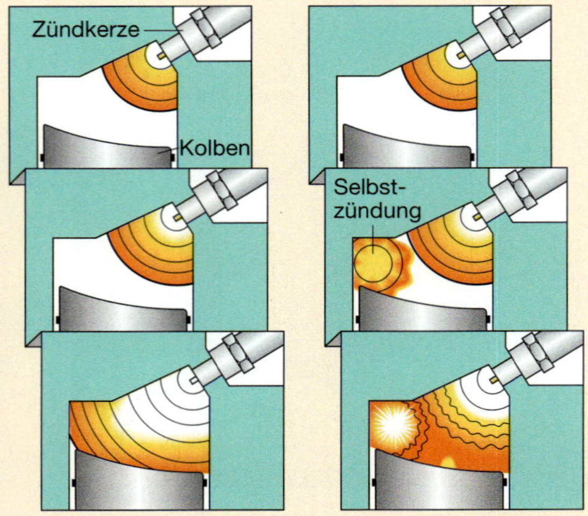

Normale und klopfende Verbrennung im Vergleich

Benzin oder Diesel? Nicht selten füllt man den falschen Treibstoff in den Tank, und dann gibt es Probleme, denn jeder Motortyp braucht einen besonderen Kraftstoff.

Benzin. Otto-Motoren benötigen *Benzin.* Darunter versteht man ein Gemisch aus Alkanen mit fünf bis zwölf Kohlenstoff-Atomen im Molekül. Doch Benzin wird erst durch bestimmte Zusätze zu einem Kraftstoff. Dabei entscheiden Art und Menge der Zusätze, ob *Normalbenzin* oder *Superbenzin* entsteht.

Normalbenzin und Superbenzin unterscheiden sich hauptsächlich in ihrer **Klopffestigkeit.** Ein Motor „klopft", wenn sich das Benzin/Luft-Gemisch in der Verdichtungsphase von selbst entzündet, bevor der Zündfunke ausgelöst wird. Durch diese Frühzündung erhält der Kolben in der Aufwärtsbewegung einen Schlag, der ein klopfendes Geräusch erzeugt.

Als Maß für die Klopffestigkeit eines Kraftstoffs gilt die **Oktanzahl:** Reines Isooctan (2,2,4-Trimethylpentan) besitzt eine hohe Klopffestigkeit. Ihm ordnet man die Oktanzahl 100 zu. Reines *n*-Heptan lässt den Motor dagegen besonders leicht klopfen. Es erhält die Oktanzahl 0. Normalbenzin hat in der Regel die Oktanzahl 92, das heißt, es verhält sich hinsichtlich seiner Klopffestigkeit wie ein Gemisch aus 92 % Isooctan und 8 % *n*-Heptan. Die Oktanzahl von Superbenzin liegt bei 95. Die höhere Klopffestigkeit ist erforderlich, da das Kraftstoff/Luft-Gemisch in Superbenzin-Motoren stärker verdichtet wird. Solche Motoren erzeugen also einen höheren Druck und sind deshalb empfindlicher für Frühzündungen.

Antiklopfmittel. Die erforderlichen Mengen klopffesten Benzins lassen sich nur gewinnen, wenn man *Antiklopfmittel* verwendet. Jahrzehnte lang wurde dem Benzin daher *Bleitetraethyl* ($Pb(C_2H_5)_4$) beigemischt. Die im Abgas enthaltenen Blei-Verbindungen belasteten jedoch die Umwelt und schädigen die Abgaskatalysatoren. Heute setzt man daher überwiegend **Methyl-*tert*-butylether** (MTBE) ein: Ein Zusatz von etwa 10 % garantiert die geforderte Klopffestigkeit. Umweltschützer weisen aber darauf hin, dass Methyl-*tert*-butylether heute schon in manchen Gewässern nachweisbar ist.

Diesel-Öl. Diesel-Motoren verdichten das Kraftstoff/Luft-Gemisch besonders stark. Dadurch steigt die Temperatur des Kraftstoff/Luft-Gemischs so stark an, dass es sich selbst entzündet. Bei diesen Bedingungen eignet sich Diesel-Öl als Kraftstoff, ein Gemisch aus Alkanen mit zehn bis zwanzig Kohlenstoff-Atomen im Molekül. Aber auch dieser Kraftstoff kommt nicht ohne Zusätze aus. So verhindert ein Additiv, dass an kalten Tagen ein Teil als Paraffin ausflockt und die Kraftstoffzufuhr behindert.

Bio-Kraftstoffe. An immer mehr Tankstellen gibt es *Bio-Diesel*, einen Kraftstoff, der aus Rapsöl gewonnen wird; er stammt damit aus *nachwachsenden Rohstoffen.* Jährlich werden in Deutschland etwa 45 000 t Bio-Diesel verbraucht. In Südamerika wird in großem Maße Bio-Alkohol aus der Vergärung von Zucker als Kraftstoff verwendet.

1 **a)** Informiere dich über Bau und Arbeitsweise eines Viertakt-Motors und eines Diesel-Motors.
b) Was versteht man unter einer Frühzündung?
c) Warum ist das Klopfen eines Motors schädlich?

2 **a)** Was versteht man unter Bio-Kraftstoffen?
b) Vergleiche die Preise von Bio-Diesel und normalem Dieselkraftstoff. Begründe den Unterschied.

3 Zeichne die Strukturformel von 2,2,4-Trimethylpentan. Warum nennt man diesen Stoff Isooctan?

4 In Brasilien wird Bio-Alkohol getankt. Welche Vorteile und welche Probleme sind damit verbunden?

Auto-Abgaskatalysator

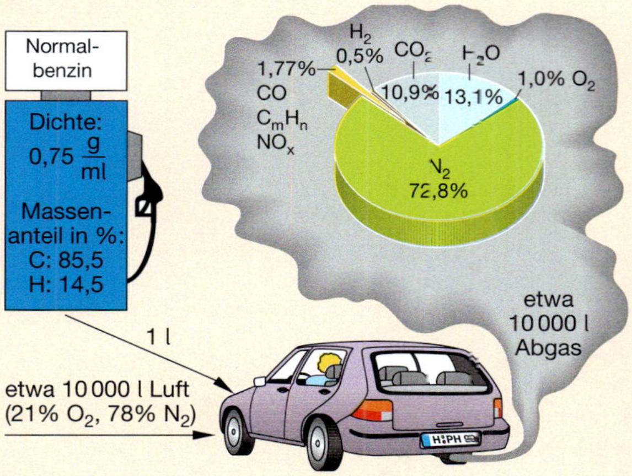

Abgase des Otto-Motors ohne Katalysator

Bei einer Geschwindigkeit von 130 $\frac{km}{h}$ benötigt ein 1,8-Liter-Motor in jeder Minute fast zwei Kubikmeter gasförmiges Kraftstoff/Luft-Gemisch. In dieser Zeit verlässt etwa dieselbe Menge Abgas den Auspuff. Das Abgas eines Pkw-Motors besteht zu 98 % aus Stickstoff, Wasserdampf und Kohlenstoffdioxid. Die restlichen 2 % sind umweltschädliche Stoffe wie unverbrannte Kohlenwasserstoffe, Kohlenstoffmonooxid und Stickstoffoxide. Bei Diesel-Motoren kommt noch die Emission von Rußpartikeln hinzu.

Auto-Katalysator. Der Abgaskatalysator (Auto-Kat) wandelt umweltschädliche Stoffe des Abgases in umweltverträgliche Verbindungen um. Der Auto-Kat befindet sich bei einem Pkw im mittleren Abschnitt des Auspuffrohrs. Er besteht aus einem länglichen Keramikkörper, der von zahlreichen Kanälen durchzogen ist. Deren Oberfläche wird durch eine Schicht aus porösem Aluminiumoxid auf das 6000fache vergrößert. Als chemisch wirksamer Katalysator dient eine Platin/Rhodium-Legierung. Zwei Gramm davon sind sehr fein auf dem Aluminiumoxid verteilt. An der Oberfläche dieser Edelmetall-Körnchen laufen die chemischen Reaktionen ab.

Werden die drei Schadstoffe Kohlenwasserstoffe, Kohlenstoffmonooxid und Stickstoffmonooxid in einem einzigen Schritt aus dem Abgas entfernt, so spricht man von einem **Dreiwegekatalysator.**
Aus Kohlenwasserstoffen und Sauerstoff entstehen dabei Kohlenstoffdioxid und Wasser. Kohlenstoffmonooxid und Stickstoffmonooxid reagieren miteinander in einer Redoxreaktion. Zwei umweltschädliche Stoffe vernichten sich somit gegenseitig. Es bilden sich Kohlenstoffdioxid und Stickstoff:

$$2\,CO\,(g) + 2\,NO\,(g) \longrightarrow 2\,CO_2\,(g) + N_2\,(g)$$

Geregelter Katalysator. Für die Oxidation der Kohlenwasserstoffe und des Kohlenstoffmonooxids wird Sauerstoff benötigt. Der Sauerstoffgehalt darf jedoch nicht zu hoch sein, da Stickstoffmonooxid sonst nicht vollständig reduziert wird. Außerdem ändert sich der Sauerstoffbedarf bei den wechselnden Betriebsbedingungen einer Fahrt ständig. Bei einem geregelten Katalysator misst die so genannte **λ-Sonde** („Lambda-Sonde") die Konzentration des Sauerstoffs im Abgas, bevor es den Katalysator erreicht. Ein elektronisches Regelsystem wertet die Informationen der Sonde aus und stellt den Sauerstoffgehalt des Kraftstoff/Luft-Gemischs optimal ein.

Betriebsbedingungen. Da die Abgase den Katalysator sehr schnell durchströmen, müssen die chemischen Prozesse innerhalb eines Zeitraumes von nur 0,03 Sekunden ablaufen. Doch nur unter bestimmten Betriebsbedingungen kann der Katalysator das Abgas optimal reinigen: Die Temperatur des Katalysators muss etwa 500 °C betragen und man darf nicht viel schneller als 130 $\frac{km}{h}$ fahren, weil die Abgase sonst nicht lange genug im Katalysator verweilen. Werden die optimalen Betriebsbedingungen eingehalten, verlassen hauptsächlich umweltneutrale Stoffe den Auspuff. Allein das Kohlenstoffdioxid schafft dann noch Umweltprobleme, denn es verstärkt den *Treibhauseffekt.*

1 Formuliere die Reaktionsgleichung für die vollständige Oxidation von Kraftstoff zu Wasser und Kohlenstoffdioxid. Setze dabei als Kraftstoff vereinfachend Octan ein.
2 Erläutere die Arbeitsweise eines Abgaskatalysators.
3 **a)** Welche Aufgabe besitzt die λ-Sonde?
b) Welche Aufgabe hat das elektronische Regelsystem?
4 Warum ist die Umsetzung von Kohlenstoffmonooxid mit Stickstoffmonooxid eine Redoxreaktion?
5 Welche Probleme ergeben sich, wenn der Sauerstoffgehalt im Kraftstoff/Luft-Gemisch zu hoch oder zu niedrig ist?

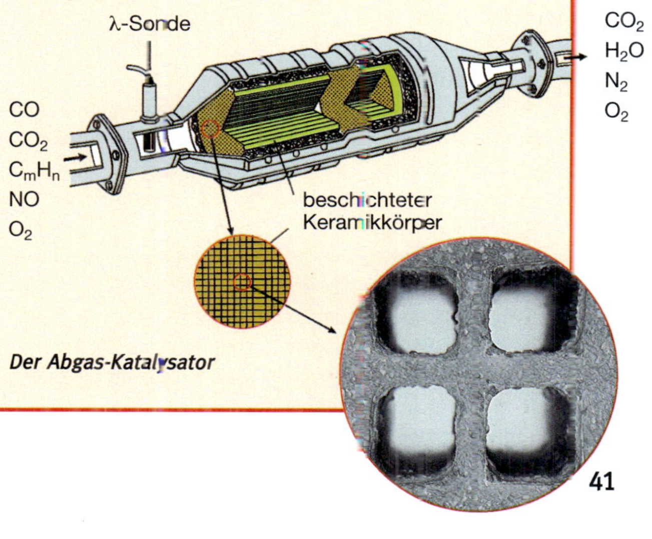

Der Abgas-Katalysator

Suche:

Umweltprobleme und Lösungsansätze

Ergebnisse:

→ Sofort jeder Ölspur auf der Spur

hs **Wilhelmshaven/Oldenburg.** „Laserfluoro-Sensor“ […] – das ist das zentrale Stichwort bei der Suche nach Ölverschmutzern über der Nordsee. […]
Die Methode beruht darauf, dass mit Laserlicht bestrahlte Oberflächen das Licht unterschiedlich reflektieren und absorbieren – Wasser anders als Öl, Erdöl anders als Pflanzenöl und sogar Erdöl aus Norwegen anders als Öl aus dem Nahen Osten.
Aus bis zu 500 Metern Höhe erkennt die Besatzung einer Do-228 mit der Laserfluoreszenz-Methode abgelassenes Öl selbst dann, wenn es hinter der Schiffsschraube mit Wasser verwirbelt ist. Ein Vergleich der Spektralanalyse aus der Luft mit Analysen von an Bord gezogenen Ölproben überführt den Ölsünder. Sogar die Menge des abgelassenen Öls kann die […] Besatzung mit ihren feinen Instrumenten abschätzen. *(Nordwest-Zeitung, 16.04.1990)*

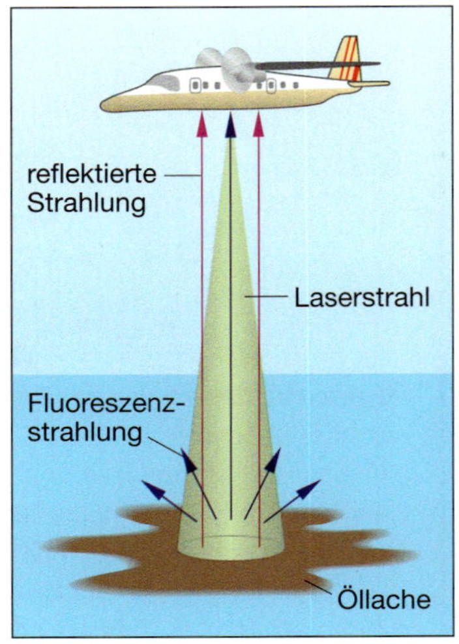

→ Altöl muss entsorgt werden

Bei jedem Hub werden die Zylinderwände eines Motors mit Öl geschmiert. Aber starker Temperaturwechsel und mechanische Belastungen zerstören die Schmieröl-Moleküle. Verbrennungsrückstände wie Ruß und Crackprodukte lösen sich im Öl. Im Laufe der Zeit wird aus dem Motoröl eine pechschwarze Brühe, die kaum noch schmierfähig ist. Ein Ölwechsel ist fällig.
Altöl ist aber umweltschädlich. Darum darf es nicht in den Erdboden oder ins Abwasser gelangen. Händler sind daher verpflichtet Altöl zurückzunehmen. Es ist jedoch nicht billig, die anfallenden Altölmengen wieder aufzubereiten.

→ Kernkraftwerke – ihre Tage sind gezählt

Im Jahre 1961 ging in Kahl am Main der erste Kernreaktor der Bundesrepublik mit einer Leistung von 16 MW ans Netz. Im Jahre 2000 waren 20 Kernreaktoren in Deutschland in Betrieb. Sie liefern rund 30 % unserer elektrischen Energie.
Von Anfang an meldeten sich aber auch Kernkraftgegner zu Wort. Sie warnen vor den Risiken, die mit dem Betrieb von Kernreaktoren verbunden sind. Schlimme Unfälle wie die von Tschernobyl (Ukraine) und Harrisburgh (USA), aber auch zahlreiche Störfälle weltweit in Kernkraftwerken und Wiederaufbereitungsanlagen bedrohen Mensch und Umwelt. Zudem ist die sichere Endlagerung radioaktiver Abfallstoffe nicht völlig geklärt.

Vor dem Hintergrund dieser Problematiken haben sich die deutsche Bundesregierung und die Energieversorgungsunternehmen im Sommer 2000 darauf geeinigt, die Restlaufzeiten der bestehenden Kernkraftwerke zu befristen und ein gesetzliches Neubauverbot einzuführen.

→ Wie man in der Schule Energie spart

Auch die Schule benötigt Energie: Räume werden geheizt und beleuchtet, Duschen liefern warmes Wasser. Denkt doch einmal in einer *Projektgruppe* darüber nach, wie sich in der Schule Energie einsparen lässt:

- Sprecht mit dem Hausmeister über das Heizsystem der Schule. Entspricht es den heutigen Anforderungen?
- Lasst euch erklären, wie ihr mit der Beleuchtung sparsam umgehen könnt und wie ihr die Räume energiesparend lüftet.
- Setzt euch mit dem Schulträger in Verbindung und sprecht mit ihm über die Wärmeisolierung des Schulgebäudes.
- Erkundigt euch, ob es sinnvoll ist, Sonnenkollektoren oder Solarzellen zu installieren.
- Fragt nach, ob der Schulträger durch Kostensenkung eingespartes Geld der Schule zur Verfügung stellt.

Aufgaben

Löse die folgenden Aufgaben mit Hilfe des Internets:

1 Wie können Ölverschmutzungen auf den Meeren und an den Stränden bekämpft werden?
2 Wie wird Altöl entsorgt?
3 Welche Argumente fallen in der Diskussion für und gegen einen Ausstieg aus der Kernenergie?

Kohlenstoffkreislauf und Treibhauseffekt

Exkurs

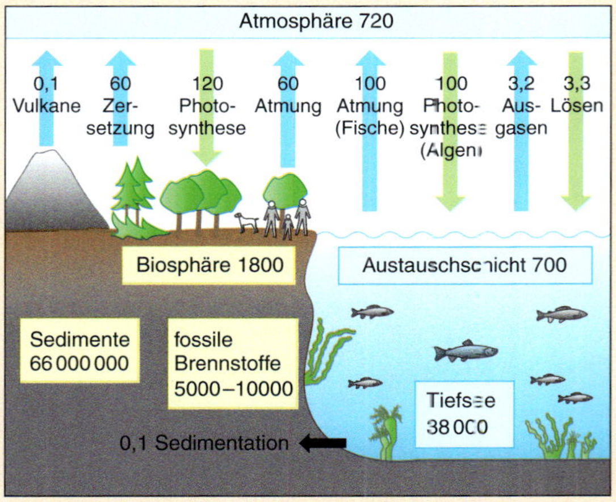

***Kohlenstoffkreislauf** (Werte in Milliarden Tonnen)*

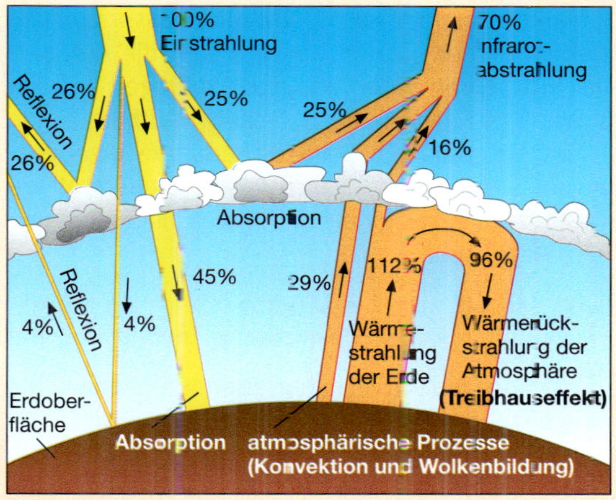

Treibhauseffekt

Das Element Kohlenstoff befindet sich auf der Erde vor allem als Kohlenstoffdioxid (CO_2) in der Luft und im Wasser der Ozeane sowie im Kalkstein ($CaCO_3$) der Erdkruste. Bedeutsam ist auch der Kohlenstoffgehalt der organischen Substanzen in der belebten Natur und der fossilen Brennstoffe.

Kohlenstoffkreislauf. Zwischen der Luft, dem Wasser, der Biosphäre und dem Gestein findet ein ständiger Austausch von Kohlenstoff statt. Man unterscheidet folgende Teil-Kreisläufe:

- Kohlenstoffdioxid der Luft löst sich im Wasser der Weltmeere. Aus diesen entweicht es wieder in die Luft. Dieser Austausch verläuft sehr langsam.
- Pflanzen nehmen bei der Photosynthese Kohlenstoffdioxid auf. Der darin enthaltene Kohlenstoff dient zum Aufbau von Kohlenhydraten, Fetten und Eiweißstoffen. Durch die Atmung von Pflanzen und Tieren und durch Fäulnis und Verwesung gelangt Kohlenstoffdioxid zurück in die Atmosphäre oder ins Wasser.
- In den Meeren lagert sich im Laufe von Jahrmillionen Kalkstein als Sediment ab.
- Durch vulkanische Aktivität wird Kohlenstoffdioxid wieder aus Gestein freigesetzt.

Vor Jahrmillionen bildeten sich aus Organismen fossile Ablagerungen wie Kohle, Erdöl und Erdgas. Die Verbrennung dieser fossilen Brennstoffe erzeugt freies Kohlenstoffdioxid, das den natürlichen Kohlenstoffkreislauf erheblich beeinflusst.

Treibhauseffekt. Der Anteil von Kohlenstoffdioxid in der Luft beträgt nur 0,035 %. Trotzdem spielt dieses Gas für den Wärmehaushalt der Erde eine wichtige Rolle: Sonnenlicht erwärmt die Erdoberfläche. Die von dort zurückgestrahlte Wärme wird durch Kohlenstoffdioxid und Wasserdampf der Luft zurückgehalten. Ohne diesen Effekt läge die Durchschnittstemperatur der Erdoberfläche nicht bei +15 °C, sondern bei −18 °C. Weil die eingestrahlte Wärme wie in Treibhäusern zurückgehalten wird, spricht man vom *Treibhauseffekt.*

Durch die Verbrennung von fossilen Brennstoffen gelangen zusätzlich große Mengen an Kohlenstoffdioxid und Wasserdampf in die Atmosphäre, wodurch der natürliche Treibhauseffekt verstärkt wird. Nach Modellrechnungen könnte sich die Durchschnittstemperatur der Erde dadurch innerhalb von 100 Jahren um bis zu 3 °C erhöhen. Schwerwiegende Klimaänderungen wären die Folge.

Auf internationalen *Klimakonferenzen* wurde deshalb beschlossen, den Ausstoß an Kohlenstoffdioxid weltweit zu verringern. Aber es ist nicht leicht, solche Beschlüsse auch durchzusetzen. Hinzu kommt, dass nicht allein Kohlenstoffdioxid als Treibhausgas wirkt. Auch *Methan* (CH_4) und *Distickstoffmonooxid* (N_2O) sind Treibhausgase. Beide Gase bilden sich bei intensiv betriebener Landwirtschaft. So steigt Methan aus überschwemmten Reisfeldern auf und Distickstoffoxid bildet sich durch vermehrten Einsatz von Stickstoffdüngern.

1 In welchen Stoffen findet sich das Element Kohlenstoff auf der Erde?

2 Beschreibe den Kohlenstoffkreislauf, der durch Lebewesen hervorgerufen wird.

3 a) Was versteht man unter dem Treibhauseffekt?
b) Welche Stoffe sind am Treibhauseffekt der Erde beteiligt?

4 Die möglichen Folgen eines hohen CO_2-Ausstoßes sind nicht unumstritten. Suche im Internet nach Beiträgen zu der aktuellen Diskussion und erstelle eine Übersicht über die vorgebrachten Argumente.

2.5 Autos fahren mit Wasserstoff

In wenigen Jahren sollen sie in großem Umfang auf den Markt kommen: Autos, die mit *Wasserstoff* angetrieben werden. Schon heute testen die Autohersteller Prototypen unter Alltagsbedingungen auf den Straßen. Das Besondere an diesen Kraftfahrzeugen ist, dass sie praktisch keine Schadstoffe erzeugen, denn sie setzen Wasserstoff mit Luftsauerstoff zu Wasser um und gewinnen dabei elektrische Energie für den Antrieb:

$2\ H_2\ (g) + O_2\ (g) \longrightarrow 2\ H_2O\ (g)$; elektrische Energie wird frei

Die Reaktion verläuft in einer **Brennstoffzelle.** Eine Brennstoffzelle kehrt damit die Elektrolyse des Wassers um: An einer Elektrode, die mit einem Katalysator beschichtet ist, werden Wasserstoff-Moleküle zunächst in Wasserstoff-Atome gespalten, die dann ihr Elektron abgeben. Die so gebildeten Wasserstoff-Ionen (H^+) durchdringen eine Membran, die als Elektrolyt dient. Sie gelangen an eine zweite Elektrode, die ebenfalls mit einem Katalysator beschichtet ist, aber von Luft umspült wird. Sauerstoff-Moleküle nehmen dort Elektronen auf und werden zu Oxid-Ionen (O^{2-}). Zusammen mit den Wasserstoff-Ionen bilden sie das Endprodukt Wasserdampf.

Minuspol: $2\ H_2\ (g) \dashrightarrow 4\ H^+\ (aq) + 4\ e^-$

Pluspol: $O_2\ (g) + 4\ e^- \dashrightarrow 2\ O^{2-}$

Gesamtreaktion:
$2\ H_2 + O_2 \longrightarrow 2\ H_2O$; elektrische Energie wird frei

Woher kommt der Wasserstoff? In der Industrie erprobt man verschiedene Verfahren, um den für die Brennstoffzelle benötigten Wasserstoff im Auto bereit zu stellen. Die ersten Versuchsfahrzeuge führten *Wasserstoff in Druckgasflaschen* mit. Das ist mit erheblichen Nachteilen verbunden: Ein großer Teil des Laderaums wird blockiert und wegen des hohen Gewichts der Stahlbehälter steigt der Kraftstoffverbrauch.

Seit einigen Jahren arbeitet man an der Entwicklung so genannter *Reformer.* Das sind praktisch kleine chemische Fabriken, die Wasserstoff direkt im Fahrzeug produzieren. Als Ausgangsstoff wird vor allem das preisgünstige **Methanol** (CH_3OH) verwendet:

$CH_3OH\ (l) \xrightarrow{250\ °C,\ Katalysator} 2\ H_2\ (g) + CO\ (g)$

Das gleichzeitig gebildete Kohlenstoffmonooxid stört in der Brennstoffzelle. Es wird daher mit Hilfe einer Membran vom Wasserstoff abgetrennt und katalytisch mit Wasserdampf zu Kohlenstoffdioxid oxidiert. Dabei bildet sich weiterer Wasserstoff.

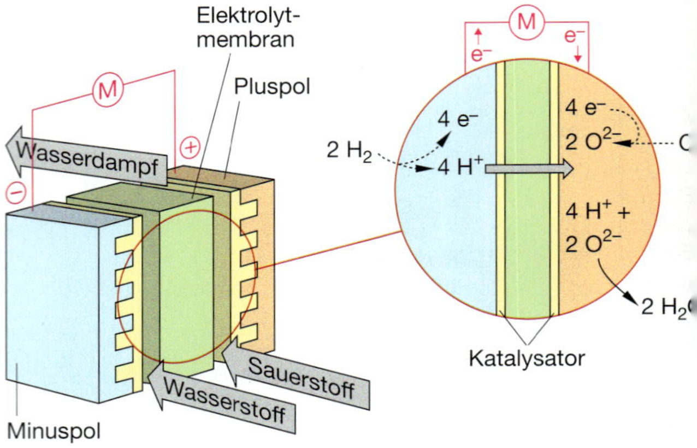

Aufbau einer Brennstoffzelle

Statt von Methanol kann man auch von bestimmten *Kohlenwasserstoff-Gemischen* ausgehen, um Wasserstoff frei zu setzen. Die bisher bekannten Katalysatoren arbeiten allerdings erst bei 800 °C:

$C_6H_{14}\ (l) + 3\ O_2\ (g) \xrightarrow{800\ °C,\ Katalysator} 6\ CO\ (g) + 7\ H_2\ (g)$

Auch bei diesem Verfahren muss das Kohlenstoffmonooxid entfernt werden.

Unabhängig von der Entscheidung über die Wasserstoffquelle könnten Fahrer eines Wasserstoff-Autos weiterhin eine Tankstelle ansteuern: Entweder tankt man Methanol oder ein geeignetes Spezialbenzin. Das bestehende Tankstellennetz könnte so noch für Jahrzehnte als Kraftstoffverteiler dienen.

Wasserstoff gilt als Kraftstoff für die Fahrzeuge der Zukunft. Er liefert in Brennstoffzellen elektrischen Strom. Konverter setzen aus Methanol oder Kohlenwasserstoffen Wasserstoff frei.

1 Erläutere die Funktionsweise einer Brennstoffzelle.
2 Warum ist Wasserstoff der ideale Kraftstoff für Pkws, Busse und Lastwagen?
3 Durch welche Verfahren kann Wasserstoff aus Methanol oder Kohlenwasserstoffen gewonnen werden?
4 Warum hat die Raumfahrt besonders zur Entwicklung von Brennstoffzellen beigetragen?
5 Es gibt schon Autos, die mit Wasserstoff fahren. Erkundige dich im Internet bei Fahrzeugherstellern nach dieser Technologie. Welche Kraftstoffe werden verwendet?

2.6 Energie aus Sonnenlicht

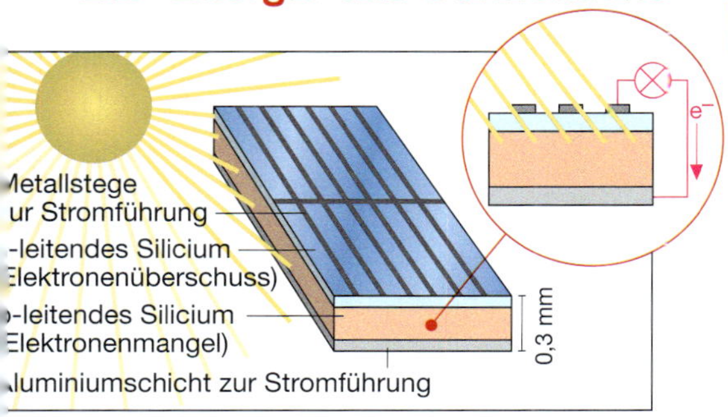

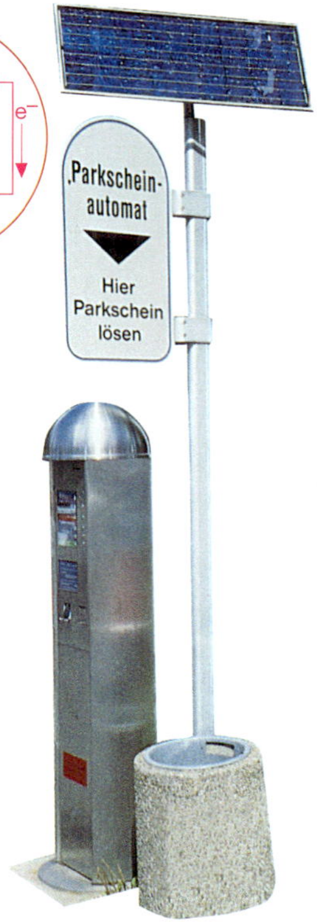

Immer häufiger sieht man elektronische Parkscheinautomaten mit Solarzellen (lat. *sol:* Sonne). Sobald die Zellen von der Sonne beschienen werden, liefern sie Strom. Um möglichst viel Licht aufzufangen, sind die Platten mit den Solarzellen nach Süden ausgerichtet.

Solarzellen. Die bläulich glänzenden Silicium-Schichten der Solarzellen wandeln Sonnenlicht direkt in elektrische Energie um: Wird das Material beleuchtet, so entsteht zwischen seiner Oberseite und der Unterseite eine elektrische Spannung. Um höhere Spannungen zu erzielen, bestehen Solaranlagen meist aus vielen Einzelzellen. Damit für die Nacht ein Energievorrat vorhanden ist, sammelt man tagsüber elektrische Energie in Akkumulatoren.

An der Solarzellen-Technik wird intensiv gearbeitet. Ein wichtiges Forschungsgebiet beschäftigt sich mit der Kopplung von Solarzellen-Technologie und Brennstoffzellen-Technologie. Dabei liefern Solarzellen die erforderliche Energie für die Erzeugung von Wasserstoff durch Elektrolyse von Wasser. In der Brennstoffzelle reagiert der Wasserstoff wiederum mit Sauerstoff. Dabei wird elektrische Energie frei, die zum Betrieb von Fahrzeugen oder technischen Anlagen genutzt werden kann.
Noch ist Solarstrom wegen der hohen Produktionskosten der Zellen jedoch relativ teuer. Weite Verbreitung wird diese Technik daher erst finden, wenn die Effektivität der Solarzellen steigt und die Preise durch eine anlaufende Massenproduktion sinken.

Sonnenkollektoren. Gelegentlich sieht man auf Dächern von Häusern und Hallen eine andere Form der Nutzung der Sonnenenergie: Sonnenkollektoren speichern *Wärme.* Sonnenkollektoren bestehen im einfachsten Fall aus einem mehrfach in einer Ebene gewundenen Kupferrohr, das auf einer schwarzen Platte liegt. Sobald die Sonne auf die Platte scheint, wird sie erwärmt und überträgt die Wärme auf eine im Kupferrohr zirkulierende Flüssigkeit. Ein Wärmetauscher gibt die Wärme an die Warmwasserversorgung des Hauses ab.

In südlichen Ländern wie Griechenland wird diese Technik schon intensiv genutzt. Auf den Dächern vieler Häuser stehen zur Sonne ausgerichtete Kollektoren. Daneben stehen Vorratsbehälter für das erwärmte Wasser. In nördlichen Ländern lässt sich diese Technik nur im Sommer effektiv einsetzen. Eine solche Investition macht sich in Mitteleuropa erst nach etwa 15 Jahren bezahlt.

Solarzellen bestehen aus dünnen Silicium-Schichten, die bei Belichtung eine elektrische Spannung erzeugen. Sonnenkollektoren sammeln Sonnenwärme und übertragen sie an eine Flüssigkeit.

1 Beschreibe den Bau einer Solarzelle und erläutere ihr Funktionsprinzip.

2 Erläutere den Unterschied zwischen einer Solarzelle und einem Sonnenkollektor.

3 Informiere dich über staatliche Förderungsmaßnahmen für Hauseigentümer, die Solarzellen oder Sonnenkollektoren auf ihren Dächern anbringen.

4 Man rechnet damit, dass ein Sonnenkollektor im Laufe von 15 Jahren seine Anschaffungskosten erwirtschaftet. Wie „verdient" dieses Gerät sein Geld?

5 Vergleiche: Eine Kilowattstunde Solarstrom kostet zurzeit etwa 1 Euro. Was zahlt man für eine Kilowattstunde Strom, der vom Stromversorger geliefert wird?

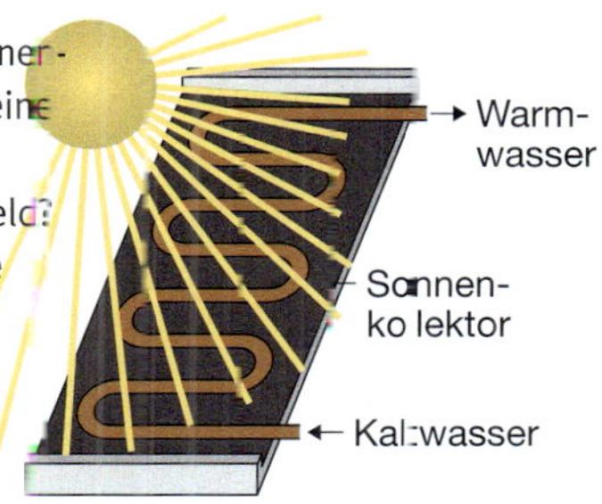

Haus mit Solarzellen und Sonnenkollektoren

Prüfe dein Wissen

Quiz

A1 a) Erkläre die Begriffe des Fensters.
b) Notiere auf der Vorderseite von Karteikarten den Begriff, auf der Rückseite die Erklärung.

A2 Wie sind Kohle, Erdöl und Erdgas entstanden?

A3 Worin unterscheiden sich Braunkohle und Steinkohle?

A4 Wie erkundet man unterirdische Lagerstätten von Erdöl und Erdgas?

A5 An die fraktionierte Destillation des Rohöls, die bei normalem Druck durchgeführt wird, schließt sich eine Vakuumdestillation an. Warum kann man nicht einfach die Temperatur erhöhen, um weitere Rohölprodukte zu gewinnen?

A6 Warum kann das Crack-Verfahren ohne Unterbrechung durchgeführt werden, obwohl der Perlkatalysator durch Rußablagerungen inaktiv wird?

A7 Worin unterscheiden sich Solarzellen und Sonnenkollektoren?

Know-how

A8 In den Medien wird häufig von Energieerzeugern und Energieverbrauchern gesprochen. Warum sind diese Begriffe im Grunde nicht richtig?

A9 Beim Crack-Prozess entstehen kurzfristig so genannte *Radikale*.

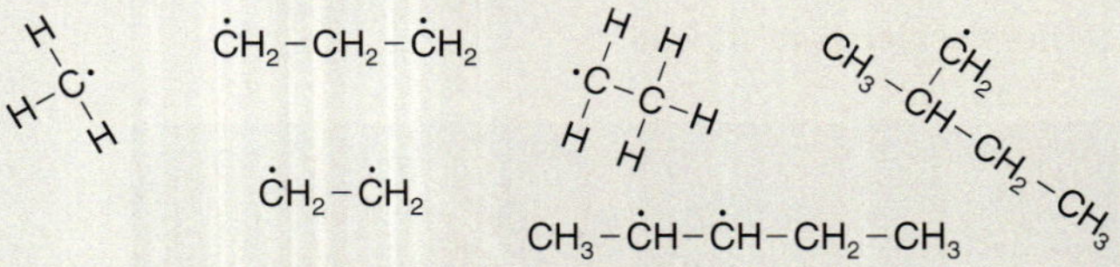

a) Was versteht man unter solchen Teilchen?
b) Welche Rolle spielen Radikale beim Cracken?
c) Wie wird das Di-Radikal $CH_3–\dot{C}H–\dot{C}H–CH_2–CH_3$ weiterreagieren? Benenne das Produkt.

A10 a) Gib drei Kohlenstoff-Verbindungen an, die in der Natur vorkommen.
b) Beschreibe den natürlichen Kohlenstoffkreislauf.
c) Weshalb stört das Verbrennen fossiler Energieträger den natürlichen Kohlenstoffkreislauf, das Verbrennen von Holz dagegen nicht?

Die wichtigsten Begriffe

- Kohle, Erdöl, Erdgas
- fraktionierte Destillation
- Vakuumdestillation
- Cracken
- Radikale
- Energieträger
- Solarzellen, Sonnenkollektoren
- Wasserstoff-Technologie
- Brennstoffzelle

Natur – Mensch – Technik

A11 Ausgediente Autokatalysatoren werden aus Schrottautos entfernt und der Wiederverwertung zugeführt. Welcher Bestandteil ist in diesem Zusammenhang besonders gefragt?

A12 Auf den Straßen und auf den Teststrecken der Autofirmen fahren Pkws, die mit Brennstoffzellen ausgerüstet sind.
a) Welche Aufgabe erfüllen die Brennstoffzellen?
b) Wie funktioniert eine Brennstoffzelle?
c) Beschreibe die verschiedenen Möglichkeiten, den Wasserstoff für die Brennstoffzelle im Auto bereit zu stellen.
d) Warum sind diese Pkws als besonders umweltfreundlich anzusehen?

A13 Auf ihrem Weg um die Erde richten Raumstationen große Sonnenpaddel zur Sonne, auf denen Solarzellen angebracht sind. Außerdem wird das Wasser, das die Astronauten durch Atmung, als Ausdünstung und im Urin abgeben, immer wieder aufbereitet.
Warum ist durch diese Maßnahmen gesichert, dass für längere Zeit Sauerstoff zum Atmen und Wasserstoff zur Energieversorgung zur Verfügung stehen?

Energie und Umwelt

Basiswissen

1. Erdöl und Erdgas

Erdöl und Erdgas sind fossile Energieträger. Sie entstanden durch Umwandlungsprozesse aus organischem Material. Erdöl enthält hauptsächlich flüssige und feste Kohlenwasserstoffe, Erdgas besteht im Wesentlichen aus Methan.

2. Aufarbeitung von Rohöl

Rohöl entsteht durch Reinigung aus Erdöl. Es enthält Kohlenwasserstoff-Verbindungen mit unterschiedlicher Kettenlänge. Die Aufarbeitung des Rohöls erfolgt zunächst durch **fraktionierte Destillation** bei gewöhnlichem Luftdruck. Danach schließt sich eine **Vakuumdestillation** an, die unter vermindertem Druck abläuft.

Fraktionierte Destillation: Heiße Rohöldämpfe steigen in einem Destillationsturm auf, der durch Böden unterteilt ist. Da die Temperatur von unten nach oben abnimmt, kondensieren die Produkte mit den niedrigsten Siedetemperaturen auf den obersten Böden. Höhersiedende Anteile sammeln sich auf den unteren Böden. Am oberen Ende des Turms entweichen gasförmige Kohlenwasserstoffe.

Cracken: Die Destillation von Rohöl liefert zu wenig Benzin. Um mehr Benzin zu erhalten, werden langkettige Kohlenwasserstoffe an einem Katalysator auf über 600 °C erhitzt. Dabei zerbrechen längere Kohlenwasserstoff-Moleküle, es bilden sich kurzkettige Moleküle. Der Crack-Prozess verläuft über kurzlebige **Radikale** als Molekülbruchstücke mit ungepaarten Elektronen. Sie reagieren zu kurzkettigen gesättigten oder ungesättigten Kohlenwasserstoffen.

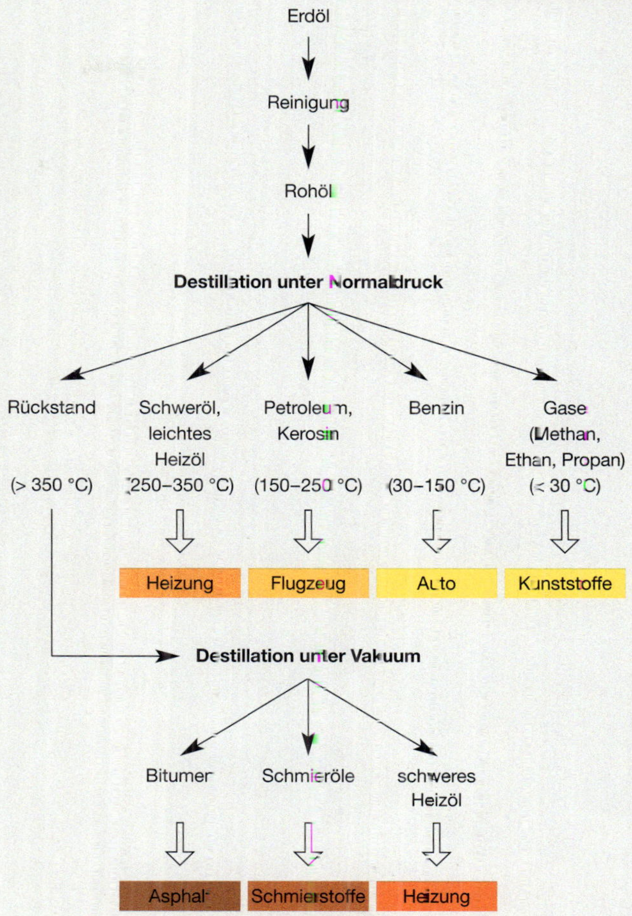

3. Energie aus Sonnenlicht

Die Energie der Sonne lässt sich mit Hilfe von **Solarzellen** und **Sonnenkollektoren** nutzen. Solarzellen erzeugen eine elektrische Spannung, wenn sie mit Licht bestrahlt werden. Über Leitungen fließt Strom zu elektrischen Geräten.
Sonnenkollektoren nehmen Wärme aus dem Sonnenlicht auf. Die gesammelte Wärme wird genutzt, um Wasser zu erhitzen.

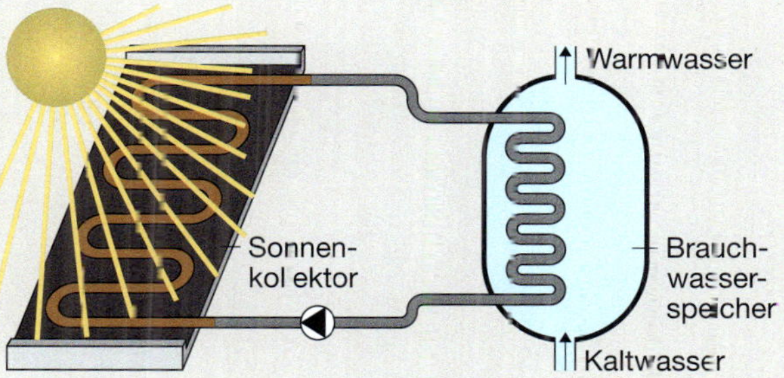

4. Wasserstoff-Technologie

Wasserstoff reagiert in **Brennstoffzellen** mit Sauerstoff zu Wasser. Die Reaktionsenergie wird als elektrische Energie frei. In Kraftfahrzeugen wird der hierfür benötigte Wasserstoff aus Methanol oder Kohlenwasserstoffen gewonnen.

In Zukunft denkt man aber daran, die Wasserstoffproduktion mit der Solarzellen-Technologie zu verbinden. Dabei liefern Solarzellen die erforderliche Energie für die Elektrolyse des Wassers.

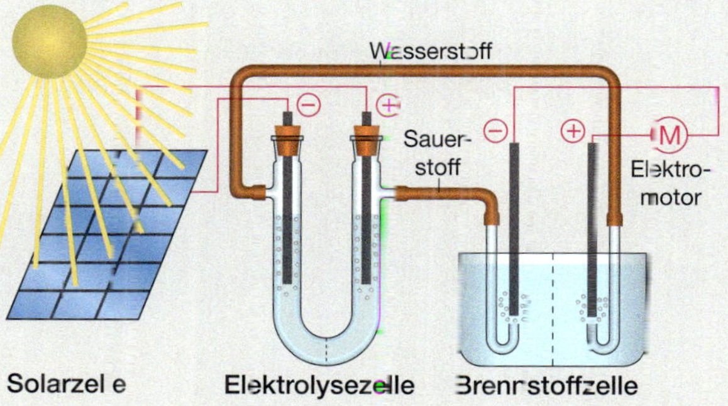

3 Alkohole

Frisch gepresste Fruchtsäfte wie Traubensaft oder Apfelsaft verändern nach einigen Tagen ihren Geruch und ihren Geschmack, weil sich Alkohol gebildet hat.
Chemiker bezeichnen den Alkohol in alkoholischen Getränken als Ethylalkohol oder Ethanol. Neben Ethylalkohol gibt es eine Vielzahl weiterer Alkohole, die allerdings alle giftig oder ungenießbar sind. Viele dieser Verbindungen werden im Alltag und in der Technik verwendet.

3.1 Ethanol – der bekannteste Alkohol

In Traubensaft und anderen Fruchtsäften steigen nach einigen Tagen Gasbläschen auf. Ursache dafür ist die Reaktion von Traubenzucker zu Alkohol und Kohlenstoffdioxid. Gesteuert wird diese *alkoholische Gärung* durch die Enzyme von Hefepilzen. Durch Gärung bildet sich aus Traubensaft Wein mit einem Alkoholgehalt von bis zu 14 %.

Um aus Wein hochprozentigen Alkohol zu gewinnen, muss der Alkohol herausdestilliert werden. Diesen Vorgang nennt man auch *Brennen.* Durch mehrfache Destillation erhält man schließlich 96%igen Alkohol. Der Rest ist Wasser. Das Destillat wird als *Weingeist* bezeichnet. Der chemische Name ist **Ethanol** oder **Ethylalkohol.**

Struktur des Ethanol-Moleküls. Ethanol brennt mit bläulicher Flamme, als Reaktionsprodukte bilden sich Wasser und Kohlenstoffdioxid. Ethanol-Moleküle enthalten also mit Sicherheit Wasserstoff-Atome und Kohlenstoff-Atome.
Bei der Reaktion von Magnesium mit Ethanol bilden sich Magnesiumoxid und Wasserstoff. Im Ethanol-Molekül ist demnach auch Sauerstoff gebunden. Andere Elemente sind nicht nachweisbar.

Durch eine quantitative Analyse ergibt sich für Ethanol die **Molekülformel C_2H_6O.** Für diese Molekülformel sind zwei Strukturformeln möglich:

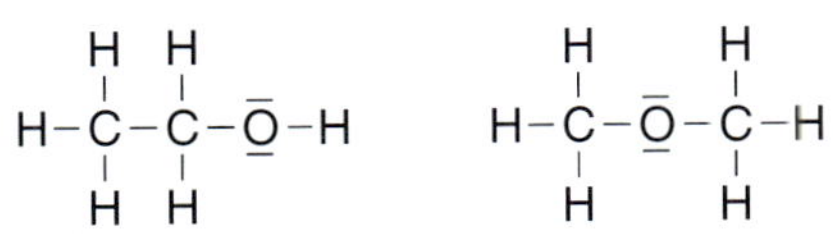

Mit einem einfachen Experiment lässt sich entscheiden, welche der beiden Strukturen richtig ist: Ähnlich wie Wasser reagiert Ethanol mit Natrium unter Bildung von Wasserstoff. Außerdem entsteht ein salzartiger Stoff mit einfach geladenen Anionen. Diese Reaktion weist darauf hin, dass im Ethanol-Molekül *ein* Wasserstoff-Atom besonders reaktiv ist. Nur die linke Struktur weist ein solches Wasserstoff-Atom auf. Bei der anderen Struktur sind alle sechs Wasserstoff-Atome gleichartig.
Moderne analytische Untersuchungen bestätigen, dass das Ethanol-Molekül eine **OH-Gruppe** oder **Hydroxyl-Gruppe** enthält, die an einen Ethyl-Rest (C_2H_5-Rest) gebunden ist.
Ethanol hat also die Strukturformel **$CH_3–CH_2–OH$.**

Ethanol ist das Produkt der alkoholischen Gärung.
Das Ethanol-Molekül besteht aus einem Ethyl-Rest und einer Hydroxyl-Gruppe (OH-Gruppe).

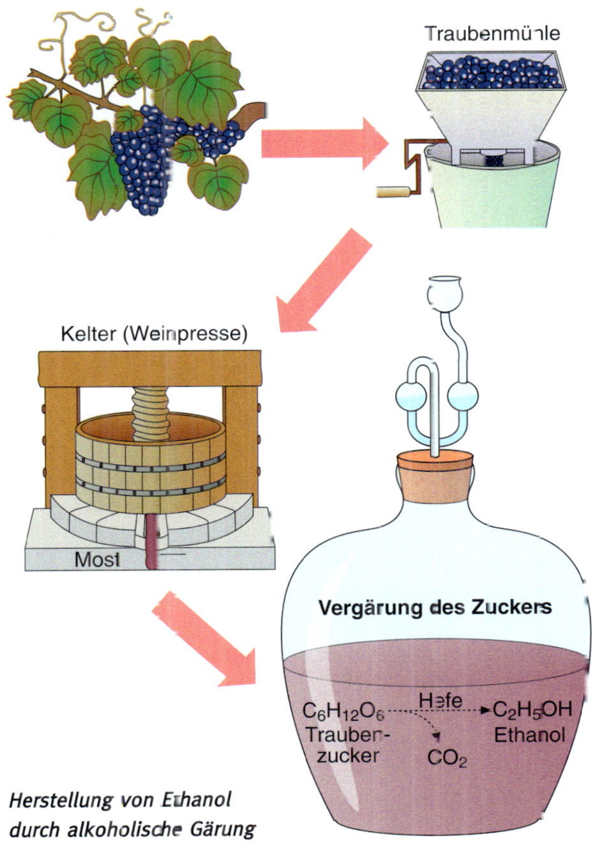

Herstellung von Ethanol durch alkoholische Gärung

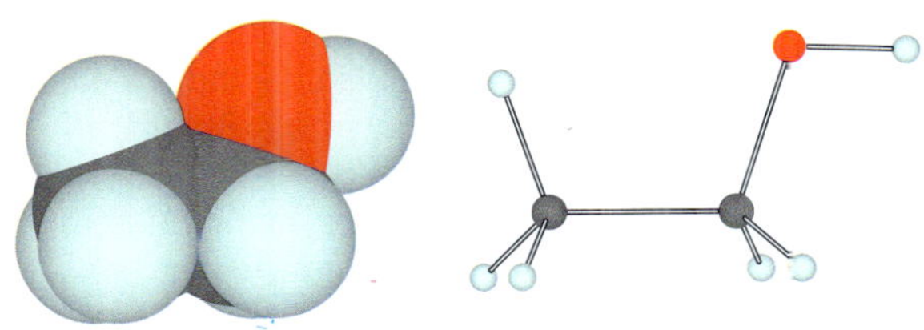

Molekülformel:
C_2H_5OH

Strukturformeln:
CH_3-CH_2-OH

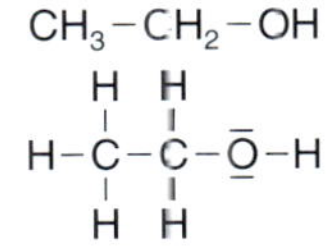

Das Ethanol-Molekül

1 Beschreibe den Ablauf der alkoholischen Gärung.
2 Berechne die molare Masse von Ethanol.
3 Formuliere die Reaktionsgleichung für die Reaktion zwischen Natrium und Ethanol (Formeln der Produkte: NaC_2H_5O; H_2).
4 Warum darf man frisch gepressten Apfelsaft nicht in geschlossenen Flaschen aufbewahren?

3.2 Alkanole – homologe Alkohole

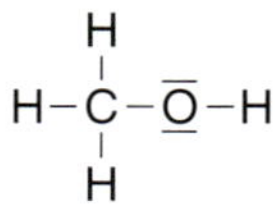
Methanol

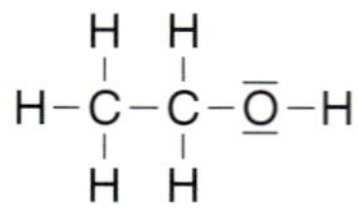
Ethanol

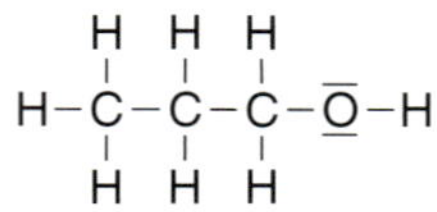
Propanol

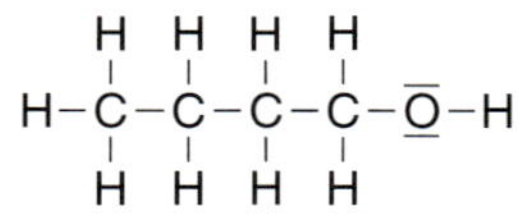
Butanol

In der Chemie werden alle Verbindungen, die wie Ethanol in ihren Molekülen eine oder mehrere Hydroxyl-Gruppen enthalten, zur Stoffklasse der **Alkohole** zusammengefasst. Die OH-Gruppe prägt die Eigenschaften der Alkohole. Man bezeichnet sie daher als *funktionelle Gruppe* der Alkohole.
Alkohole, die sich von den Alkanen ableiten, nennt man **Alkanole.** Der Name eines Alkanols wird gebildet, indem man die Endung **-ol** an den Namen des entsprechenden Alkans anhängt. Die ersten Glieder der homologen Reihe der Alkanole sind Methanol, Ethanol, Propanol, Butanol und Pentanol. Die allgemeine Formel der Alkanole lautet $\mathbf{C_nH_{2n+1}OH}$.

Methanol. Das einfachste Alkanol ist Methanol (CH_3OH). Oft wird es auch als *Methylalkohol* bezeichnet. Der Trivialname *Holzgeist* weist darauf hin, dass Methanol früher durch Erhitzen von Holz unter Luftabschluss hergestellt wurde. Heute wird Methanol industriell aus Kohlenstoffmonooxid und Wasserstoff synthetisiert:

$$CO + 2\,H_2 \xrightarrow{\text{Katalysator}} CH_3OH$$

Methanol dient als Lösungsmittel in der Industrie und als Kraftstoffzusatz. Es kann auch als Brennstoff in Brennstoffzellen eingesetzt werden. Mit Hilfe von Mikroorganismen lassen sich aus Methanol biologisch wichtige Stoffe wie Eiweiße gewinnen.
Methanol ist sehr giftig. Schon kleine Mengen führen zur Erblindung und anderen Dauerschäden, bereits 25 g können tödlich wirken.

Ethanol. Im Labor und in der Industrie wird Ethanol als vielseitiges *Lösungsmittel* und als Ausgangsstoff für chemische Synthesen genutzt. In Form von *Brennspiritus* dient Ethanol im Alltag als Reinigungsmittel und zum Warmhalten von Speisen. Im Gegensatz zu Alkohol in alkoholischen Getränken wird auf Spiritus keine Alkoholsteuer erhoben. Um zu verhindern, dass Spiritus zum Trinken missbraucht wird, macht man ihn durch Zusatz von Vergällungsmitteln übelschmeckend und ungenießbar.

> **86 Tote durch Methylwhisky**
> **NARSINGDI.** Mindestens 86 Menschen sind in Bangladesch gestorben, nachdem sie gestreckten Whisky getrunken hatten. Das auf dem Schwarzmarkt von Narsingdi rund 40 Kilometer östlich der Hauptstadt Dhaka angebotene Getränk war mit Methylalkohol verlängert worden. Rund 200 Menschen hatten Flaschen gekauft. Dutzende Menschen wurden in ernstem Zustand in die Kliniken eingeliefert. In Bangladesch ist der Verkauf von Alkohol verboten.

Der Bedarf an Ethanol als Chemikalie kann nur gedeckt werden, weil diese Verbindung – außer durch alkoholische Gärung – auch industriell aus Ethen und Wasser hergestellt wird:

$$CH_2{=}CH_2 + H_2O \xrightarrow{\text{Katalysator}} C_2H_5OH$$

Im Labor lässt sich Methanol leicht von Ethanol unterscheiden: Methanol reagiert mit Borsäure zu einer brennbaren, flüchtigen Verbindung. Beim Verbrennen ist die Flamme grün gefärbt. Ethanol reagiert unter diesen Bedingungen nicht mit Borsäure.

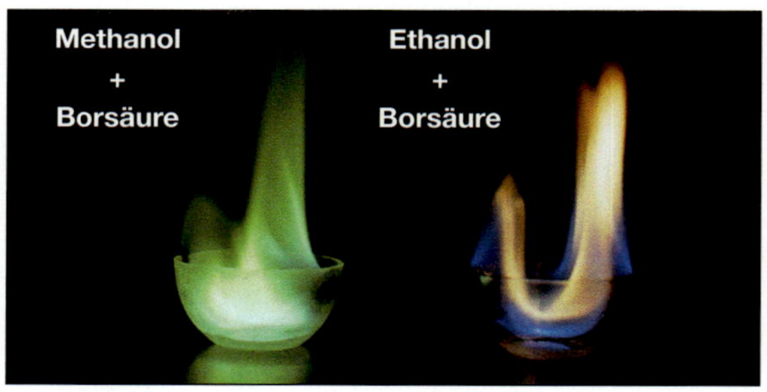

Propanol, Butanol und Pentanol. Propanol (C_3H_7OH) hat große industrielle Bedeutung. Er wird als Frostschutzmittel in Scheibenwaschanlagen und als Desinfektionsmittel in der Medizin eingesetzt.
Butanol (C_4H_9OH) fällt bei der Vergärung von Stärke und Zuckerrüben an. Es wird bei der industriellen Herstellung von Aromastoffen und als Zusatz in Treibstoffen verwendet.
Pentanol ($C_5H_{11}OH$) ist ein unerwünschtes Nebenprodukt der alkoholischen Gärung. Es ist gesundheitsschädlich und gehört zu den so genannten *Fuselölen,* die bei Fehlgärungen entstehen.
Butanole und Pentanole werden auch als Lösungsmittel für Fette, Öle und Harze verwendet.

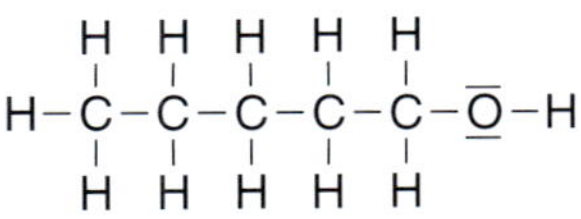

Pentanol

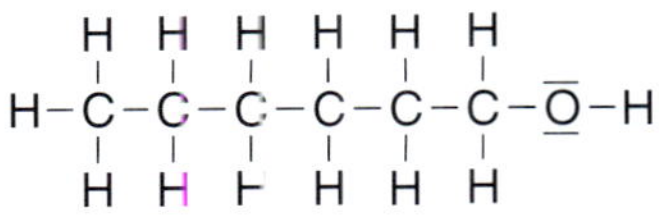

Hexanol

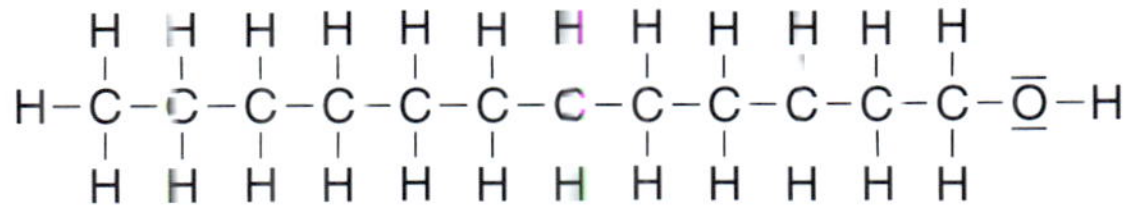

Dodecanol

Isomerie bei Alkanolen. Es gibt zwei isomere Propanole. Im einen Fall ist die OH-Gruppe an ein *endständiges* C-Atom gebunden, im anderen Fall befindet sie sich am *mittleren* C-Atom. Man bezeichnet die Isomere als *n*-Propanol (*normal*-Propanol) und *iso*-Propanol.
Vom **Butanol** gibt es insgesamt *vier* Isomere, denn der Alkyl-Rest kann auch verzweigt sein. Beim Pentanol treten bereits acht Isomere auf.

Nomenklatur der Alkanole. Wissenschaftlich wird *n*-Propanol als Propan-1-ol und *iso*-Propanol als Propan-2-ol bezeichnet. Bei der Benennung steht allgemein die Nummer des C-Atoms, das mit der OH-Gruppe verbunden ist, zwischen dem Namen des Alkans und der Endung **-ol.** Dabei ist die Hauptkette immer die längste C–C-Kette, an die die OH-Gruppe gebunden ist.

Primäre, sekundäre und tertiäre Alkanole. Beim Propan-1-ol ist das C-Atom, das die OH-Gruppe trägt, mit *einem* weiteren C-Atom verbunden. Man spricht in diesem Fall von einem *primären* Alkanol. Propan-2-ol ist ein Beispiel für ein *sekundäres* Alkanol: Das C-Atom, das die OH-Gruppe trägt, ist mit *zwei* weiteren C-Atomen verbunden. 2-Methylpropan-2-ol ist ein *tertiäres* Alkanol: Hier ist das C-Atom mit der OH-Gruppe mit *drei* weiteren C-Atomen verknüpft.

Die funktionelle Gruppe der Alkohole ist die Hydroxyl-Gruppe (OH-Gruppe). Alkanole bilden eine homologe Reihe mit der allgemeinen Formel $C_nH_{2n+1}OH$.
Man unterscheidet primäre, sekundäre und tertiäre Alkanole.

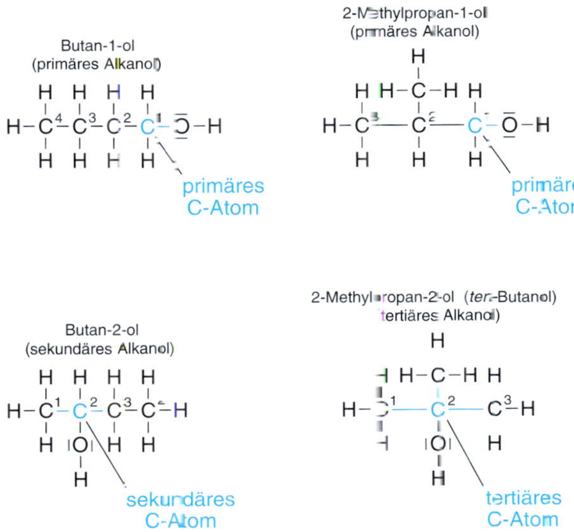

Isomere Butanole

Fettalkohole für Waschmittel und Cremes

Exkurs

Alkanole mit Kettenlängen von zehn bis zwanzig Kohlenstoff-Atomen werden Fettalkohole genannt. Sie sind in Wasser nahezu unlöslich, lösen sich aber gut in Heptan.
Beispiel: Dodecanol ($C_{12}H_{25}OH$, ϑ_m = 23,8 °C).
Fettalkohole werden aus Fetten gewonnen. Sie sind Grundstoffe für die Herstellung von Waschmitteln. In Hautcremes dienen Fettalkohole als Rückfetter und Emulgatoren.

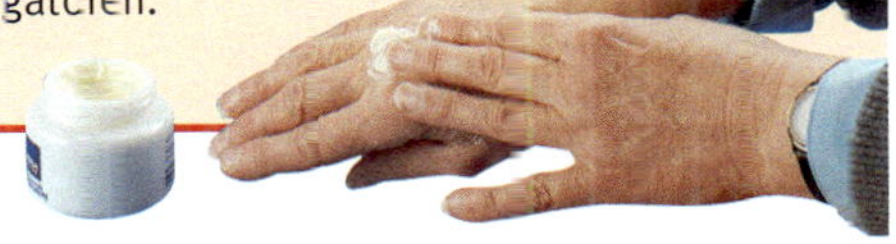

1 Erstelle anhand der Abbildung zu den isomeren Butanolen Regeln zur Benennung der Alkanole.
2 Zeichne die Strukturformeln aller isomeren Pentanole und benenne sie.
3 Früher bezeichnete man die isomeren Propanole als Propylalkohol und Isopropylalkohol.
Erkläre anhand der Strukturformeln, wie diese Namen zu verstehen sind.
4 Warum gibt es isomere Alkanol-Moleküle?

5 Propan-2-ol entsteht bei der Reaktion von Propen mit Wasser. *tert*-Butanol bildet sich entsprechend durch Reaktion von Isobuten mit Wasser.
a) Gib die Reaktionsgleichungen mit Strukturformeln an.
b) Welcher Reaktionstyp liegt vor?
6 Wie hoch ist die Alkoholsteuer?

3.3 Stoffeigenschaften und Molekülstruktur

Die Stoffeigenschaften der Alkanole werden durch die hydrophile Hydroxyl-Gruppe und den hydrophoben Kohlenwasserstoff-Rest bestimmt.

Löslichkeit. Die ersten Alkanole der homologen Reihe – Methanol, Ethanol und Propanol – mischen sich in jedem Verhältnis mit Wasser. Bei den darauf folgenden Alkanolen nimmt die Löslichkeit mit steigender Anzahl der Kohlenstoff-Atome stark ab. Schon Hexanol ist in Wasser nahezu unlöslich.

Die Bindung in der OH-Gruppe eines Alkohol-Moleküls ist ähnlich polar wie die Bindung in einem Wasser-Molekül. Zwischen den OH-Gruppen der Alkohol-Moleküle und den Wasser-Molekülen können sich daher Wasserstoffbrücken bilden. Die Hydroxyl-Gruppe vermittelt damit die Löslichkeit der Alkohole in Wasser, man bezeichnet sie als *hydrophil* (wasseranziehend). Für die schlechte Löslichkeit von Hexanol in Wasser ist dagegen der *unpolare* Alkyl-Rest verantwortlich. Man sagt, der Alkyl-Rest ist *hydrophob* (wasserabstoßend).
Zwischen den Alkyl-Resten der Alkanol-Moleküle und den Alkan-Molekülen bilden sich *VAN-DER-WAALS-Bindungen* aus. Ethanol und die höheren Alkanole sind deshalb mit Hexan mischbar. Beim Methanol überwiegt der Einfluss der polaren OH-Gruppe, es löst sich daher nicht in Hexan.

Siedetemperaturen. Ethanol ist bei Raumtemperatur flüssig, es siedet bei 78 °C. Propan, ein Alkan ähnlicher molarer Masse, ist dagegen gasförmig.
Zwischen den unpolaren Alkan-Molekülen wirken nur schwache VAN-DER-WAALS-Bindungen. Zwischen den polaren Hydroxyl-Gruppen der Alkanole bilden sich zusätzlich Wasserstoffbrückenbindungen aus. Alkanole sieden daher erst bei deutlich höheren Temperaturen als Alkane vergleichbarer Molekülmasse.

> Die Hydroxyl-Gruppe ist hydrophil, der Alkyl-Rest ist hydrophob. Kurzkettige Alkohole lösen sich in Wasser, Ethanol und höhere Alkanole lösen sich in Alkanen.
> Die Siedetemperatur von Alkanolen ist höher als die von vergleichbaren Alkanen.

1 Warum sind Alkyl-Reste hydrophob und Hydroxyl-Gruppen hydrophil?
2 Warum unterscheiden sich Methanol und Heptanol in ihrer Löslichkeit in Wasser?
3 Gib den Inhalt des Schemas zur Löslichkeit mit eigenen Worten wieder. Welche Kernaussagen werden gemacht?
4 Vergleiche die Siedetemperaturen von Methan/Methanol und Decan/Decanol. Warum unterscheiden sich die Differenzen zwischen den Siedetemperaturen der Stoffpaare?
5 Warum werden in Tabellenwerken für höhere Alkanole keine Siedetemperaturen angegeben?

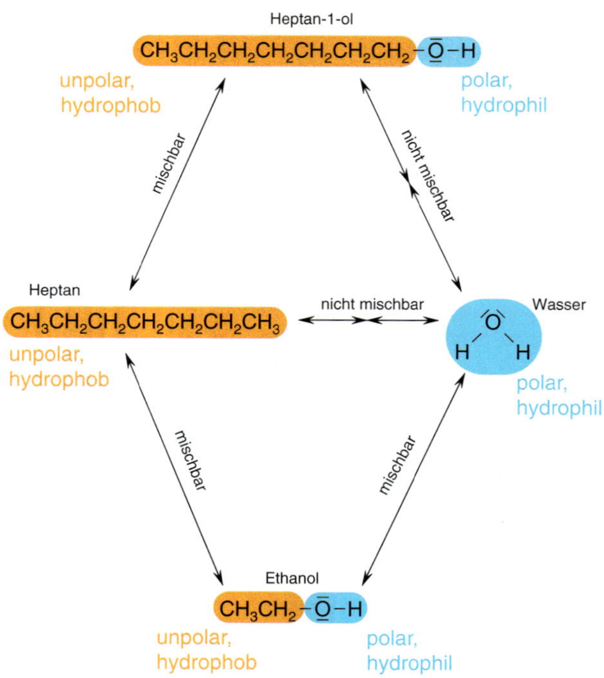

Einfluss der Molekülstruktur auf die Löslichkeit

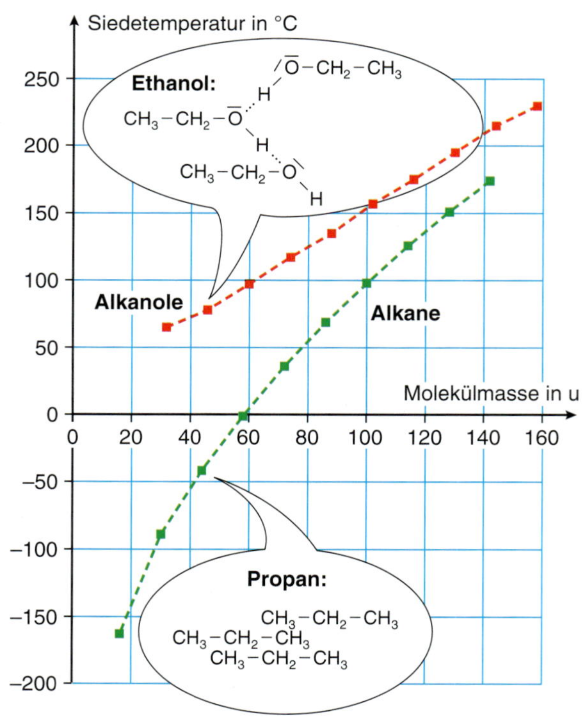

Siedetemperaturen der Alkane und Alkanole

Alkanole

Übersicht

Alkanol	Isomere	Strukturformel	Molekülmodell	Schmelz-temperatur	Siede-temperatur	Löslichkeit in 100 g Wasser
Methanol CH_3OH	–	$\overset{1}{C}H_3-OH$ primär		–97 °C	65 °C	∞
Ethanol C_2H_5OH	–	$\overset{2}{C}H_3-\overset{1}{C}H_2-OH$ primär		–114 °C	78 °C	∞
Propanole C_3H_7OH	Propan-1-ol	$\overset{3}{C}H_3-\overset{2}{C}H_2-\overset{1}{C}H_2-OH$ primär	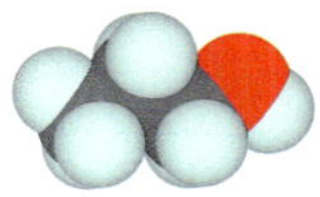	–126 °C	97 °C	∞
	Propan-2-ol	H $\overset{1}{C}H_3-\overset{2}{C}-\overset{3}{C}H_3$ OH sekundär	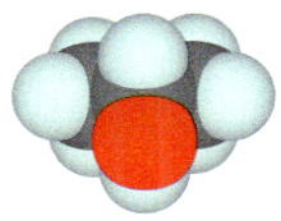	–89 °C	82 °C	∞
Butanole C_4H_9OH	Butan-1-ol	$\overset{4}{C}H_3-\overset{3}{C}H_2-\overset{2}{C}H_2-\overset{1}{C}H_2-OH$ primär	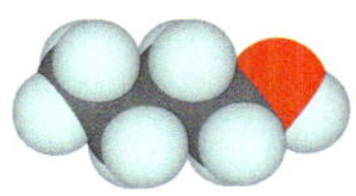	–89 °C	118 °C	8,3 g
	Butan-2-ol	$\overset{4}{C}H_3-\overset{3}{C}H_2-\overset{2}{C}H-\overset{1}{C}H_3$ OH sekundär	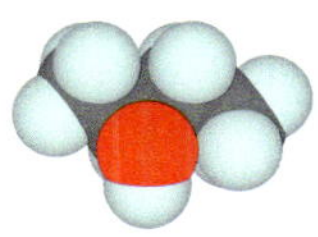	–115 °C	100 °C	12,5 g
	2-Methyl-propan-1-ol	CH_3 $\overset{3}{C}H_3-\overset{2}{C}-\overset{1}{C}H_2-OH$ H primär	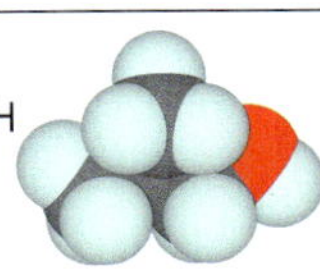	–108 °C	108 °C	9 g
	2-Methyl-propan-2-ol (*tert*-Butanol)	CH_3 $\overset{1}{C}H_3-\overset{2}{C}-\overset{3}{C}H_3$ OH tertiär	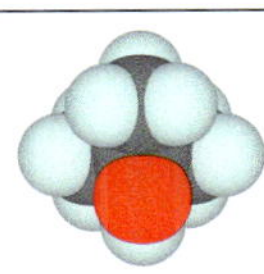	26 °C	83 °C	∞

1 Gib die Strukturformel von 3-Ethylhexan-2-ol an.

2 Zeige an der Strukturformel von 2-Methylpropan-2-ol, wie der systematische Name gebildet wird.

3 Baue Strukturmodelle von Butan-2-ol, 2-Methylpropan-1-ol und 2-Methylpropan-2-ol.
Wodurch unterscheiden sich die C-Atome, die die OH-Gruppe tragen?

4 Die Viskosität ist ein Maß für die Zähigkeit einer Flüssigkeit. Alkane und Alkanole mit langkettigen Molekülen sind viskoser als Alkane und Alkanole mit kurzkettigen Molekülen. Begründe diese Beobachtung.

5 Zeichne acht Wasser-Moleküle, die durch Wasserstoffbrückenbindungen miteinander verbunden sind. Ersetze dann drei Wasser-Moleküle durch Methanol-Moleküle.
Erkläre mit Hilfe der Abbildung, warum Wasser und Methanol mischbar sind.

6 Tertiäres Butanol ist im Gegensatz zu primärem Butanol vollständig mit Wasser mischbar. Suche nach einer Begründung.

7 Schätze mit Hilfe der Übersicht ab, wie gut sich die angegebenen Alkanole in Heptan lösen.

Praktikum Untersuchung von Alkoholen

V1: Bestimmung der molaren Masse von Ethanol

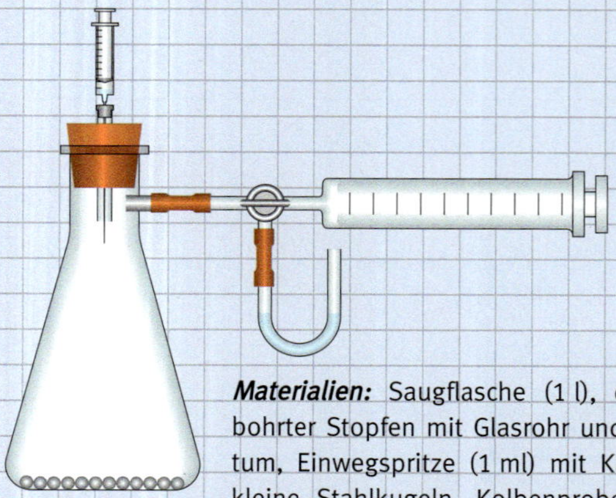

Materialien: Saugflasche (1 l), durchbohrter Stopfen mit Glasrohr und Septum, Einwegspritze (1 ml) mit Kanüle, kleine Stahlkugeln, Kolbenprober mit Dreiwegehahn (100 ml), Schlauchstücke, Manometerrohr, Waage; Ethanol (F).

Durchführung:

1. Baue die Apparatur nach der Abbildung auf.
2. Prüfe auf Dichtigkeit durch vorsichtiges Ziehen am Kolben.
3. Ziehe etwa 0,1 ml Ethanol in die Spritze auf. Wiege die Spritze und stecke sie durch das Septum.
4. Spritze das Ethanol auf die Stahlkugeln.
5. Verdampfe das Ethanol durch vorsichtiges Schwenken.
6. Sorge für Druckausgleich und lies die Volumenzunahme am Kolbenprober ab.
7. Wiege die Spritze erneut.

Aufgaben:

a) Beschreibe deine Beobachtungen.
b) Berechne die molare Masse von Ethanol.
c) Warum darf nur eine sehr kleine Portion Ethanol genommen werden?
d) Welche Volumenzunahme würde man messen, wenn 0,1 g Ethanol verdampft werden?

Rechenbeispiel

Berechnung der molaren Masse von Ethanol

m (Ethanol) = 0,077 g; V (Ethanol-Dampf) = 40 ml

$$n\,(\text{Ethanol}) = \frac{V}{V_m} = \frac{40\ \text{ml}}{24\,000\ \frac{\text{ml}}{\text{mol}}} = 0{,}001\,67\ \text{mol}$$

$$M\,(\text{Ethanol}) = \frac{m\,(\text{Ethanol})}{n\,(\text{Ethanol})} = \frac{0{,}077\ \text{g}}{0{,}001\,67\ \text{mol}} = 46{,}1\ \frac{\text{g}}{\text{mol}}$$

Die molare Masse von Ethanol beträgt 46 $\frac{\text{g}}{\text{mol}}$.

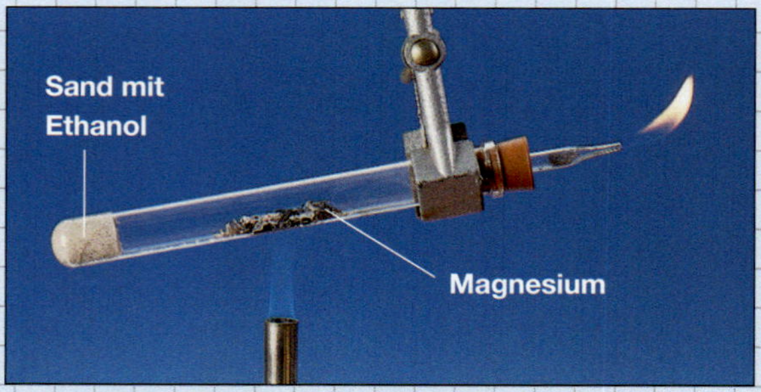

Ethanol-Dampf reagiert mit Magnesium. Es bildet sich weißes Magnesiumoxid.

V2: Löslichkeit der Alkanole

Materialien: Tropfpipette;
Ethanol (F), Butan-1-ol (Xn), Hexadecan-1-ol (Cetylalkohol), Heptan (F, Xn, N).

Durchführung:

1. Prüfe die Mischbarkeit der Alkohole mit Wasser, indem du einige Tropfen bzw. eine Spatelspitze der Alkohole zu einigen Millilitern Wasser gibst.
2. Wiederhole den Versuch mit Heptan (B3) statt Wasser.
3. Prüfe die Mischbarkeit von Butan-1-ol mit Ethanol (B3).

Aufgabe: Stelle deine Versuchsergebnisse in einer Tabelle dar. Begründe die Unterschiede.

V3: Alkoholische Gärung von Traubenzucker

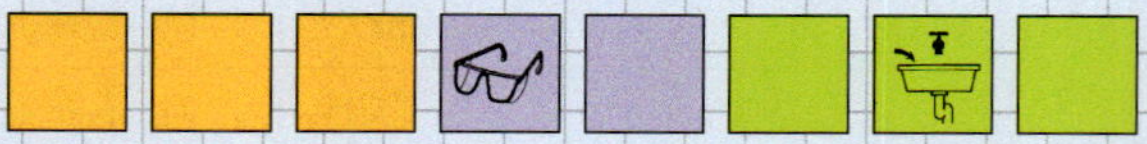

Materialien: Erlenmeyerkolben (250 ml), Stopfen mit Gärrohr, Waage, Glasstab;
Wasser, Traubenzucker, Hefe, Kalkwasser.

Durchführung:

1. Löse 20 g Traubenzucker in 150 ml Wasser und verrühre die Lösung mit etwa 5 g Hefe.
2. Fülle das Gärrohr mit Kalkwasser und setze es mit dem Stopfen auf den Erlenmeyerkolben.
3. Stelle den Ansatz für einige Tage an einen warmen Platz.

Aufgaben:

a) Was ist in den folgenden Tagen zu beobachten?
b) Wie lässt sich beweisen, dass die Hefe für die Gärung von Bedeutung ist?
c) Beschreibe ein Verfahren, mit dem reiner Alkohol (absolut, 100 %) aus Wein gewonnen werden kann.

Alkohol – ein Genussmittel?

Ergebnisse:

Wege des Alkohols im Körper

A) Alkohol wird über den Blutkreislauf im Körper verteilt.
B) Der Hauptanteil des Alkohols wird in der Leber abgebaut. Dabei entstehen Kohlenstoffdioxid und Wasser.
C) Bis zu 3 % werden unverändert über die Lunge ausgeschieden.
D) Etwa 2 % werden unverändert über die Niere ausgeschieden.

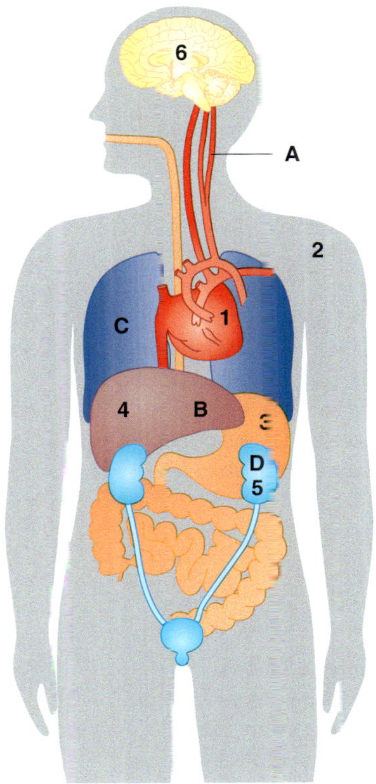

Folgen des Alkoholkonsums

1) Erhöhung des Blutdrucks
2) Erhöhung der Hauttemperatur und Auskühlung
3) Reizung der Magenschleimhaut, Magenschleimhautentzündung
4) Reizung der Leber, Bildung einer Fettleber, Leberzirrhose
5) Behinderung des Nierenstoffwechsels
6) Schädigung des Gehirns

Stadien der Alkoholvergiftung

0,5–1,5 ‰: Erregungszustand mit Wärmegefühl, Hautrötung, schwindende Selbstkritik
1–2 ‰: Schlafstadium mit Muskelerschlaffung, Sprachstörungen, Gehstörungen
2–3 ‰: Narkosestadium, das Großhirn ist narkotisiert, Vollrausch
über 3 ‰: Atemlähmung. Der Tod tritt durch Lähmung des Atemzentrums im Gehirn ein.

Blutalkoholgehalt

Zur Berechnung des Blutalkoholgehalts kann man die unten stehende **Näherungsformel** verwenden.
Für Frauen gilt $r = 0{,}6$; für Männer gilt $r = 0{,}7$.
Pro Stunde sinkt der Blutalkoholgehalt bei Frauen um 0,1 ‰, bei Männern um etwa 0,15 ‰.

$$w\,(\text{Alkohol im Blut in ‰}) = \frac{m\,(\text{Alkohol})\,(\text{in g})}{r \cdot m\,(\text{Körper})\,(\text{in kg})}$$

Alkoholische Getränke im Vergleich

	2 Weinbrände (je 0,02 l)	Weißwein (0,125 l)	1 Bier (0,3 l)
Volumenkonzentration $\sigma = \frac{V\,(\text{Alkohol})}{V\,(\text{Getränk})}$	40 %	10 %	5 %
Masse der enthaltenen Alkoholportion	12,5 g	15,6 g	11,7 g

Aufgaben

1 Berechne mit Hilfe der Tabelle den Blutalkoholgehalt einer Frau (50 kg), die kurz hintereinander drei Schnäpse (je 0,02 l) getrunken hat.

2 **a)** Welches Volumen Bier kann ein Mann mit 70 kg Körpergewicht theoretisch innerhalb einer Stunde trinken, ohne die 0,5-Promille-Grenze zu überschreiten?
b) Warum ist es wichtig zu betonen, dass es sich hierbei um ein theoretisches Ergebnis handelt?

3 Nach einem Unfall wird ein Blutalkoholgehalt von 0,3 ‰ festgestellt. Welche rechtlichen Folgen kann das haben?

4 Stelle Informationen zusammen, welche Gefahren im Straßenverkehr durch Alkoholgenuss auftreten, auch wenn die gesetzliche Promille-Grenze nicht überschritten wird.

5 Erstelle einen Flyer oder ein Poster mit Hinweisen auf die Gefahren durch Alkohol.

Löse die folgenden Aufgaben mit Hilfe des Internets:

6 Suche nach Statistiken zur Entwicklung des Alkoholverbrauchs in verschiedenen Staaten. Unterscheide dabei auch die Art der konsumierten Alkoholika.

7 Suche nach der europäischen Charta zum Thema „Alkohol“.

Mehrwertige Alkohole

→ **Mehrwertige Alkohole**

Die Moleküle der mehrwertigen Alkohole enthalten mehrere Hydroxyl-Gruppen, dabei ist jeweils nur eine Hydroxyl-Gruppe an ein C-Atom gebunden.
Mehrwertige Alkohole schmecken süß. Darauf weist auch die Silbe *gly-* im Trivialnamen mehrwertiger Alkohole hin (griech. *glykys:* süß).

→ **Glykol (Ethan-1,2-diol)**

Glykol oder *Ethylenglykol* ist ein **zweiwertiger Alkohol.** Seine Moleküle haben zwei OH-Gruppen.
Eine Mischung von gleichen Mengen Wasser und Glykol gefriert erst bei –40 °C. Glykol kann daher als Frostschutzmittel in wassergekühlten Anlagen und Motoren verwendet werden.

Eigenschaften:
Siedetemperatur: 198 °C; gut mit Wasser mischbar; zähflüssig; hygroskopisch

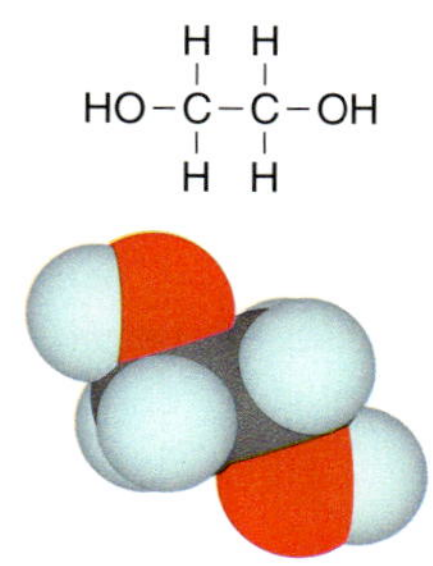

→ **Glycerin (Propan-1,2,3-triol)**

Glycerin ist ein **dreiwertiger Alkohol.**
Überreife Weintrauben enthalten bis zu 2 % Glycerin. Da bei der alkoholischen Gärung auch Glycerin entsteht, enthält ein Liter Wein bis zu 9 g Glycerin. Technisch wird Glycerin aus Olivenöl und anderen Fetten hergestellt.

Eigenschaften:
Siedetemperatur: 290 °C (beginnende Zersetzung); gut mit Wasser mischbar; sehr zähflüssig; hygroskopisch

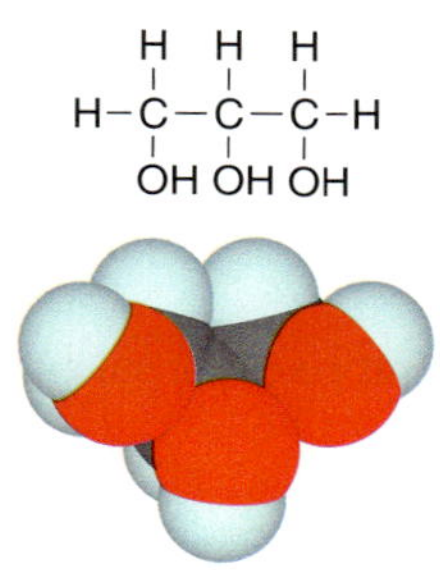

→ **Sorbit**

Sorbit ist ein **sechswertiger Alkohol,** der in vielen Beeren vorkommt. Die Beeren der Eberesche (Vogelbeere) enthalten besonders viel Sorbit. Sorbit wird von Diabetikern als *Zuckeraustauschstoff* genutzt.

Eigenschaften:
Schmelztemperatur: 97 °C;
kristalliner Stoff;
sehr gut wasserlöslich

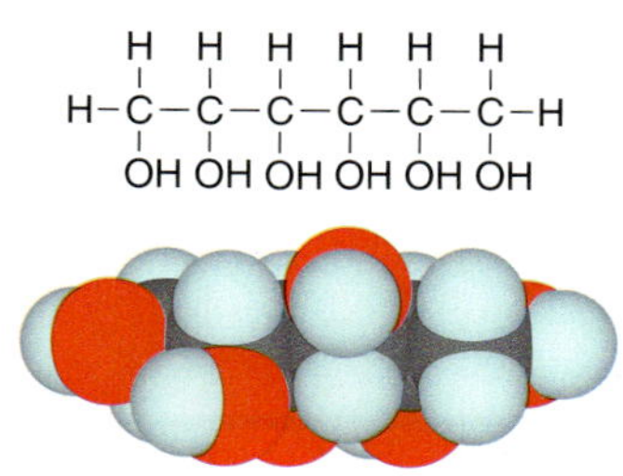

Verwendung von Glycerin:

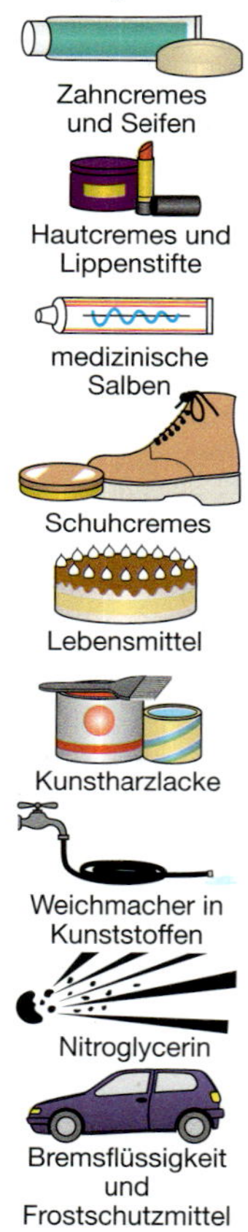

Aufgaben

1 Welcher Alkohol ist zweiwertig: 2-Methylpropan-2-ol oder Propan-1,2-diol?

2 Warum sind Glykol und Glycerin gut mit Wasser mischbar?

3 Vergleiche und erkläre die Siedetemperaturen von Ethanol, Ethan-1,2-diol und Propan-1,2,3-triol.

4 **a)** Pentaerythrit ($C(CH_2OH)_4$) wird zur Herstellung von Kunststoffen und Sprengstoffen eingesetzt. Zeichne die Strukturformel. Zu welcher Gruppe der Alkohole gehört dieser Stoff?
b) Weshalb sind Sorbit und Pentaerythrit bei Raumtemperatur fest?

3.4 Vom Alkohol zum Ether

Erhitzt man Ethanol in Gegenwart von konzentrierter Schwefelsäure auf 140 °C, so erhält man eine hoch entzündliche Verbindung, die bereits bei 35 °C siedet. Es handelt sich um *Diethylether.* Diethylether-Moleküle bilden sich aus zwei Ethanol-Molekülen unter Abspaltung eines Wasser-Moleküls:

$$C_2H_5OH + HOC_2H_5 \xrightarrow{H_2SO_4} C_2H_5{-}O{-}C_2H_5 + H_2O$$

Zur Stoffklasse der **Ether** gehören alle Verbindungen, in deren Molekülen zwei Kohlenwasserstoff-Reste über ein Sauerstoff-Atom miteinander verbunden sind: **R_1–O–R_2.**
Die Namen der Ether werden aus der Bezeichnung der Alkyl-Reste und der Endung **-ether** gebildet.

Zwischen Ether-Molekülen können sich *keine Wasserstoffbrückenbindungen* ausbilden. Ether haben daher im Allgemeinen sehr viel niedrigere Siedetemperaturen als Alkohole mit vergleichbarer Molekülgröße. So siedet das zu Diethylether isomere Butan-1-ol erst bei 118 °C.
Ähnlich wie zwischen Alkan-Molekülen wirken zwischen Ether-Molekülen nur *VAN-DER-WAALS-Bindungen.* Daher sind die Siedetemperaturen bei diesen Stoffklassen vergleichbar: Pentan hat mit 36 °C fast die gleiche Siedetemperatur wie Diethylether.

Eine Mischung von Ether und Wasser bildet zwei Phasen. Dadurch entsteht der Eindruck, Ether sei wasserunlöslich. Tatsächlich löst sich jedoch sowohl etwas Ether in Wasser als auch etwas Wasser in Ether. Die Löslichkeit beruht auf Wasserstoffbrückenbindungen zwischen den Sauerstoff-Atomen der Ether-Moleküle und den Wasserstoff-Atomen der Wasser-Moleküle.

Die meisten Ether sind leicht entzündlich, ihre Dämpfe sind im Gemisch mit Luft explosiv. Dennoch werden sie häufig als Lösungsmittel eingesetzt.

Technisch wichtige Ether. Werden zwei Ethandiol-Moleküle unter Abspaltung *eines* Wasser-Moleküls verknüpft, erhält man die Verbindung *Diethylenglykol.* Man verwendet diesen Stoff, um die Tragflächen von Flugzeugen oder die Startbahnen von Flughäfen von Eis zu befreien.
Verknüpft man dagegen zwei Ethandiol-Moleküle unter Abspaltung von *zwei* Wasser-Molekülen, so entsteht ein *Dioxan*-Molekül. Es handelt sich dabei um einen cyclischen Ether, der mit polaren und unpolaren Lösungsmitteln mischbar ist und daher als vielseitiges Lösungsmittel eingesetzt wird.
Zur Verbesserung der Klopffestigkeit von Kraftstoffen verwendet man seit einigen Jahren *Methyl-tert-butylether* (MTBE).

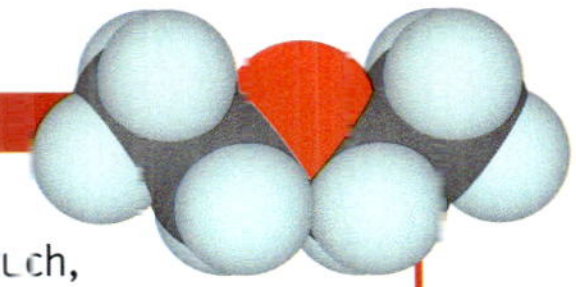

Steckbrief: Diethylether

Eigenschaften: klare, leicht bewegliche Flüssigkeit von süßlichem Geruch, die äußerst leicht verdampft.
Dichte: 0,71 $\frac{g}{cm^3}$
Schmelztemperatur: –116 °C
Siedetemperatur: 35 °C
Zündbereich (im Gemisch mit Luft): 1,7 % bis 48 %
An der Luft und bei Licht können sich hochexplosive Peroxide bilden.
Löslichkeit: 6,5 g in 100 g Wasser; mischbar mit unpolaren Lösungsmitteln

Herstellung: aus Ethanol durch Wasserabspaltung mit Hilfe von konzentrierter Schwefelsäure

Verwendung: wichtiges Lösungs- und Extraktionsmittel; früher als „Äther" zur Narkose verwendet.

R: 12–19–22–66–67
S: 9–16–29–33

Hoch-entzündlich **Gesundheits-schädlich**

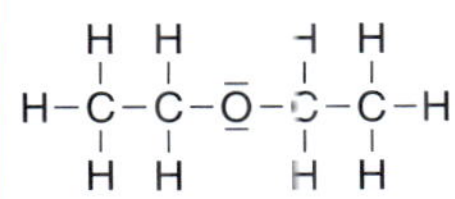

$C_2H_5{-}\overline{O}{-}C_2H_5$

Ether bilden sich aus Alkoholen unter Abspaltung von Wasser. Sie haben die allgemeine Strukturformel R_1–O–R_2. Ether sind leicht flüchtig und lösen sich kaum in Wasser.

1 Welche Ether können sich aus Ethanol und Methanol in Gegenwart von Schwefelsäure bilden? Gib die Strukturformeln der drei möglichen Verbindungen an.
2 Warum hat Dimethylether eine niedrigere Siedetemperatur als Ethanol?
3 Warum löst sich bei einer Ether/Wasser-Mischung etwas Ether im Wasser? Zeichne Strukturformeln.
4 Stelle die Reaktionsgleichungen für die Synthesen von Diethylenglykol und von Dioxan mit Strukturformeln auf.
5 2-Methylpropen wird mit Methanol zu Methyl-*tert*-butylether (MTBE; $(CH_3)_3C{-}O{-}CH_3$) umgesetzt.
Formuliere die Reaktionsgleichung mit Strukturformeln.
6 Warum ist es im Labor strengstens untersagt, Ether in den Ausguss zu schütten?

Prüfe dein Wissen

Quiz

A1 a) Erkläre die Begriffe des Fensters.
b) Notiere auf der Vorderseite von Karteikarten den Begriff, auf der Rückseite die Erklärung.

A2 Gib die Strukturformeln und die systematischen Namen für die ersten vier Alkanole der homologen Reihe an.

A3 Wie lassen sich Methanol und Ethanol experimentell unterscheiden?

A4 a) Zeichne die Strukturformeln von Butan-1-ol, Butan-2,3-diol, Butan-1,2,3-triol, 2-Methylpropan-2-ol. Markiere primäre, sekundäre und tertiäre Kohlenstoff-Atome.
b) Welche Alkanole sind einwertig, zweiwertig bzw. dreiwertig?

A5 Butan-1-ol und und Diethylether sind Isomere.
a) Gib die Strukturformeln der Verbindungen an.
b) Überlege Experimente, mit deren Hilfe die beiden Verbindungen unterschieden werden können.
c) Gib jeweils zwei weitere isomere Alkanole und Ether an.

A6 Warum hat Ethanol eine höhere Siedetemperatur als Ethan?

Know-how

A7 a) Welche Alkanole kann man durch eine Reaktion von Prop-1-en mit Wasser herstellen?
b) Welcher Reaktionstyp liegt vor?

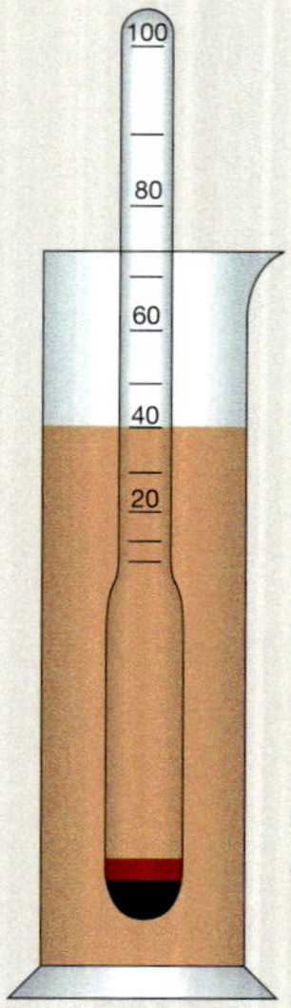

A8 a) Was versteht man unter der Zündtemperatur eines Stoffes?
b) Weshalb hat Diethylether eine niedrigere Zündtemperatur als das isomere Butan-1-ol?

A9 Mit einem Aräometer prüft der Kellermeister den Alkoholgehalt einer wässerigen Lösung: Man kann direkt die Volumenkonzentration des Ethanols in % ablesen.
a) Bei einem Weinbrand wird eine Volumenkonzentration von 38 % bestimmt. Wie viel Gramm Ethanol ($\varrho = 0{,}78\ \frac{g}{cm^3}$) sind in einem Liter des Weinbrands enthalten?
b) Erkläre anhand der Abbildung, wie ein Aräometer funktioniert.

Die wichtigsten Begriffe

- Alkanol
- Hydroxyl-Gruppe
- funktionelle Gruppe
- hydrophil, hydrophob
- primäres Alkanol, sekundäres Alkanol, tertiäres Alkanol
- mehrwertige Alkohole
- alkoholische Gärung
- Blutalkoholgehalt
- Ether

A10 Durch Destillation kann man nur 96%iges Ethanol herstellen. Das Destillat enthält immer mindestens 4 % Wasser. Wie könnte man im Labor mit Hilfe von wasserfreiem Kupfersulfat aus dem Destillat reines Ethanol gewinnen?

A11 Natriumabfälle werden oft beseitigt, indem man sie mit Ethanol reagieren lässt. Formuliere die Reaktionsgleichung.

A12 Warum gibt man einen Tropfen Glycerin auf ein Glasrohr, wenn man es durch die Bohrung eines Gummistopfens stecken will?

A13 Wie wurde Methanol vor Einführung der technischen Synthese gewonnen?

A14 In einem Raum mit den Maßen 5 m x 5 m x 2,5 m wurde Diethylether verschüttet. Welches Volumen Ether darf höchstens verdampfen, damit der Zündbereich nicht erreicht wird?

Natur – Mensch – Technik

A15 a) Spiritusbrände lassen sich mit Wasser löschen. Warum ist das bei brennenden Fettalkoholen nicht möglich?
b) Wie könnte man solche Brände stattdessen löschen?

A16 Warum verschließt man ein Weinfass während der Gärung mit einem Gärrohr? Erkläre die Funktion des Gärrohres.

A17 Ein Mann (90 kg) prahlt gegenüber seinem Zechkumpan, der 60 kg wiegt: „Ich bin viel besser dran als du! Nach einem Liter Bier dauert es bei mir nicht einmal 'ne Stunde und schon bin ich wieder unter der Promillegrenze von 0,5 ‰!“
a) Rechne nach, ob die Behauptung stimmt.
b) Weshalb sollte der Mann, unabhängig vom Rechenergebnis, weder Rad noch Auto fahren?

Alkohole

1. Alkanole

Alle Alkanole gehören zur Stoffklasse der Alkohole. Die funktionelle Gruppe der Alkohole ist die **Hydroxyl-Gruppe (OH-Gruppe)**.
Die allgemeine Molekülformel der Alkanole lautet **$C_nH_{2n+1}OH$**.
Das bekannteste Alkanol ist **Ethanol** (Ethylalkohol) mit der Molekülformel **C_2H_5OH**.

2. Struktur der Alkanole

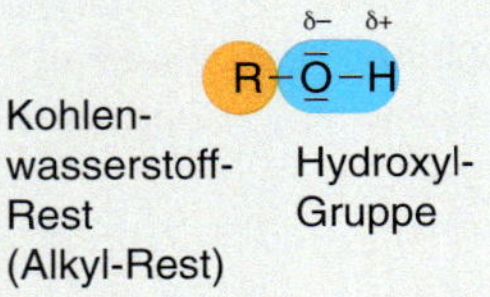

Beispiel: Ethanol
$CH_3–CH_2–OH$

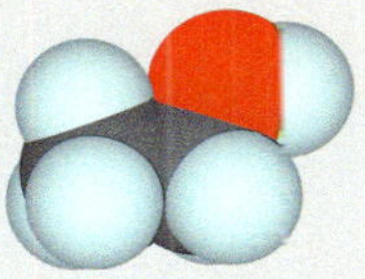

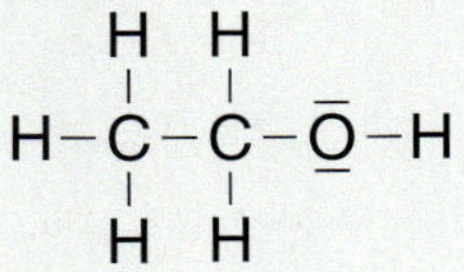

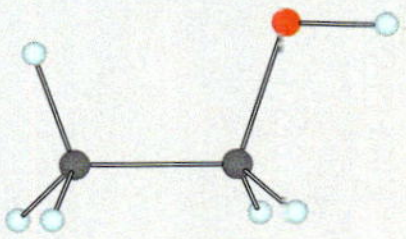

3. Nomenklatur der Alkanole

Bei der Benennung der Alkanole wird dem Namen des Alkans, von dem sich das Alkanol ableitet, die Endung **-ol** angehängt. Die Stellung der Hydroxyl-Gruppe wird durch eine Ziffer vor der Endung angegeben.

4. Homologe Reihe der Alkanole

Die ersten vier Glieder der homologen Reihe der Alkanole sind *Methanol, Ethanol, Propanol* und *Butanol*. Fettalkohole sind langkettige Alkanole.
In der homologen Reihe kann die Hydroxyl-Gruppe ab Propanol an unterschiedliche Kohlenstoff-Atome gebunden sein. Man unterscheidet zwischen *primären, sekundären* und *tertiären* Alkanolen:

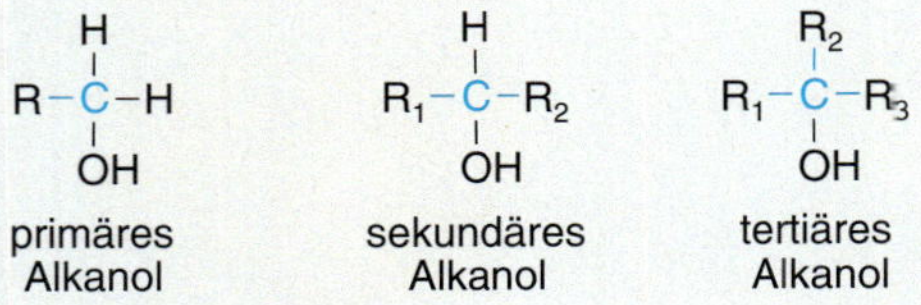

5. Mehrwertige Alkohole

Alkohole mit mehreren Hydroxyl-Gruppen bezeichnet man als *mehrwertige* Alkohole:

CH_2**OH**–CH_2**OH**	Ethan-1,2-**diol** (Glykol)
CH_2**OH**–CH**OH**–CH_2**OH**	Propan-1,2,3-**triol** (Glycerin)

6. Eigenschaften der Alkanole

a) Zwischenmolekulare Wechselwirkungen:

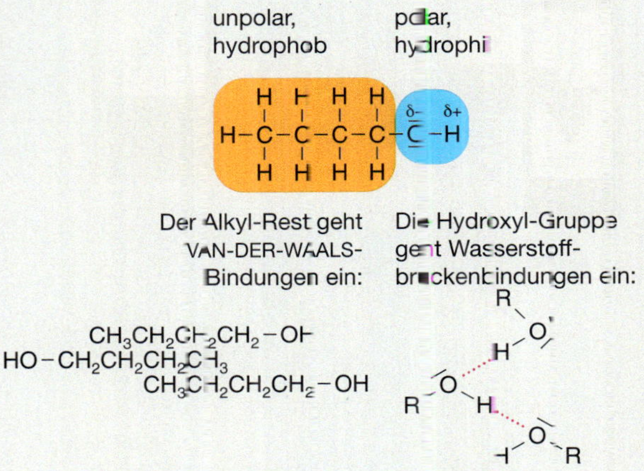

b) Schmelztemperaturen und Siedetemperaturen:
Alkanole schmelzen und sieden bei wesentlich höheren Temperaturen als Alkane vergleichbarer Molekülmasse.

c) Löslichkeit/Mischbarkeit:

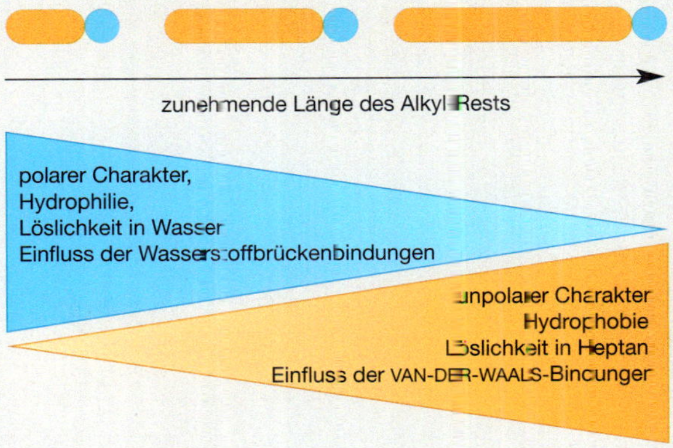

7. Ether

Ether bilden sich unter Abspaltung von Wasser aus Alkoholen in Gegenwart von konzentrierter Schwefelsäure. Im Ether-Molekül sind zwei Alkyl-Reste über ein Sauerstoff-Atom verbunden: **R_1–O–R_2**.
Die Namen der Ether werden aus der Bezeichnung der Alkyl-Reste und der Endung *-ether* gebildet.
Beispiel: Ethylmethylether CH_3–O–CH_2–CH_3

4 Oxidationsprodukte der Alkohole

Wein enthält neben Ethanol auch Oxidationsprodukte verschiedener Alkohole. Diese machen zusammen mit anderen Stoffen die Blume – den typischen Geruch – eines Weines aus.

Bleibt der Wein allerdings längere Zeit offen stehen, nimmt man einen deutlichen Essiggeruch wahr. Aus Wein ist „Weinessig" entstanden.

Zunächst wird dabei Ethanol zu Acetaldehyd oxidiert.

Als weiteres Oxidationsprodukt bildet sich daraus dann Essigsäure.

Auch andere Alkohole und Aldehyde lassen sich zu Säuren oxidieren. Viele dieser Verbindungen kann man in Früchten nachweisen.

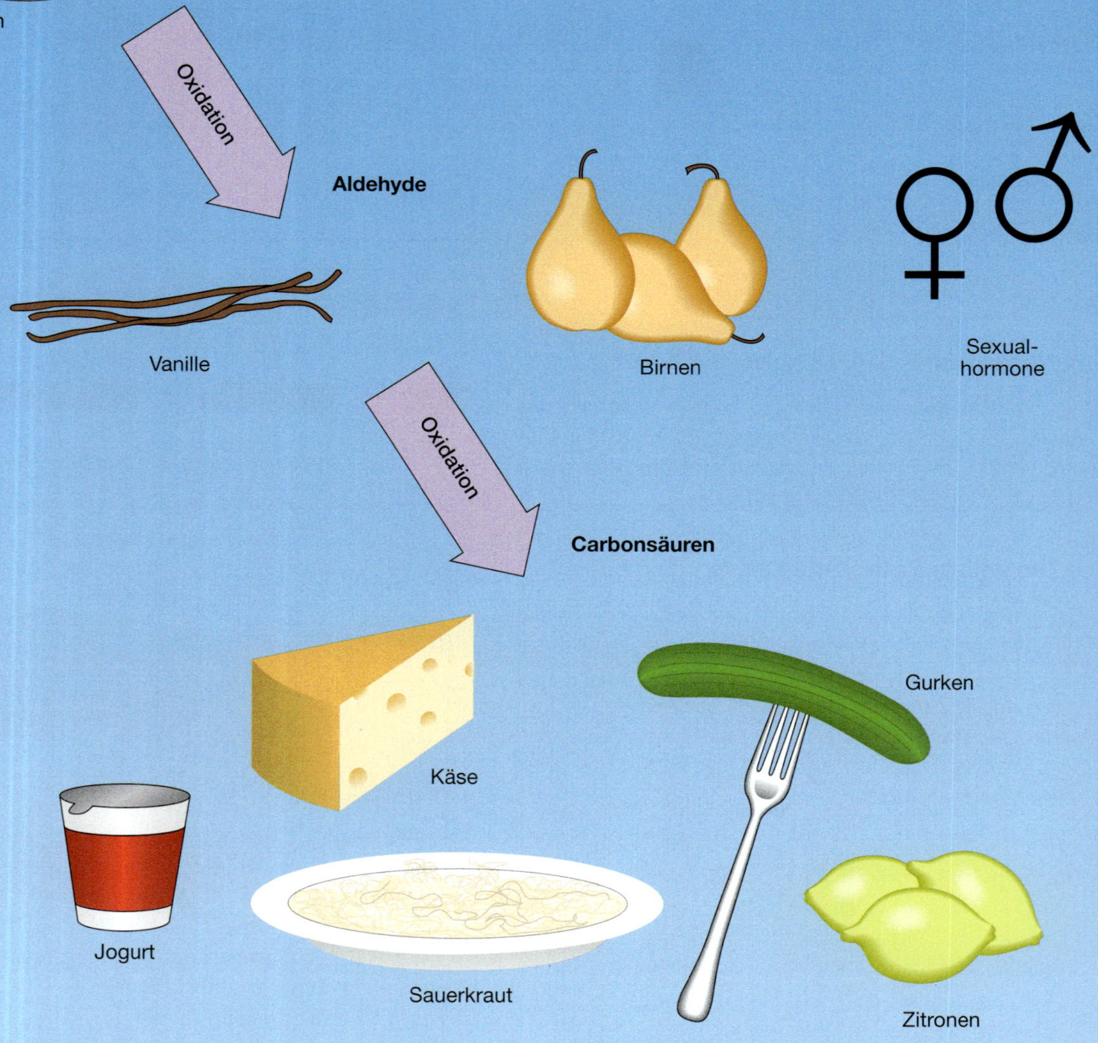

4.1 Vom Alkohol zum Aldehyd

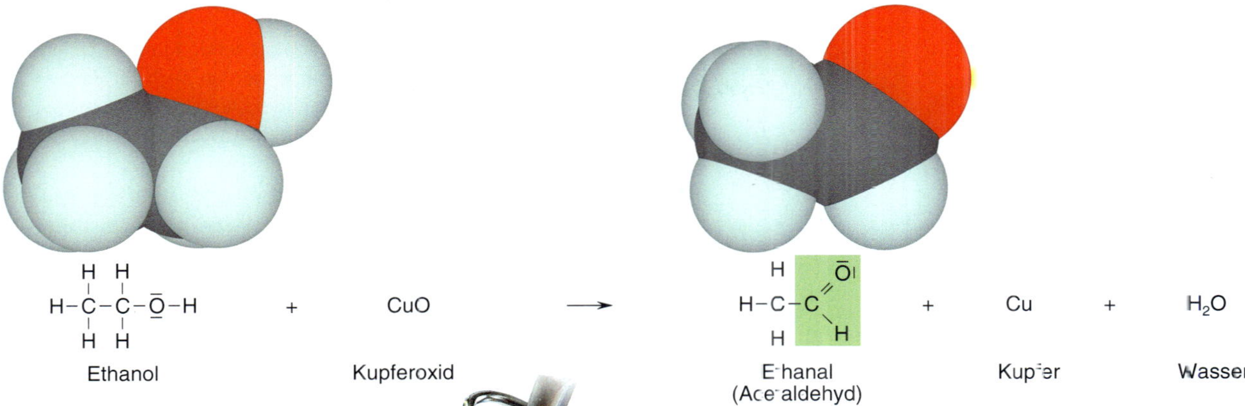

Heißes oxidiertes Kupferblech wird sofort blank, wenn man es in Ethanol-Dampf hält. Als Reaktionsprodukt macht sich dabei ein stechend riechendes Gas bemerkbar. Es handelt sich um einen **Aldehyd.** Dieser Name weist darauf hin, dass der **Al**kohol **dehyd**riert wurde, dass also Wasserstoff-Atome abgespalten wurden. Dabei handelt es sich um eine besondere Art der Oxidation. Insgesamt liegt eine *Redoxreaktion* vor: Kupferoxid wird zu Kupfer reduziert und Ethanol wird zu Acetaldehyd oxidiert.

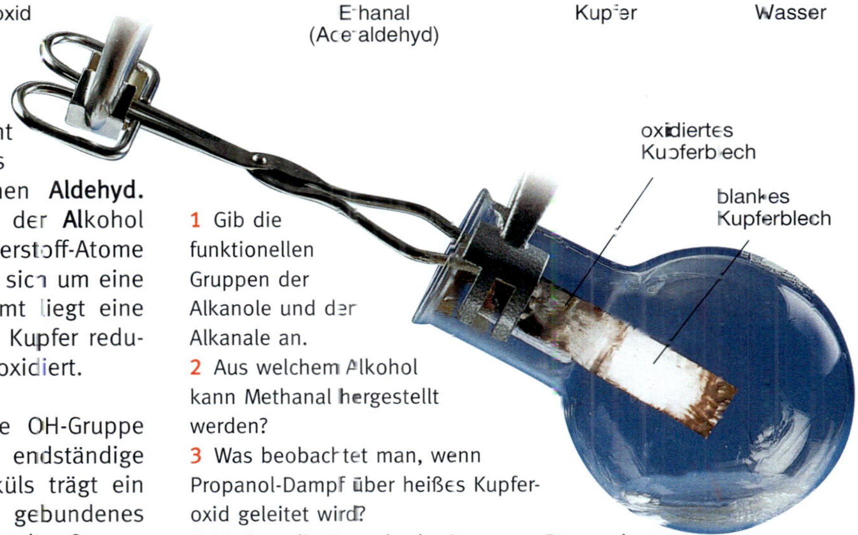

Aldehyde entstehen immer, wenn die OH-Gruppe primärer Alkanole oxidiert wird. Das endständige Kohlenstoff-Atom eines Aldehyd-Moleküls trägt ein Wasserstoff-Atom und ein zweifach gebundenes Sauerstoff-Atom: **–CHO.** Diese funktionelle Gruppe der Aldehyde nennt man **Aldehyd-Gruppe.**
In der systematischen Bezeichnung werden Aldehyde durch die Endsilbe **-al** gekennzeichnet. Aldehyde, die sich von Alkanen ableiten lassen, heißen dementsprechend **Alkanale;** der systematische Name für Acetaldehyd ist daher *Ethanal.* Wie die Alkane und die Alkanole bilden die Alkanale eine homologe Reihe.

Nachweisreaktionen. Aldehyde wirken reduzierend. Man nutzt diese Reduktionswirkung um eine Stoffprobe auf Aldehyde zu prüfen. Bei der *TOLLENS-Probe* reduziert der Aldehyd Ag^+-Ionen zu Silber, das sich auf einer Glaswand als Silberspiegel abscheiden kann. Bei der *FEHLING-Probe* werden Cu^{2+}-Ionen zu ziegelrotem Kupferoxid (Cu_2O) reduziert.
Einen spezifischen Nachweis von Aldehyden ermöglicht die *SCHIFFsche Probe:* Nur Aldehyde bilden mit der farblosen Reagenzlösung einen roten Farbstoff.

Aldehyde entstehen durch Oxidation primärer Alkohole: Aus Alkanolen entstehen Alkanale. Sie enthalten als funktionelle Gruppe die CHO-Gruppe (Aldehyd-Gruppe). Aldehyde wirken reduzierend.

1 Gib die funktionellen Gruppen der Alkanole und der Alkanale an.
2 Aus welchem Alkohol kann Methanal hergestellt werden?
3 Was beobachtet man, wenn Propanol-Dampf über heißes Kupferoxid geleitet wird?
4 Notiere die Formeln der isomeren Pentanale.
5 Wie lassen sich farblose wässerige Lösungen von Ethanol und Ethanal experimentell unterscheiden?
6 Verbrennt man Ethanol unter Sauerstoffmangel, kann man auch immer etwas Ethanal nachweisen.
Gib die Reaktionsgleichung für die Bildung von Ethanal an, notiere die Reaktionsgleichung für die *vollständige* Verbrennung von Ethanol.
7 In welchem Zusammenhang hast du im Biologieunterricht die FEHLING-Probe kennen gelernt?

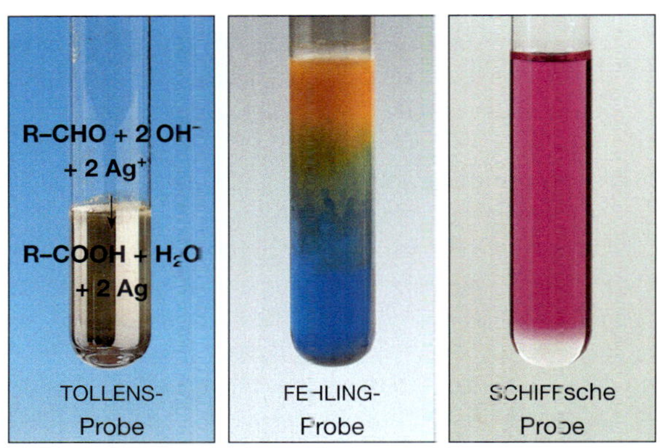

Nachweisreaktionen für Aldehyde

Exkurs Aldehyde – nützlich, aber nicht unproblematisch

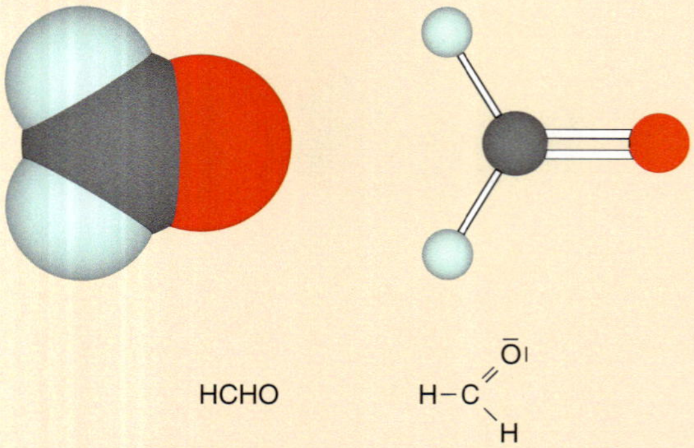

Das Formaldehyd-Molekül

Von den zahlreichen Aldehyden aus der *homologen Reihe der Alkanale* sind zwei Verbindungen von besonderer Bedeutung: **Acetaldehyd** und **Formaldehyd.** Acetaldehyd ist ein Zwischenprodukt des Stoffwechsels von Pflanzen, Tieren und Menschen. Als Nebenprodukt der alkoholischen Gärung ist Acetaldehyd in geringer Konzentration in allen alkoholischen Getränken enthalten. In größeren Mengen wirkt es giftig, es schädigt vor allem die Atemwege.

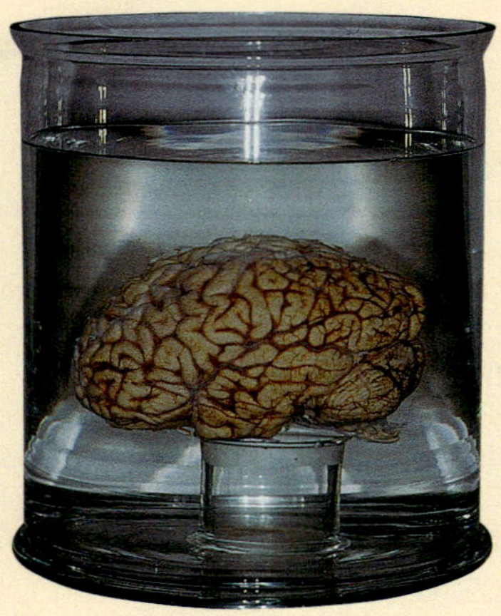

Das technisch in großem Maßstab produzierte Formaldehyd oder *Methanal* (HCHO) ist der einfachste Aldehyd. Beide Aldehyde sind Ausgangsstoffe für viele Synthesen.

Verwendung von Formaldehyd. Formaldehyd ist ein farbloses, stechend riechendes Gas; es löst sich sehr leicht in Wasser. Im Labor wird daher meist mit *Formalin* gearbeitet, einer 37%igen wässerigen Lösung.

Zu den traditionsreichen Anwendungen gehörte die Konservierung anatomischer Präparate in Formalin. Formaldehyd stabilisiert die Zellstruktur und schützt das Präparat vor Befall durch Bakterien und Pilze. Da Formaldehyd giftig ist, werden anatomische Präparate heutzutage mit speziellen Kunststoffen ausgegossen.

Der Trockenbrennstoff *Esbit* ist das Reaktionsprodukt aus Formaldehyd und Ammoniak.
Früher wurde Formaldehyd in großem Ausmaß verwendet, um durch Reaktion mit Phenol *Bakelit,* den ersten vollsynthetischen Kunststoff, herzustellen. In Museen findet man noch die braunen Radiogehäuse oder Steckdosen aus Bakelit. Heute bestehen Steckdosen und Lichtschalter meist aus *Melaminen,* für deren Synthese ebenfalls Formaldehyd benötigt wird. Kunststoffe aus der Gruppe der Melaminharze werden auch für die Herstellung von Lacken verwendet. Außerdem dienen sie als Bindemittel bei der Produktion von Spanplatten.

Gesundheitsgefahren. Formaldehyd ist giftig und kann Allergien auslösen. Schon lange ist bekannt, dass Formaldehyd bereits in geringer Konzentration die Augen, die Atemwege und die Haut reizt. Menschen, die mit formaldehydhaltigen Desinfektionsmitteln arbeiten, erkranken häufig an Hautekzemen.

Vor einigen Jahren erhielt man durch Tierversuche Hinweise, Formaldehyd könne Krebs auslösen. Dabei wurden Ratten sehr hohen Konzentrationen an Formaldehyd ausgesetzt. Auf den Menschen kann man die dabei gefundenen Ergebnisse jedoch nicht ohne Weiteres übertragen: Bei den hohen Konzentrationen des stechend riechenden Gases wäre jeder längst geflüchtet.

Damit das gesundheitliche Risiko dennoch möglichst klein gehalten wird, gelten für die Verwendung von Formaldehyd strenge Auflagen.
Am Arbeitsplatz darf die Konzentration an Formaldehyd den Wert 0,5 ppm ($0{,}5\,\frac{cm^3}{m^3}$) nicht überschreiten, in Wohnräumen muss ein Grenzwert von 0,1 ppm eingehalten werden. Spanplatten, die man für den Bau von Möbeln und für den Innenausbau verwendet, dürfen deshalb nur sehr wenig freies, ungebundenes Formaldehyd enthalten, das an die Raumluft abgegeben werden könnte.

Die Raumluft wird aber auch durch Zigarettenrauch mit Formaldehyd belastet. Der zulässige Grenzwert von Formaldehyd wird bereits überschritten, wenn in einem normalen Raum drei Zigaretten geraucht werden.

1 Zeichne die Strukturformeln von Methanal und Ethanal.
2 Warum ist Methanal gut in Wasser löslich?
3 Wie viel Methanal darf höchstens in einem Wohnraum (5 m x 6 m x 2,5 m) freigesetzt werden?
4 Schneckenkorn enthält bis zu sechs Prozent Metaldehyd, eine Verbindung, deren Moleküle durch Reaktion von vier Acetaldehyd-Molekülen entstehen. Schlage die Strukturformel von Metaldehyd nach und stelle die Reaktionsgleichung für die Bildung von Metaldehyd auf.

4.2 Aceton – das einfachste Keton

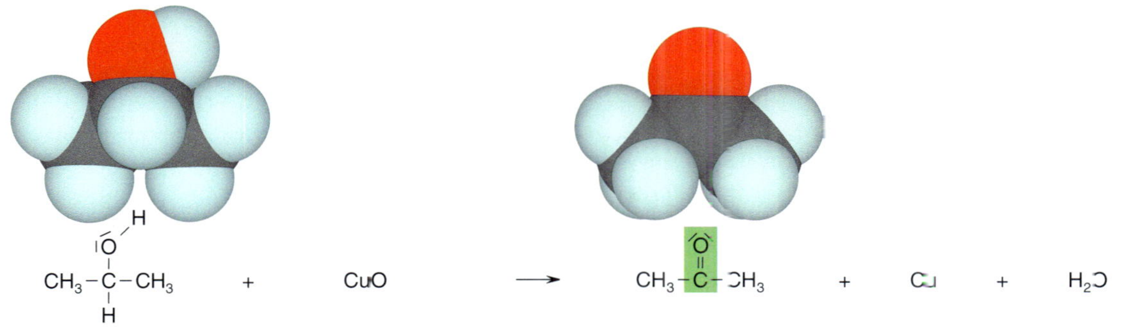

Ähnlich wie primäre Alkohole lassen sich auch sekundäre Alkohole durch Kupferoxid oxidieren. Aus Propan-2-ol erhält man dabei *Aceton,* eine Flüssigkeit aus der Stoffklasse der **Ketone.**

In der systematischen Benennung werden Ketone durch die Endsilbe **-on** gekennzeichnet. Ketone, die sich von den sekundären Alkanolen ableiten, heißen **Alkanone.** Aceton ist das erste Glied der homologen Reihe der Alkanone. Es hat den systematischen Namen *Propanon.*

Die funktionelle Gruppe der Ketone ist die **Keto-Gruppe.** Sie besteht aus einem C-Atom mit einem zweifach gebundenen Sauerstoff-Atom. Das C-Atom trägt zwei Alkyl-Reste:

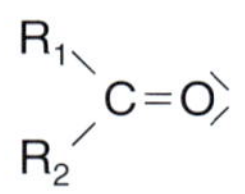

Die TOLLENS-Probe und die FEHLING-Probe verlaufen bei den Ketonen negativ. Die Keto-Gruppe kann also nicht weiter oxidiert werden. Im Gegensatz zu Aldehyden wirken Ketone daher nicht reduzierend.

Verwendung. Aceton ist das wichtigste Keton. Es siedet bei 56 °C und ist ein sehr gutes Lösungsmittel sowohl für hydrophile als auch für hydrophobe Stoffe. So kann Aceton mit Wasser, Ethanol oder Alkanen beliebig gemischt werden. Im Alltag wird Aceton als Nagellackentferner und zum Enteisen von Türschlössern verwendet. In der Industrie dient es als Lösungsmittel für Lacke, Harze und Klebstoffe.

Carbonyl-Gruppe. Sowohl in Aldehyden als auch in Ketonen tritt die Carbonyl-Gruppe auf:

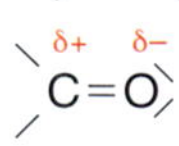

Das Kohlenstoff-Atom der Carbonyl-Gruppe wird als *Carbonyl-C-Atom* bezeichnet. In Aldehyden ist es mit einem Wasserstoff-Atom und einem Alkyl-Rest verbunden, in Ketonen dagegen mit zwei Alkyl-Resten.

Die Carbonyl-Gruppe ist wegen der hohen Elektronegativität des Sauerstoff-Atoms stark polar, sie bestimmt die Eigenschaften von Ketonen und Aldehyden.

Aufgrund der Polarität der Moleküle ergeben sich stärkere zwischenmolekulare Bindungen. Alkanale und Alkanone sieden daher um etwa 50 °C höher als Alkane mit ähnlich großen Molekülen. Ihre Siedetemperaturen sind jedoch wesentlich niedriger als die der entsprechenden Alkanole, denn zwischen Aldehyd-Molekülen oder Keton-Molekülen sind keine Wasserstoffbrückenbindungen möglich.

Mit Wasser-Molekülen können Carbonyl-Gruppen dagegen durchaus Wasserstoffbrückenbindungen ausbilden. Daher sind kurzkettige Aldehyde und Ketone gut in Wasser löslich.

Aceton ist das einfachste Keton. Die funktionelle Gruppe der Ketone ist die Keto-Gruppe. Die Keto-Gruppe ist eine Carbonyl-Gruppe, deren C-Atom mit zwei Alkyl-Resten verbunden ist. Ketone wirken nicht reduzierend.

1 Gib für die Reaktionsgleichung in der oberen Bildleiste an, welcher Stoff oxidiert und welcher reduziert wird.

2 Zeichne die Strukturformeln der folgenden Stoffe: Butan-1-ol, Butan-2-ol, 2-Methylpropan-2-ol.

a) Entscheide, ob eine Dehydrierung möglich ist.

b) Gib die Strukturformeln der Produkte an.

3 Ordne die folgenden Stoffe nach steigenden Siedetemperaturen: Butan-1-ol, Butanon, Butan. Begründe deine Entscheidung und überprüfe sie mit einem Tabellenbuch.

4 Pentan-3-on hat die Strukturformel $CH_3CH_2COCH_2CH_3$. Benenne analog $CH_3CH_2COCH_3$ und $CH_3COCH_2CH_2CH_3$.

5 Warum lässt sich Aceton gut mit Heptan und mit Wasser mischen?

6 Die Carbonyl-Gruppe ist stark polar.

a) Berechne den Elektronegativitätsunterschied (ΔEN).

b) Welche Folgen hat diese Polarität?

Theorie

Oxidationszahl und Redoxreaktionen

Zwei Theorien beschreiben, was man unter einer **Redoxreaktion** versteht. Die ältere der beiden Theorien bezeichnet eine Oxidation als *Sauerstoffaufnahme* und eine Reduktion als *Sauerstoffabgabe*. In der neueren Theorie wird eine Oxidation als *Elektronenabgabe* und eine Reduktion als *Elektronenaufnahme* definiert.
Aber auch die Dehydrierung von Alkoholen oder Alkanalen ist eine Oxidationsreaktion. Deshalb ist es notwendig, das Theoriegebäude so zu erweitern, dass alle Redoxreaktionen zu einer einheitlichen Redoxtheorie zusammengefasst werden können.

Oxidationszahl. Damit alle Redoxreaktionen als Elektronenübertragungsreaktionen beschrieben werden können, hat man die *Oxidationszahl* eingeführt. Sie gibt die Anzahl der Ladungen an, die eine Atomart in einer Verbindung erhält, wenn man sich vorstellt, die Verbindung sei aus Ionen aufgebaut. Für diese *formale* Überlegung ordnet man die bindenden Elektronenpaare vollständig dem Bindungspartner mit der größeren *Elektronegativität* zu. Die Oxidationszahlen für die einzelnen Atomarten werden als römische Zahlen über die Elementsymbole geschrieben.

Beispiel: Im Chlorwasserstoff-Molekül ordnet man dem elektronegativeren Chlor-Atom *formal* beide Bindungselektronen der H–Cl-Bindung zu. Dadurch erhöht sich die Zahl seiner Außenelektronen von sieben auf acht. Das Chlor-Atom im HCl-Molekül hat damit im Vergleich zu einem freien Chlor-Atom formal ein Elektron aufgenommen: Es wurde reduziert. Die Erhöhung der negativen Ladung wird durch die Oxidationszahl **–I** angezeigt.
Das Wasserstoff-Atom im HCl-Molekül hat entsprechend ein Elektron abgegeben: Es wurde also oxidiert. Die formale Abgabe des Elektrons wird durch die Oxidationszahl **I** angezeigt:

$\overset{\mathrm{I}}{\mathrm{H}}\text{–}\overset{\mathrm{-I}}{\mathrm{Cl}}$

Regeln. Die Oxidationszahlen in Verbindungen lassen sich mit den folgenden Regeln ermitteln:

1. Bindungselektronen zwischen gleichartigen Atomen werden gleichmäßig aufgeteilt. Elemente haben daher die Oxidationszahl Null. *Beispiele:*

$\overset{0}{\mathrm{Ar}}$ $\overset{0}{\mathrm{H}}\text{–}\overset{0}{\mathrm{H}}$ $\overset{0}{\mathrm{H_2}}$ $\overset{0}{\mathrm{O}}\text{=}\overset{0}{\mathrm{O}}$ $\overset{0}{\mathrm{O_2}}$ $\overset{0}{\mathrm{S_8}}$ $\overset{0}{\mathrm{C}}$ $\overset{0}{\mathrm{Fe}}$

2. In Verbindungen ist die Oxidationszahl von Metallen positiv. Bei Alkalimetallen ist sie immer I, bei Erdalkalimetallen II.
Wasserstoff: immer I (*Ausnahme:* Metallhydride)
Sauerstoff: immer –II (*Ausnahme:* Wasserstoffperoxid)

3. In einer polaren Elektronenpaarbindung werden die Bindungselektronen jeweils ganz dem elektronegativeren Atom zugeordnet.

$\overset{\mathrm{IV}}{\mathrm{C}}\overset{\mathrm{-II}}{\mathrm{O_2}}$ $\overset{\mathrm{I}}{\mathrm{H_2}}\overset{\mathrm{-II}}{\mathrm{O}}$ $\overset{\mathrm{-IV}}{\mathrm{C}}\overset{\mathrm{I}}{\mathrm{H_4}}$ $\overset{\mathrm{-II}}{\mathrm{C_2}}\overset{\mathrm{I}}{\mathrm{H_6}}\overset{\mathrm{-II}}{\mathrm{O}}$

Elektronegativitäten: O: 3,5; C: 2,5; H: 2,1

4. In neutralen Teilchen ist die Summe der Oxidationszahlen aller Atome gleich Null.
CO_2: 1 · IV + 2 · (–II) = 0
H_2O: 2 · I + 1 · (–II) = 0

5. In Ionen entspricht die Summe der Oxidationszahlen aller Atome der Ionenladung.
Beispiel Natriumsulfat:
Na^+: Oxidationszahl I; Ionenladung 1+
SO_4^{2-}: Oxidationszahlen: S VI; O –II;
Summe der Oxidationszahlen: VI + 4 · (–II) = –II;
Ionenladung: 2–.

Oxidationszahlen einzelner Atome. Eine pauschale Betrachtung der Kohlenstoff-Atome im Ethanol-Molekül ergibt die Oxidationszahl –II. Die beiden C-Atome sind jedoch mit unterschiedlichen Bindungspartnern verbunden. Eine Berechnung für jedes einzelne Kohlenstoff-Atom ergibt daher unterschiedliche Oxidationszahlen:

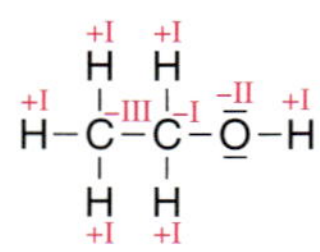

Elektronegativitäten: O: 3,5; C: 2,5; H: 2,1

linkes C-Atom:
C–C-Bindung: unpolar ⇒ 0
C–H-Bindung: C elektronegativer als H ⇒ 3 · (–I)
Oxidationszahl: 3 · (–I) = –III

rechtes C-Atom:
C–C-Bindung: unpolar ⇒ 0
C–H-Bindung: C elektronegativer als H ⇒ 2 · (–I)
C–O-Bindung: O elektronegativer als C ⇒ 1 · I
Oxidationszahl: 2 · (–I) + 1 · I = –I

Der Mittelwert beider Oxidationszahlen (–II) stimmt mit dem Ergebnis der pauschalen Betrachtung der Molekülformel C_2H_6O überein.

Nomenklatur. Oxidationszahlen werden auch bei der Benennung von Verbindungen verwendet. *Beispiele:*

$\overset{\mathrm{I}}{\mathrm{Cu_2}}\overset{\mathrm{-II}}{\mathrm{O}}$: Kupfer(I)-oxid, lies „Kupfer-eins-oxid".

$\overset{\mathrm{II}}{\mathrm{Cu}}\overset{\mathrm{-II}}{\mathrm{O}}$: Kupfer(II)-oxid, lies „Kupfer-zwei-oxid".

Aufstellen von Redoxgleichungen. Alle Reaktionen, bei denen sich die Oxidationszahlen ändern, sind Redoxreaktionen.
Oxidation: Erhöhung der Oxidationszahl
Reduktion: Erniedrigung der Oxidationszahl

Bei der Bildung von Ionen entspricht die Oxidation einer *tatsächlichen Abgabe* von Elektronen und die Reduktion einer *tatsächlichen Aufnahme* von Elektronen.
Beispiel: Bildung von Natriumchlorid

Oxidation: $2\ \overset{0}{Na} \dashrightarrow 2\ \overset{I}{Na^+} + 2\ e^-$

Reduktion: $\overset{0}{Cl_2} + 2\ e^- \dashrightarrow 2\ \overset{-I}{Cl^-}$

Redoxreaktion: $2\ \overset{0}{Na} + \overset{0}{Cl_2} \longrightarrow 2\ \overset{I}{Na}\overset{-I}{Cl}$

Bei der Bildung einer Molekülverbindung entspricht die Oxidation nur *formal* einer Abgabe von Elektronen und die Reduktion nur *formal* einer Aufnahme von Elektronen. Auch die Redoxreaktionen *organischer Verbindungen* lassen sich mit Hilfe von Oxidationszahlen beschreiben.

Beispiel: Bildung von Aceton durch Oxidation von Propan-2-ol

Oxidation: $CH_3\overset{0}{C}HOHCH_3 \dashrightarrow CH_3\overset{II}{C}OCH_3 + 2\ H^+ + 2\ e^-$

Reduktion: $\overset{II}{Cu}\overset{-II}{O} + 2\ H^+ + 2\ e^- \dashrightarrow \overset{0}{Cu} + H_2\overset{-II}{O}$

Gesamtreaktion:

$CH_3CHOHCH_3 + CuO \longrightarrow CH_3COCH_3 + Cu + H_2O$

1 Nach welchen Regeln wurden die folgenden Oxidationszahlen ermittelt?
a) $\overset{0}{O_2}$; b) $\overset{I}{H}\overset{-I}{Cl}$; c) $\overset{-II}{C}\overset{I}{H_3}\overset{-II}{O}\overset{I}{H}$; d) $\overset{IV}{S}\overset{-II}{O_3}{}^{2-}$; e) $\overset{-III}{C}\overset{I}{H_3}\overset{I}{C}\overset{I}{H}\overset{-II}{O}$;
f) $\overset{I}{Na}\overset{V}{N}\overset{-II}{O_3}$; g) $\overset{-III}{C}\overset{I}{H_3}\overset{III}{C}\overset{-II}{O}\overset{-II}{O}\overset{I}{H}$

2 Gib für alle Atome die Oxidationszahlen an:
H_2O, NH_3, NaCl, C_2, CH_4, CH_3CH_2OH, FeS, Na_2CO_3, H_2SO_4, H_2O_2, CO_2

3 Ethanol wird mit Kupfer(II)-oxid zu Ethanal oxidiert. Formuliere die Reaktionsgleichung mit Oxidationszahlen.

4 Formaldehyd reagiert in der TOLLENS-Reaktion mit Ag^+-Ionen in alkalischer Lösung. Entwickle mit Hilfe der Teilgleichungen für die Oxidation und für die Reduktion die Gesamtgleichung der Reaktion.

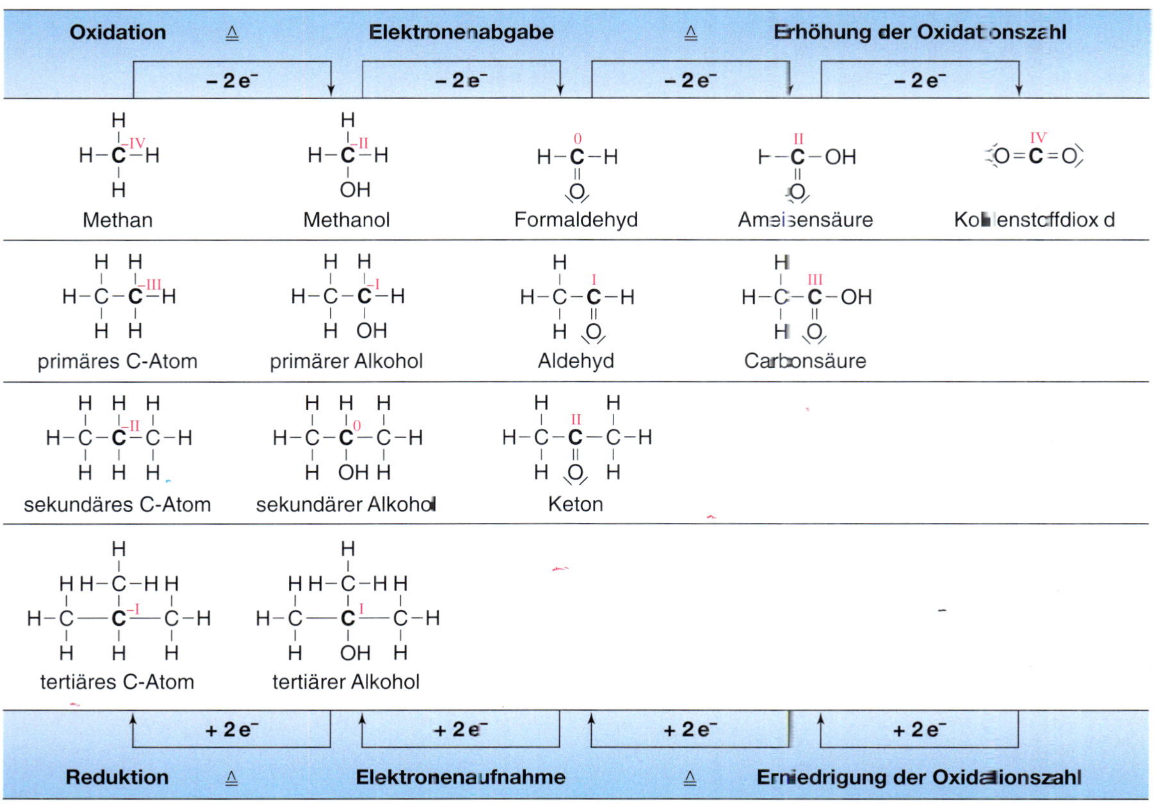

Praktikum

Oxidationsprodukte der Alkohole

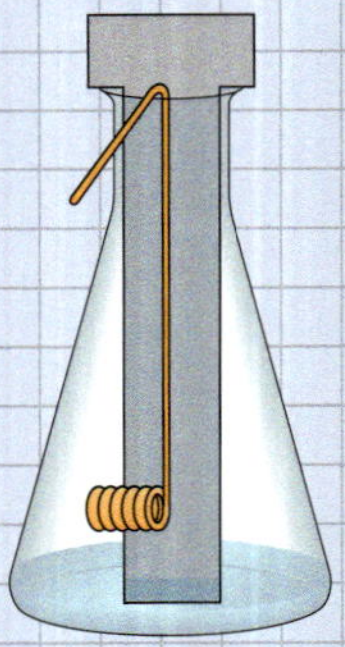

Man gibt etwas Ethanol in einen Erlenmeyerkolben und bringt ein T-förmiges Blech in das Gefäß, um es in zwei Räume zu teilen. Nun erwärmt man den Kolben und hängt eine glühende Kupferwendel in eine Hälfte des Kolbens. Es kommt zu einer Verpuffung des Ethanol/Luft-Gemisches.
In der anderen Hälfte des Kolbens strömt Luft nach. An der als Katalysator wirkenden Kupferwendel wird weiterer Ethanol-Dampf oxidiert. Die Wendel glüht aufgrund der frei werdenden Energie wieder auf und löst so eine erneute Verpuffung aus.

V1: Oxidation von Propanol

Materialien: Rundkolben (100 ml), Kupferdrahtnetz, Tiegelzange, Gasbrenner;
Propan-1-ol (F, Xi).

Durchführung:
1. Fülle etwas Propanol in den Rundkolben.
2. Oxidiere das Kupferdrahtnetz in der Flamme des Gasbrenners.
3. Tauche das heiße Netz in das Propanol.

Aufgaben:
a) Notiere deine Beobachtungen.
b) Formuliere die Reaktionsgleichung.

V2: Aldehyd-Nachweise

Materialien: Tropfpipetten, Wasserbad;
Propanal (F, Xi), Aceton (F, Xi), Silbernitrat-Lösung ($0{,}1\,\frac{mol}{l}$), Ammoniak-Lösung (verd.), FEHLING-Lösung I, FEHLING-Lösung II (C), SCHIFF-Reagenz.

Durchführung:
TOLLENS-Probe:
1. Gib etwa 1 ml Silbernitrat-Lösung in ein *neues* Reagenzglas. Tropfe so lange Ammoniak-Lösung dazu, bis sich der entstehende Niederschlag gerade wieder auflöst.
2. Gib einige Tropfen Propanal hinzu. Erwärme im siedenden Wasserbad (B2).
3. Wiederhole das Experiment mit Aceton (B2).

FEHLING-Probe:
1. Mische je 1 ml FEHLING-Lösung I und FEHLING-Lösung II in einem Reagenzglas.
2. Gib einige Tropfen Propanal zu der Lösung und erwärme im siedenden Wasserbad (B2).
3. Wiederhole das Experiment mit Aceton (B2).

SCHIFFsche Probe:
1. Gib zu 1 ml SCHIFF-Reagenz einige Tropfen Propanal.
2. Wiederhole den Versuch mit Aceton.

Aufgaben:
a) Notiere deine Beobachtungen zu allen sechs Versuchen.
b) Formuliere eine Reaktionsgleichung für die TOLLENS-Probe mit Propanal.
c) Begründe deine Beobachtung bei der TOLLENS-Probe mit Aceton.

V3: Oxidation primärer, sekundärer und tertiärer Alkohole

Materialien: Tropfpipetten;
Butan-1-ol (Xn), Butan-2-ol (Xi), 2-Methylpropan-2-ol (F, Xn), Kaliumpermanganat-Lösung (1 %; angesäuert mit verdünnter Schwefelsäure).

Durchführung:
1. Fülle jeweils etwa 1,5 ml von jedem Alkohol in ein Reagenzglas.
2. Gib je drei Tropfen Kaliumpermanganat-Lösung zu den Proben. Schüttle die Reagenzgläser erst nach einer kurzen Beobachtungsphase.
3. Tropfe nun in jedes Glas weitere zehn Tropfen der Lösung. Beobachte.
4. Gib zum Schluss noch 1 ml der Kaliumpermanganat-Lösung zu jeder Probe.

Aufgaben:
a) Stelle deine Versuchsergebnisse in einer Tabelle dar.
b) Zeichne die Strukturformeln der Alkohole auf.
c) Begründe das unterschiedliche Reaktionsverhalten mit Hilfe der Strukturformeln.
d) Das violette Kaliumpermanganat hat die Formel $KMnO_4$. Nach vollständiger Reaktion mit Butan-1-ol in saurer Lösung hat es zu Mn^{2+}-Ionen reagiert. Weshalb wird Kaliumpermanganat als *Oxidationsmittel* bezeichnet?

V4: Aldehyde im Zigarettenrauch

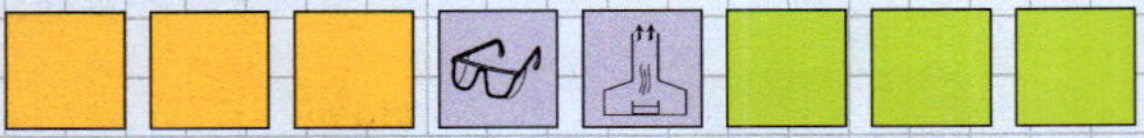

Materialien: Kolbenprober, Trockenrohr mit Kochsalzfüllung und durchbohrtem Stopfen, Schlauchstück, DC-Fertigfolie (Kieselgel), Zigarette (ohne Filter); SCHIFF-Reagenz.

Durchführung:

1. Zünde die Zigarette an.
2. Stecke die Zigarette in den Stopfen des Trockenrohres und verbinde das Trockenrohr mit den Kolbenprober.
3. Ziehe den Rauch in den Kolbenprober.
4. Tauche die DC-Folie kurz etwa 1 cm tief in das SCHIFF-Reagenz und leite den Inhalt des Kolbenprobers über den nassen Teil der Folie.

Aufgaben:

a) Was beobachtest du?
b) Was kannst du aus deiner Beobachtung schließen?
c) Wie verändert sich die Kochsalzfüllung? Wodurch kommt die Änderung zu Stande?

V5: Oxidation von Ethanol zu Essigsäure

Materialien: Destillationsapparatur, Becherglas (250 ml), Erlenmeyerkolben (100 ml), Messzylinder (50 ml), Tropfpipette, Waage, Siedesteinchen, Universalindikator-Papier; Ethanol (F), Kaliumpermanganat (Xn, O, N), Schwefelsäure (konz.; C), SCHIFF-Reagenz, DC-Folie (Kieselgel), Eis.

Durchführung:

1. Baue die Destillationsapparatur auf.
2. Gib Eis und Wasser in das Becherglas und setze den Erlenmeyerkolben zur Kühlung in das Becherglas ein.
3. Mische im Erlenmeyerkolben vorsichtig 30 ml Wasser, 5 ml Ethanol und 10 ml Schwefelsäure.
4. Fülle etwas von dem Gemisch in ein Reagenzglas.
5. Gib eine Spatelspitze Kaliumpermanganat in das Reagenzglas. Tauche die DC-Folie in das SCHIFF-Reagenz und prüfe den Raum über der Lösung im Reagenzglas.
6. Gib das restliche Gemisch zusammen mit einigen Siedesteinchen in den Destillationskolben und füge portionsweise etwa 4 g Kaliumpermanganat hinzu.
7. Setze die Destillationsapparatur dicht zusammen, erhitze das Reaktionsgemisch und destilliere etwa 10 ml Flüssigkeit in die Vorlage. Prüfe das Produkt mit Universalindikator-Papier.

Aufgaben:

a) Notiere deine Beobachtungen.
b) Wozu dient die Voruntersuchung der Probe mit dem SCHIFF-Reagenz?
c) Vergleiche die gemessene Siedetemperatur der Essigsäure mit dem Literaturwert (118 °C) und erkläre die Abweichungen.

A1: **a)** Benenne die folgenden Stoffe:
CO_2, CH_3OH, CH_3COCH_3, HCHO, CuO, NaCl, CH_3CH_2OH, HCOOH, Na_2SO_4, C, CH_4, SO_2, Cu_2O, C_2H_6, SO_3, H_2.
b) Welche Verbindungen sind Ionenverbindungen? Gib jeweils die Kationen und die Anionen an.
c) Gib in allen Formeln die Oxidationszahlen an.
d) Ordne, wo möglich, die Stoffe in so genannten Oxidationsreihen an, aus denen ersichtlich wird, welche Stoffe durch Oxidation nacheinander entstehen.

A2: Formuliere die Reaktionsgleichung für die vollständige Verbrennung von Aceton. Gib die Oxidationszahlen an.

A3: Lange Zeit verwendete die Polizei bei Alkoholkontrollen ausschließlich eine chemische Testmethode. Der Verkehrsteilnehmer musste in ein Röhrchen blasen, das Kaliumdichromat und Schwefelsäure enthielt.

Alkohol in der Atemluft reduziert das Kaliumdichromat und die gelbe Farbe schlägt nach grün um. Dabei laufen die folgenden Teilreaktionen ab:

CH_3CH_2OH (g) ----➤ CH_3CHO (aq) + 2 H^+ (aq) + 2 e^-

$Cr_2O_7^{2-}$ (aq) + 14 H^+ (aq) + 6 e^- ----➤ 2 Cr^{3+} (aq) + 7 H_2O (l)

a) Ordne den Teilreaktionen die Begriffe Oxidation und Reduktion zu und kombiniere die Teilgleichungen zur Gesamtgleichung.
b) Wie heißt das Oxidationsprodukt des Alkohols?
c) Stelle die Teilgleichungen für Oxidation und Reduktion bei der Reaktion zwischen Ethanol und Kupferoxid auf.

Exkurs

Wenn der Wein sauer wird

Schon im Altertum war bekannt, dass Wein in offenen Gefäßen nach einiger Zeit *sauer* wird und nach Essig riecht. An der Oberfläche bildet sich eine Schicht aus *Essigbakterien.* Ihre Enzyme katalysieren die Umwandlung des im Wein enthaltenen Alkohols in Essigsäure. Dabei reagiert Ethanol mit dem Sauerstoff der Luft zu Acetaldehyd, der weiter zu Essigsäure oxidiert wird. Der gesamte Vorgang wird als Essigsäuregärung bezeichnet. Im Gegensatz zur alkoholischen Gärung wird für die Essigsäuregärung Sauerstoff benötigt.

Verwendung. Essig wird schon seit mehr als 6000 Jahren zum Würzen von Speisen und zum Konservieren von Lebensmitteln genutzt. In Essig eingelegte Lebensmittel wie Gewürzgurken oder Bratheringe sind haltbar, weil Keime oder Bakterien in der sauren Lösung nicht lebensfähig sind.

Biotechnische Herstellung von Essigsäure. Moderne Anlagen bestehen aus großen Reaktionsgefäßen, in denen Luft in feinsten Bläschen in eine Lösung eingepresst wird, die etwa 5 % Alkohol enthält. Dabei löst sich Sauerstoff in der Flüssigkeit und kann so von den Essigbakterien für eine rasche Oxidation des Ethanols genutzt werden:

$$\underset{\text{Ethanol}}{CH_3\text{–}CH_2\text{–}OH} + O_2 \xrightarrow{\text{Essigsäuregärung}} \underset{\text{Essigsäure}}{CH_3\text{–}COOH} + H_2O$$

Durch die Lagerung in Holzfässern erhält der Essig dann oft eine gelbliche bis braune Färbung.

Handelsformen. *Haushaltsessig* ist eine wässerige Lösung von Essigsäure mit einem Massenanteil von etwa 5 %. In der „Verordnung über den Verkehr mit Essig und Essigsäure" ist festgelegt, dass bei Gärungsessig die Ausgangsprodukte und die Rohstoffe angegeben werden müssen: *Weinessig* wird aus Wein hergestellt, *Obstessig* meist aus Apfelwein. *Branntweinessig* gewinnt man aus Agraralkohol, der durch alkoholische Gärung von landwirtschaftlichen Produkten wie Getreide, Kartoffeln und Rückständen der Zuckerproduktion erzeugt wird. Durch Zusatz von Kräutern oder Kräuterauszügen erhält man *Kräuteressig.*
Synthetische Essigsäure kann man aus Ethanal (CH_3CHO) sowie aus Methanol (CH_3OH) und Kohlenstoffmonooxid herstellen. Sie wird als *Syntheseessig* oder in konzentrierter Form als Essigessenz angeboten. Essigessenz hat einen Essigsäuregehalt von bis zu 25 %.

1 Erkläre die Bedeutung der Essigsäurebakterien bei der Essigherstellung.

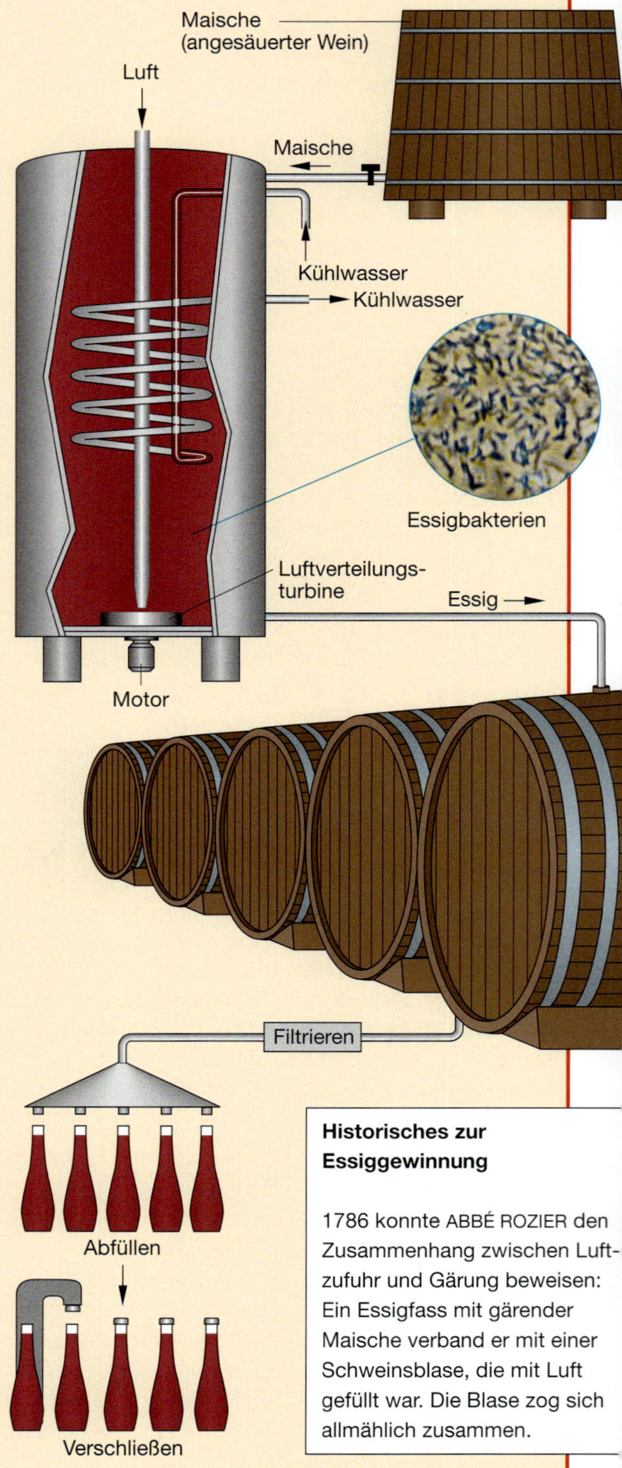

Historisches zur Essiggewinnung

1786 konnte ABBÉ ROZIER den Zusammenhang zwischen Luftzufuhr und Gärung beweisen: Ein Essigfass mit gärender Maische verband er mit einer Schweinsblase, die mit Luft gefüllt war. Die Blase zog sich allmählich zusammen.

2 Wie wird die Essigsäuregärung bei der biotechnischen Herstellung beschleunigt?

3 Erläutere, wie ABBÉ ROZIER nachwies, dass für die Essiggärung Luftzufuhr notwendig ist.

4.3 Essigsäure chemisch betrachtet

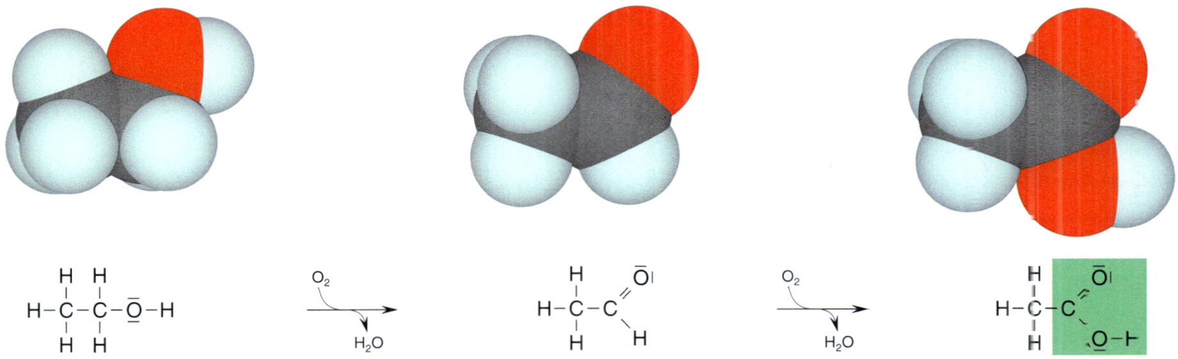

Ethanol — Ethanal — Ethansäure (Essigsäure)

Essigsäure bildet sich bei der Oxidation von Ethanol oder von Ethanal. Durch die Reaktion entsteht eine neue funktionelle Gruppe, die *Carboxyl-Gruppe (COOH-Gruppe).* Man spricht allgemein von **Alkansäuren,** wenn diese Gruppe mit einem Alkyl-Rest verknüpft ist. Der systematische Name für Essigsäure ist daher Ethansäure.

Carboxyl-Gruppe. Die Carboxyl-Gruppe bestimmt weitgehend die Eigenschaften und das Reaktionsverhalten der Essigsäure. Sie ist stark polar und kann Wasserstoffbrückenbindungen ausbilden. Essigsäure löst sich daher gut im polaren Lösungsmittel Wasser. Der Einfluss der unpolaren Methyl-Gruppe auf die Eigenschaften der Essigsäure ist dagegen gering.

Reine Essigsäure ist eine wasserklare Flüssigkeit. Sie erstarrt schon bei 17 °C zu einer eisartigen Masse; man bezeichnet sie daher auch als **Eisessig.** Essigsäure riecht stechend. In konzentrierter Form ist sie eine aggressive, ätzende Substanz.

Die wässerige Lösung von Essigsäure verhält sich ganz ähnlich wie verdünnte Salzsäure:
- Universalindikator färbt sich rot.
- Die Lösung leitet den elektrischen Strom.
- Mit unedlen Metallen bildet sich Wasserstoff.
- Bei der Neutralisation mit alkalischen Lösungen erhält man eine Salzlösung.

Aus diesen Beobachtungen ergibt sich, dass Essigsäure mit Wasser unter Bildung einer sauren Lösung reagiert. Die O–H-Bindung in der Carboxyl-Gruppe ist stärker polar als die O–H-Bindung im Alkohol-Molekül. Daher gibt ein Teil der Essigsäure-Moleküle ein H^+-Ion aus der COOH-Gruppe ab. Wie bei anorganischen Säuren bilden sich dabei Wasserstoff-Ionen (H^+ (aq)). Als Säurerest-Ionen entstehen **Acetat-Ionen** (CH_3COO^-).

Essigsäure ist eine *schwache Säure:* In einer verdünnten Lösung wie im Haushaltsessig haben nur etwa 0,4 % der Essigsäure-Moleküle ein H^+-Ion abgegeben.
Bei der Neutralisation von Essigsäure mit Natronlauge entsteht eine Lösung von *Natriumacetat.* Beim Eindampfen der Lösung kristallisiert dieses Natriumsalz der Essigsäure aus.

$$\underset{\text{Essigsäure}}{CH_3COOH\ (aq)} + \underset{\text{Natronlauge}}{Na^+\ (aq) + OH^-\ (aq)} \xrightarrow{\text{Neutralisation}}$$

$$\underset{\text{Acetat-Ion}}{CH_3COO^-\ (aq)} + \underset{\text{Natrium-Ion}}{Na^+\ (aq)} + \underset{\text{Wasser}}{H_2O\ (l)}$$

Essigsäure (CH_3–COOH) ist eine schwache Säure. Für die saure Wirkung ist die Carboxyl-Gruppe (COOH-Gruppe) verantwortlich. Die Salze der Essigsäure heißen Acetate.

1 Wovon leitet sich der Name Eisessig ab?
2 Warum reagiert Essigsäure sauer?
3 Was versteht man unter einer „schwachen Säure"?
4 Warum kann man selbst bei starker Verdünnung den Geruch der Essigsäure wahrnehmen?
5 Gib eine Reaktionsgleichung für die Bildung von Magnesiumacetat an.

Sapa: Der erste künstliche Süßstoff
Plinius (23–79 n.Chr.) beschrieb die Herstellung eines in der Antike verbreiteten Süßstoffes so: „Sauer gewordener Wein wird in Pfannen aus Blei eingedampft, bis Wasser und Alkohol entfernt sind."
Als man im 18. Jahrhundert diesen süßen, kristallinen Stoff als Bleiacetat identifiziert hatte, prägte man den Namen Bleizucker. Die Giftigkeit von Bleiacetat wird als ein Grund für die zunehmende Unfruchtbarkeit in der römischen Oberschicht in der Antike angesehen.

Chemie-Recherche

Location: http://www.schroedel.de/chemie_heute.html

Suche:

Essigsäure und verwandte Carbonsäuren

Ergebnisse:

→ Carbonsäuren

Moleküle mit einer oder mehreren Carboxyl-Gruppen bezeichnet man allgemein als **Carbonsäuren.** *Alkansäuren* leiten sich von Alkanen ab.

Trivialname (systematischer Name)	Strukturfomel	Schmelztemperatur	Siedetemperatur	Stoffklasse
Ameisensäure (Methansäure)	H–COOH	8 °C	101 °C	Alkansäure
Essigsäure (Ethansäure)	CH_3–COOH	17 °C	118 °C	Alkansäure
Propionsäure (Propansäure)	C_2H_5–COOH	–21 °C	141 °C	Alkansäure
Buttersäure (Butansäure)	C_3H_7–COOH	–5 °C	163 °C	Alkansäure
Valeriansäure (Pentansäure)	C_4H_9–COOH	–34 °C	186 °C	Alkansäure
Benzoesäure	C_6H_5–COOH	122 °C	249 °C	aromatische Carbonsäure

→ Ameisensäure (HCOOH)

Ameisen, Brennnesseln und Quallen sondern bei Berührung die schmerzhaft brennende Ameisensäure ab. Sie ist die einfachste Carbonsäure, riecht stechend und reizt die Haut. Von den anderen Carbonsäuren unterscheidet sie sich dadurch, dass sie reduzierend wirkt und dabei selbst zu Kohlenstoffdioxid oxidiert wird.
Ameisensäure wird bei der Wollfärberei, zur Konservierung von Lebensmitteln und als Entkalker im Haushalt verwendet.
Im Labor benutzt man Ameisensäure, um Kohlenstoffmonooxid herzustellen:

$$HCOOH\ (l) \xrightarrow{H_2SO_4} CO\ (g) + H_2O\ (l)$$

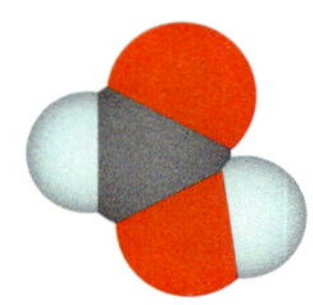

→ Essigsäure (CH_3COOH)

Der im Haushalt verwendete *Speiseessig* ist eine etwa 5%ige Lösung von Essigsäure. In der Industrie dient Essigsäure als wichtige Grundchemikalie zur Herstellung von Kunstseide, Arzneimitteln, Lösungsmitteln und Duftstoffen.
Als altes Hausmittel wird *Aluminiumacetat (essigsaure Tonerde)* für Umschläge genutzt. Es fördert die Wundheilung, da es desinfizierend und entzündungshemmend wirkt.

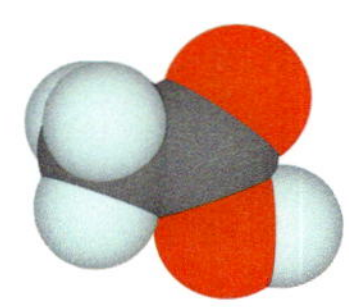

→ Propionsäure (C_2H_5COOH)

Propionsäure dient als Konservierungsmittel für Backwaren sowie zur Herstellung von Duftstoffen, Aromastoffen, Kunststoffen und Unkrautvertilgungsmitteln.

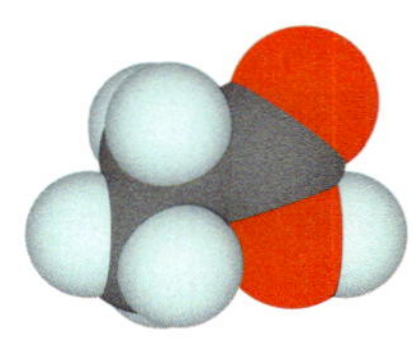

→ Buttersäure (C_3H_7COOH) und höhere Carbonsäuren

Buttersäure, Valeriansäure und Capronsäure (Hexansäure, $C_5H_{11}COOH$) haben einen unangenehmen Geruch. Sie kommen in ranziger Butter und im Schweiß vor.
Längerkettige Carbonsäuren sind in *Fetten* chemisch an Glycerin gebunden. Sie werden daher auch als **Fettsäuren** bezeichnet. **Palmitinsäure** (Hexadecansäure, $C_{15}H_{31}COOH$) und **Stearinsäure** (Octadecansäure, $C_{17}H_{35}COOH$) werden zur Herstellung von Kerzen sowie von kosmetischen und pharmazeutischen Präparaten verwendet.

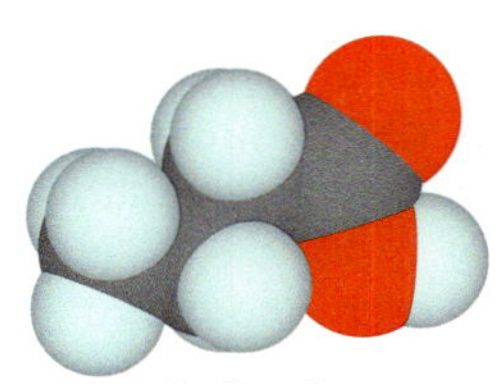
Buttersäure

Aufgaben

1 Wovon leitet sich der Name Ameisensäure ab?

2 Wenn du einen Bleistiftspitzer aus Magnesium in Essig legst, steigen kleine Gasbläschen auf und an der Oberfläche des Anspitzers scheidet sich ein weißes Salz ab. Gib die Reaktionsgleichung an. Wie heißt dieses Salz?

3 Was ist essigsaure Tonerde? Gib die Formel an.

4 Wenn man Ameisensäure zum Entkalken verwendet, setzt sofort eine starke Gasentwicklung ein. Formuliere die Reaktionsgleichung.

5 Gib die Strukturformeln von zwei isomeren Pentansäuren an.

4.4 Stoffeigenschaften und Molekülstruktur

Die Eigenschaften der Stoffe beruhen auf der Art und Struktur ihrer Teilchen. Das gilt auch für das Löslichkeitsverhalten, die Schmelztemperaturen und die Siedetemperaturen der Carbonsäuren.

Löslichkeit. Sowohl der unpolare Alkyl-Rest als auch die polare Carboxyl-Gruppe beeinflussen die Löslichkeit der Carbonsäuren. Der Alkyl-Rest wirkt wasserabstoßend oder *hydrophob,* die Carboxyl-Gruppe wirkt wasseranziehend oder *hydrophil.*

Ameisensäure, Essigsäure, Propionsäure und Buttersäure mischen sich in jedem Verhältnis mit Wasser. Pentansäure löst sich nur noch geringfügig und Hexansäure ist in Wasser nahezu unlöslich. Mit zunehmender Größe des Alkyl-Rests verliert also die hydrophile Carboxyl-Gruppe an Einfluss.

Alle Carbonsäuren lösen sich dagegen in unpolaren Lösungsmitteln wie Benzin oder Heptan: Zwischen den Carboxyl-Gruppen zweier Carbonsäure-Moleküle bilden sich dabei stabile Wasserstoffbrückenbindungen aus. Auf diese Weise entstehen Doppelmoleküle, die nach außen hin unpolar sind.

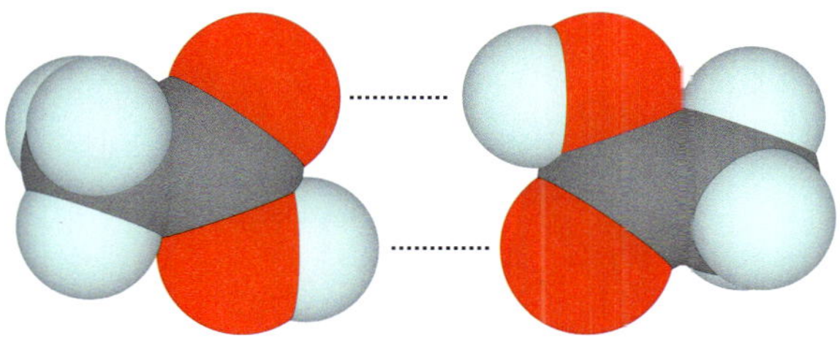

Schmelztemperaturen. Auch in den reinen Carbonsäuren liegen solche Doppelmoleküle vor. Zwischen den Alkyl-Resten benachbarter Doppelmoleküle bilden sich VAN-DER-WAALS-Bindungen aus.
Bei kleineren Molekülen sind diese Bindungen relativ schwach: Essigsäure ist daher bei Raumtemperatur flüssig. Die Stabilität der VAN-DER-WAALS-Bindungen nimmt aber mit der Anzahl der Kohlenstoff-Atome und der dadurch wachsenden Oberfläche der Moleküle zu. Carbonsäuren mit mehr als neun Kohlenstoff-Atomen wie Decansäure oder Stearinsäure sind daher bei Raumtemperatur fest.

Siedetemperaturen. Der Kohlenwasserstoff Butan (C_4H_{10}) siedet bei –0,5 °C. Essigsäure mit ähnlich großer Molekülmasse siedet dagegen erst bei 118 °C. Dies entspricht etwa der Siedetemperatur des Kohlenwasserstoffs Octan (C_8H_{18}; Siedetemperatur: 126 °C). Die hohe Siedetemperatur der Essigsäure weist darauf hin, dass auch in diesem Temperaturbereich noch Doppelmoleküle vorliegen.

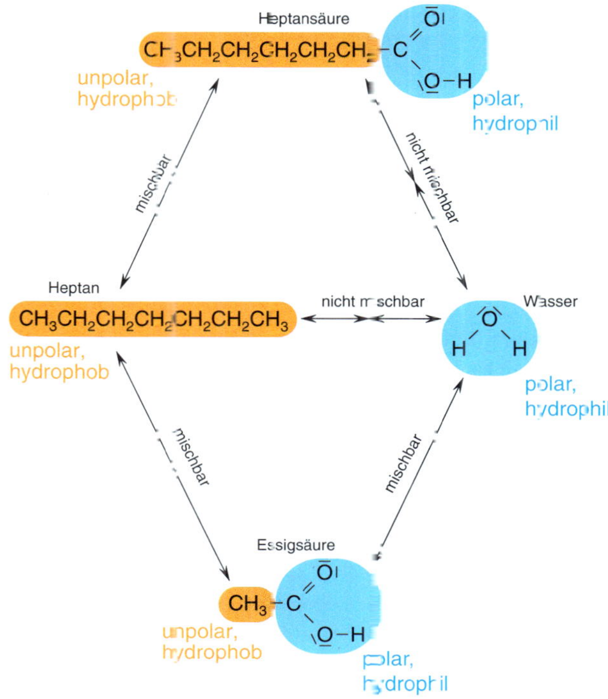

Einfluss der Molekülstruktur auf die Löslichkeit

Die Eigenschaften der Carbonsäuren werden durch die hydrophile Carboxyl-Gruppe und den hydrophoben Alkyl-Rest bestimmt. Mit zunehmender Kettenlänge nimmt der Einfluss des Alkyl-Rests zu. Im flüssigen Zustand und in unpolaren Lösungsmitteln liegen Carbonsäuren als Doppelmoleküle vor.

1 Durch welche Faktoren wird die Löslichkeit von Carbonsäuren bestimmt?
2 Gib den Inhalt des Schemas zur Löslichkeit mit eigenen Worten wieder. Welche Kernaussagen werden in dem Schema gemacht?
3 Begründe die vergleichsweise hohe Siedetemperatur der Essigsäure.
4 Weshalb ist die Schmelztemperatur von Hexadecan (18,2 °C) niedriger als die von Hexadecansäure (63 °C)?
5 Was beobachtet man, wenn Stearinsäure mit Wasser vermischt wird, das Universalindikator-Lösung enthält?
6 Stearinsäure und Propionsäure werden in Heptan gelöst. Die Lösung wird auf eine Wasseroberfläche gegossen.
a) Was lässt sich jeweils beobachten?
b) Wo werden sich die Stearinsäure-Moleküle anreichern?

Chemie-Recherche

Location: http://www.schroedel.de/chemie_heute.html

Suche:

Carbonsäuren mit mehreren funktionellen Gruppen

Ergebnisse:

→ **Dicarbonsäuren und Hydroxycarbonsäuren**

Carbonsäuren mit zwei oder mehr Carboxyl-Gruppen sind in der Natur weit verbreitet. Sie sind stärker sauer und schwerer flüchtig als die entsprechenden Carbonsäuren mit nur einer Carboxyl-Gruppe.
Carbonsäuren mit einer oder mehreren Hydroxyl-Gruppen bezeichnet man als *Hydroxycarbonsäuren.*

→ **Oxalsäure (Ethandisäure)**

Der saure Geschmack von Sauerampfer, Sauerklee und Rhabarber wird durch Oxalsäure hervorgerufen. Oxalsäure ist die einfachste Dicarbonsäure.

Aufgrund der stark polaren Carboxyl-Gruppen herrschen zwischen Oxalsäure-Molekülen starke zwischenmolekulare Kräfte. Oxalsäure ist daher ein kristalliner Feststoff, der sich gut in Wasser löst.
Oxalsäure und ihre Salze sind giftig. Schon 5 g können tödlich wirken: Oxalsäure stört den Calcium-Stoffwechsel, weil Oxalat-Ionen mit Calcium-Ionen ein schwer lösliches Salz bilden. Calciumoxalat ist auch für die Bildung von bestimmten Nierensteinen oder Blasensteinen verantwortlich.

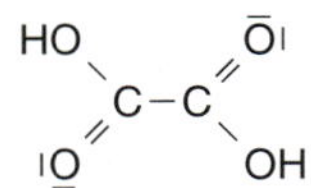

→ **Malonsäure und weitere Dicarbonsäuren**

Malonsäure (Propandisäure) ist ein Oxidationsprodukt der *Äpfelsäure* (Hydroxybernsteinsäure); daher leitet sich auch der Name ab (lat. *malum:* Apfel). Sie ist in der Natur wesentlich seltener als Oxalsäure.
Bernsteinsäure (Butandisäure) tritt als wichtiges Zwischenprodukt im Zellstoffwechsel auf. *Adipinsäure* (Hexandisäure) dient als Ausgangsstoff zur Herstellung von Nylonfasern.

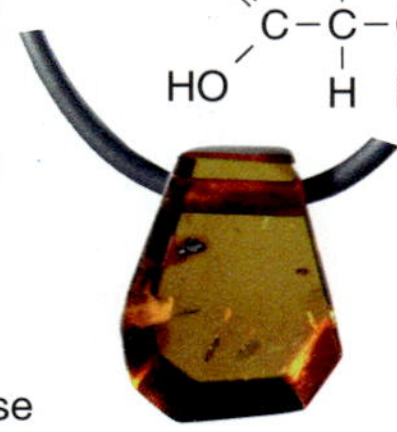

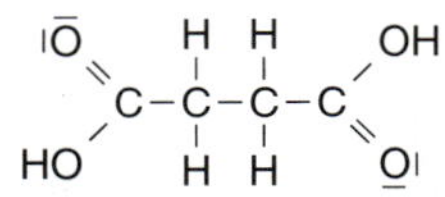

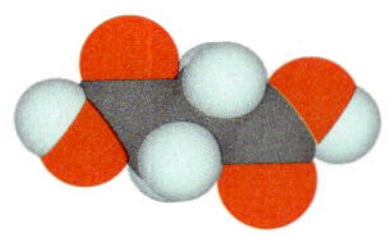

Bernsteinsäure

→ **Milchsäure (2-Hydroxypropansäure)**

Milchsäure entsteht beim bakteriellen Abbau von Milchzucker. Durch diese *Milchsäuregärung* wird die Milch sauer und gerinnt. Die Milchsäuregärung spielt auch eine wichtige Rolle bei der Zubereitung von Sauerkraut, Salzgurken und Silofutter. Auch beim enzymatischen Abbau von Glucose (Traubenzucker) im Stoffwechsel unserer Muskulatur kann sich Milchsäure bilden.

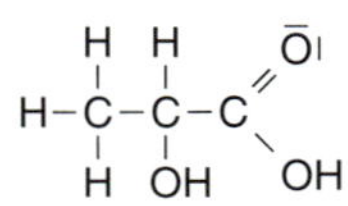

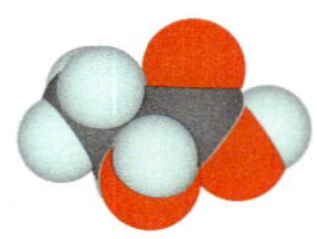

→ **Weinsäure (2,3-Dihydroxybutandisäure)**

Weinsäure ist eine Dicarbonsäure mit zwei Hydroxyl-Gruppen. Sie ist in vielen reifen Früchten enthalten, vor allem in Weintrauben. Ein schwer lösliches Salz der Weinsäure, das *Kaliumhydrogentartrat,* setzt sich in Weinfässern als Weinstein ab.

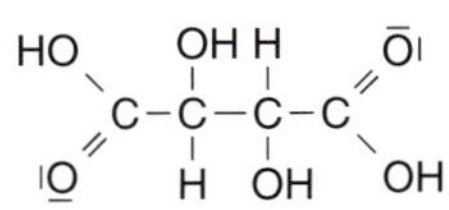

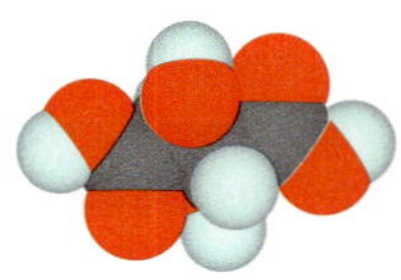

→ **Zitronensäure (2-Hydroxypropan-1,2,3-tricarbonsäure)**

Zitronensäure kommt nicht nur in Zitronen vor, sondern auch in vielen anderen Früchten wie Johannisbeeren oder Stachelbeeren. In der Lebensmittelindustrie wird Zitronensäure vielfältig als Säuerungsmittel verwendet. Sie ist auch in Backpulver und Brausepulver enthalten.

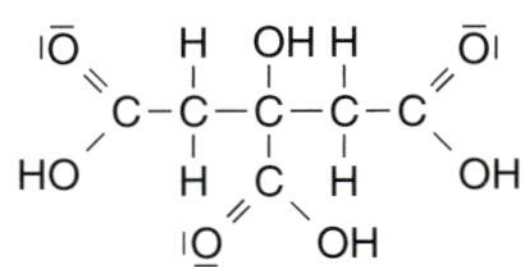

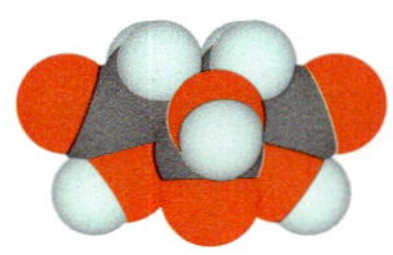

Aufgaben

1 Warum sollte man Rhabarber in größeren Mengen nicht roh, sondern nur gekocht essen?

2 Notiere die Formel von Kaliumhydrogentartrat.

3 0,9 g Oxalsäure werden in Wasser gelöst. Wie viele Milliliter Natronlauge ($1\frac{mol}{l}$) werden benötigt, um diese Lösung zu neutralisieren?

Organische Säuren – Zusatzstoffe für Lebensmittel

Exkurs

Die meisten Lebensmittel verderben, wenn sie länger gelagert werden. Die in den Lebensmitteln enthaltenen Nährstoffe und Vitamine gehen dabei verloren. Dieser Abbau erfolgt durch Bakterien und Pilze oder durch Oxidationsprozesse, an denen der Sauerstoff der Luft beteiligt ist. Außerdem sind viele der von Bakterien und Pilzen gebildeten Stoffwechselprodukte für den Menschen giftig. So produzieren bestimmte Schimmelpilze Aflatoxine, die Krebs auslösen können. Das Botulinusbakterium erzeugt in unsachgemäß verarbeiteten und gelagerten Fleischkonserven ein tödliches Gift.

Seit Jahrhunderten werden Lebensmitteln daher Säuren zugesetzt, um sie haltbar zu machen. Säuren dienen in diesem Fall zur *Konservierung.* Häufig werden Säuren aber auch einfach nur als *Säuerungsmittel* eingesetzt, um den Geschmack zu verbessern. Solche Zusatzstoffe müssen auf der Verpackung angegeben werden. Häufig werden nur die entsprechenden **E-Nummern** aufgeführt. Die genauen Angaben zu den E-Nummern lassen sich in Broschüren von Verbraucherdiensten nachschlagen.

Konservierung. Ein wichtiger Konservierungsstoff ist *Sorbinsäure* (C_5H_7COOH), eine zweifach ungesättigte Carbonsäure. Sie verhindert die Bildung von Brotschimmel. Neben Essigsäure und Sorbinsäure wird auch *Benzoesäure* (C_6H_5COOH) als Konservierungsstoff verwendet. *Benzoesäure* wird häufig Fleischsalaten und Fischmarinaden zugesetzt.

Säuerung. Viele Getränke erscheinen uns erst dann richtig erfrischend, wenn sie säuerlich schmecken. Deshalb setzt man vielen Getränken *Zitronensäure, Weinsäure* oder *Äpfelsäure* zu.
Als feste Säure ist die Weinsäure Bestandteil von Brausepulver, das außerdem noch Natriumhydrogencarbonat enthält. Mit Wasser sprudelt das Pulver auf, weil die Säure mit Hydrogencarbonat-Ionen reagiert und Kohlenstoffdioxid freisetzt.

Hemmung der Oxidation. Apfelmus verfärbt sich schnell unansehnlich braun, wenn man es an der Luft stehen lässt. Ein Zusatz von *Ascorbinsäure* (Vitamin C) kann diese Reaktion verhindern. Auch Orangensaft behält mit Ascorbinsäure seine typische Farbe.
Ascorbinsäure ist *keine* Carbonsäure. Sie reagiert aber trotzdem sauer und wirkt stark reduzierend. Daher wird sie manchen Lebensmitteln als *Antioxidationsmittel* zugesetzt. Zusätzlich wird so der Vitamin-C-Bedarf des Menschen gedeckt.

E-Nr.	Konservierungsstoff
200	Sorbinsäure
201	Na-Salz
202	K-Salz
203	Ca-Salz
210	Benzoesäure
300	Ascorbinsäure

E-Nr.	Säuerungsmittel
233	Weinsäure
236	Ameisensäure
260	Essigsäure
270	Milchsäure
300	Ascorbinsäure

Äpfelsäure

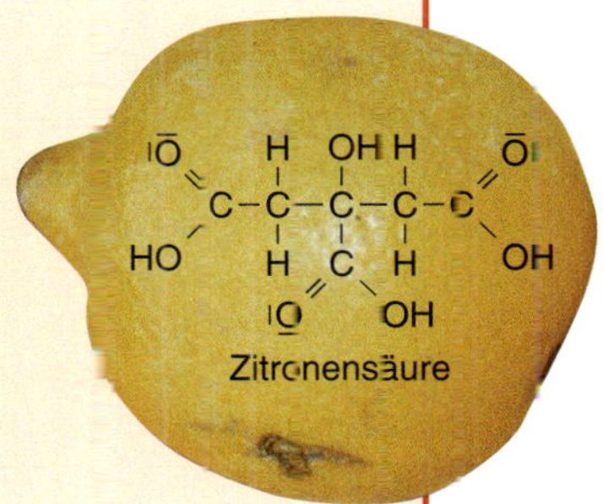

Zitronensäure

1 Wird Wasser auf Brausepulver gegeben, setzt sofort eine heftige Gasentwicklung ein. Welche Reaktion läuft dabei ab? Notiere die Reaktionsgleichung.

2 Gib die Strukturformel der Sorbinsäure (*trans-trans-*Hexa-2,4-diensäure) an.

3 Welche Strukturformel hat Benzoesäure? Zeichne sie in dein Heft.

4 Ascorbinsäure wirkt reduzierend. Sie reagiert dabei zu Dehydroascorbinsäure.

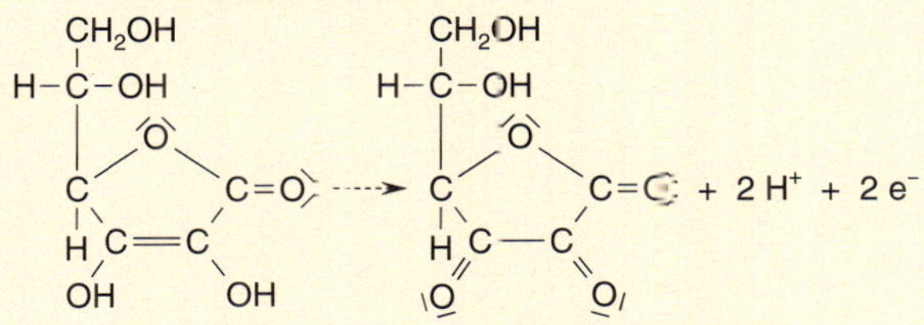

Ascorbinsäure (Vitamin C) Dehydroascorbinsäure

Zeichne die Strukturformeln ab und trage über den C-Atomen, an denen während der Reaktion Veränderungen stattfinden, die Oxidationszahlen ein. Erläutere die reduzierende Wirkung der Ascorbinsäure.

5 Warum träufelt man beim Zubereiten von Obstsalat Zitronensaft auf die Apfel- und Bananenstücke?

6 Mit welchen Methoden wurden bereits im Mittelalter Lebensmittel konserviert?

Praktikum

Carbonsäuren

V1: Untersuchung von Essigsäure

Materialien: Netzgerät, Leitfähigkeitsprüfer, Pipette (5 ml) mit Pipettierhilfe, Erlenmeyerkolben (50 ml), Bürette (25 ml), Porzellanschale, Gasbrenner, Dreifuß mit Drahtnetz; Universalindikator-Papier, Essigsäure (verd.), Magnesiumpulver (F), Natronlauge ($1\,\frac{mol}{l}$; C), Phenolphthalein-Lösung (F).

Durchführung:

1. Prüfe vorsichtig den Geruch der Essigsäure.
2. Ermittle den pH-Wert mit Universalindikator-Papier.
3. Untersuche die elektrische Leitfähigkeit.
4. Gib zu 5 ml Essigsäure eine Spatelspitze Magnesiumpulver, fange das entstehende Gas auf und führe die Knallgasprobe durch. Dampfe die Lösung anschließend in der Porzellanschale vorsichtig ein.
5. Gib 5 ml Essigsäure, etwa 10 ml Wasser und einige Tropfen Phenolphthalein in den Erlenmeyerkolben. Titriere die Lösung mit Natronlauge bis zur bleibenden Rosafärbung.
6. Neutralisiere 5 ml Essigsäure in der Porzellanschale mit *der* Menge an Natronlauge, die bei der Titration verbraucht wurde. Dampfe die Lösung anschließend vorsichtig ein.

Aufgaben:

a) Welchen pH-Wert hat die Essigsäure? Formuliere die Reaktionsgleichung für die Reaktion von Essigsäure mit Wasser. Welche Teilchen liegen in der wässerigen Lösung vor?
b) Formuliere die Reaktionsgleichung für die Reaktion von Essigsäure mit Magnesium.
c) Formuliere die Reaktionsgleichung für die Neutralisation von Essigsäure mit Natronlauge und benenne die Reaktionsprodukte.

Experimentelle Hausaufgabe:

1. Suche in der Küche nach Stoffen, die zur Konservierung von Lebensmitteln geeignet erscheinen.
2. Entwickle eine Versuchsreihe, mit der sich die Wirkung der gewählten Konservierungsmittel prüfen lässt.
3. Protokolliere die Ergebnisse und vergleiche die konservierende Wirkung der verschiedenen Stoffe.

V2: Essigsäure in Essig

Materialien: Vollpipetten (10 ml und 20 ml), Pipettierhilfe, Messkolben (100 ml), Becherglas (100 ml), Erlenmeyerkolben (200 ml, weit), Bürette;
Natronlauge ($0{,}1\,\frac{mol}{l}$), Essig, Phenolphthalein-Lösung (F).

Durchführung:

1. Gib 10 ml Speiseessig in den Messkolben, fülle mit Wasser bis zur Marke auf und vermische den Inhalt.
2. Entnimm aus dem Messkolben 20 ml der Lösung und fülle die Probe in den Erlenmeyerkolben.
3. Gib drei Tropfen Phenolphthalein-Lösung zu der Probe.
4. Fülle die Bürette mit Natronlauge und titriere die Probe bis zum Farbumschlag.

Aufgaben:

a) Berechne die Stoffmengenkonzentration der Essigsäure in Essig nach der folgenden Gleichung:

$$c\,(\mathrm{CH_3COOH}) = \frac{c\,(\mathrm{NaOH}) \cdot V\,(\mathrm{Natronlauge})}{V\,(\mathrm{Essig})}$$

b) Auf dem Etikett einer Essigflasche ist der Säuregehalt in Prozent angegeben. Berechne aus deinem Ergebnis den Massenanteil der Essigsäure im Essig in Prozent.
Hinweis: Speiseessig hat etwa die Dichte $\varrho = 1\,\frac{g}{cm^3}$.

V3: Bestimmung des Säuregehalts von Jogurt

Materialien: Erlenmeyerkolben (200 ml, weit), Bürette, Waage, Löffel;
Magermilch-Jogurt, Natronlauge ($0{,}1\,\frac{mol}{l}$), Phenolphthalein-Lösung (F).

Durchführung:

1. Gib etwa 50 ml Wasser in den Erlenmeyerkolben und rühre 20 g Jogurt ein. Gib einige Tropfen Indikator-Lösung zu.
2. Befestige die Bürette an einem Stativ, fülle sie mit der Natronlauge-Maßlösung und titriere die Jogurt-Probe, bis die Mischung rosa gefärbt bleibt.

Aufgaben:

a) Welche Stoffmenge an OH^--Ionen wird benötigt?
b) Welche Stoffmenge an Säure ist demnach in 100 g Jogurt enthalten?
c) Welchem Massenanteil an Milchsäure (CH_3–CHOH–COOH) entspricht dieser Säuregehalt?

Suche:

Aromatische Sauerstoff-Verbindungen

Ergebnisse:

Aromatische Sauerstoff-Verbindungen
Die Moleküle von Alkoholen, Aldehyden, Ketonen und Carbonsäuren können auch einen Benzol-Ring enthalten. In diesen aromatischen Sauerstoff-Verbindungen bestimmen sowohl der Benzol-Ring als auch die funktionelle Gruppe das Reaktionsverhalten. Die einfachsten aromatischen Sauerstoff-Verbindungen sind Phenol, Benzylalkohol, Benzaldehyd und Benzoesäure.

Phenol (Hydroxybenzol)
Molekülformel: C_6H_5OH

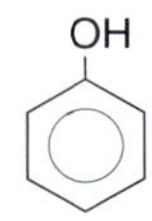

Eigenschaften: Phenol bildet farblose Nadeln mit typischem Geruch. Es ist giftig und wirkt ätzend.
In Wasser ist es nur wenig löslich. Die wässerige Lösung (Carbolsäure) reagiert schwach sauer: Durch die Wechselwirkung von Benzol-Ring und funktioneller Gruppe verhält sich Phenol wie eine Säure und nicht wie ein Alkohol.
Verwendung: Phenol ist ein wichtiger Ausgangsstoff für die Herstellung von Farbstoffen, Arzneimitteln, Insektiziden, Sprengstoffen und Kunststoffen (Phenoplaste)
Geschichte des Phenols: Ende des 19. Jahrhunderts war es nicht ungefährlich, sich im Krankenhaus einer Operation zu unterziehen. Weniger die Operation selbst, sondern die sich oft anschließende Wundinfektion war die eigentliche Gefahr. Nachdem PASTEUR Bakterien als Verursacher der Infektionen gefunden hatte, wurde Phenol als Desinfektionsmittel eingesetzt.
Da Phenol gesundheitsschädlich ist, wird es heute nicht mehr zur Desinfektion verwendet.

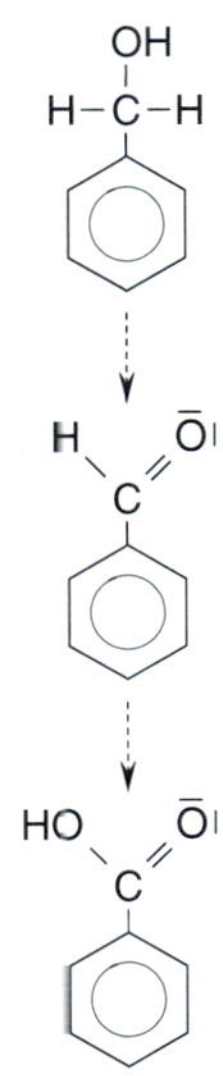

Benzylalkohol (C_6H_5–CH_2OH)
Benzylalkohol ist eine farblose, ölige Flüssigkeit, die zu etwa 6 % im Jasminblütenöl enthalten ist. Er riecht angenehm und wird wegen ihrer antiseptischen Wirkung in Medizin und Kosmetik verwendet. Benzylalkohol wird an der Luft langsam zu Benzaldehyd oxidiert.

Benzaldehyd (C_6H_5–CHO)
Benzaldehyd ist eine farblose, stark lichtbrechende Flüssigkeit, die nach bitteren Mandeln riecht. Er wird als Ersatz für das teure natürliche Bittermandelöl in der Lebensmittelindustrie verwendet. Bittermandelöl ist eine Verbindung aus Glucose, Blausäure und Benzaldehyd. An der Luft wird Benzaldehyd zu Benzoesäure oxidiert.

Benzoesäure (C_6H_5–$COOH$)
Benzoesäure bildet farblose glänzende Nadeln, die sich in heißem Wasser lösen.
In der Natur kommt Benzoesäure in vielen tropischen Harzen und in vielen Beeren vor. Benzoesäure hemmt das Wachstum von Mikroorganismen, sie wird daher als Konservierungsstoff für Lebensmittel und zum Frischhalten von Tabak und Seifen verwendet.

Aufgabe

1 Formuliere die Reaktionsgleichungen für die Oxidationen von Benzylalkohol mit Sauerstoff zu Benzaldehyd und zu Benzoesäure.

4.5 Ester – Produkte aus Alkoholen und Säuren

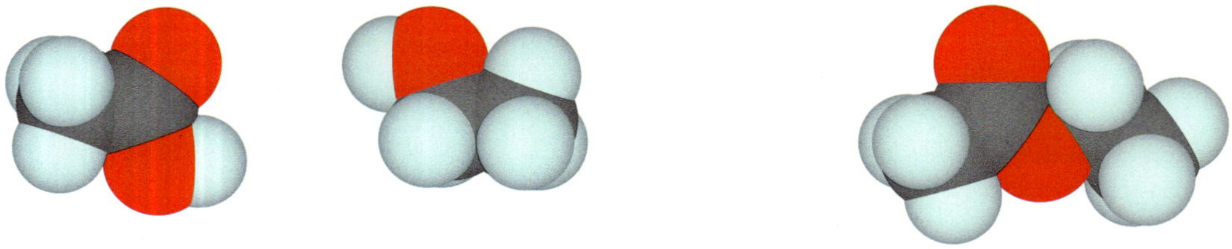

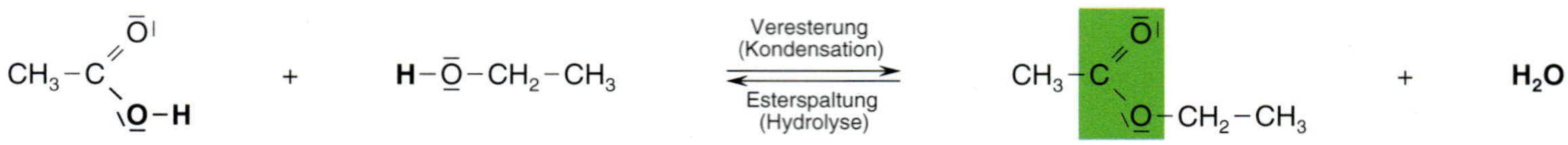

Essigsäure | Ethanol | Essigsäureethylester | Wasser

Ein Gemisch aus Essigsäure und Ethanol riecht zunächst stechend nach Essigsäure, aber schon am nächsten Tag kommt der Geruch von Klebstoff hinzu. Ein neuer Stoff ist entstanden: ein **Ester.**

Die Reaktion zwischen einer Carbonsäure und einem Alkohol nennt man **Veresterung.** Den Namen des Esters bildet man aus dem Namen der Säure und dem Namen des Alkyl-Restes des Alkohols. Die Endung lautet auf **-ester:** Aus Essigsäure und Ethanol entsteht *Essigsäureethylester* (Ethansäureethylester).

Die Formel von Essigsäureethylester lautet $CH_3COOCH_2CH_3$. Daraus lässt sich die allgemeine Formel für Carbonsäureester ableiten: $\mathbf{R_1COOR_2}$. Die funktionelle Gruppe der Carbonsäureester ist die **Ester-Gruppe: –COOR.**

Die Veresterung gehört zu einem Reaktionstyp, der in der organischen Chemie häufiger vorkommt: Zwei Moleküle verbinden sich und gleichzeitig wird dabei ein kleineres Molekül abgespalten. Man bezeichnet diesen Reaktionstyp als *Kondensation.* Bei der Veresterung bildet sich als Nebenprodukt Wasser. Deshalb wird häufig Schwefelsäure zugesetzt, die das Wasser bindet und gleichzeitig als Katalysator wirkt. Die Veresterung lässt sich umkehren. Diesen Vorgang der **Esterspaltung** bezeichnet man auch als *Hydrolyse.* Zur Esterspaltung benutzt man oft Natronlauge.

Ester aus kurzkettigen Carbonsäuren und kurzkettigen Alkoholen sind farblose, flüchtige Flüssigkeiten mit erfrischendem Geruch. Viele von ihnen kommen in Früchten vor. Solche Ester werden daher als *Aromastoffe* verwendet. *Wachse* sind Ester langkettiger Carbonsäuren und langkettiger Alkohole.

Die wichtigsten natürlichen Ester sind die *Fette.* Dabei handelt es sich um Ester aus längerkettigen Carbonsäuren, den sogenannten *Fettsäuren,* und Glycerin, einem dreiwertigen Alkohol.

> Ester sind Reaktionsprodukte von Säuren und Alkoholen. Ihre funktionelle Gruppe ist die Ester-Gruppe (–COOR). Viele Ester riechen erfrischend und werden als Aromastoffe eingesetzt.

1 Wie heißt der Ester, der aus Propansäure und Methanol entsteht? Gib die Strukturfomel an.

2 Formuliere die Reaktionsgleichung für die Synthese des Ananasesters. Markiere die Ester-Gruppe und benenne die Verbindung.

3 Ester-Moleküle sind erheblich größer als die Moleküle der Ausgangstoffe.
Weshalb haben Ester trotzdem niedrigere Siedetemperaturen als die jeweiligen Ausgangsstoffe?

4 Warum lösen sich Ester besser in Heptan als in Wasser?

Säure	Alkohol	Ester	
CH_3COOH Ethansäure	$HOCH_2CH_3$ Ethanol	$CH_3COOCH_2CH_3$ Ethansäure-ethylester	
CH_3COOH Ethansäure	$HOCH_2C_4H_9$ Pentan-1-ol	$CH_3COOCH_2C_4H_9$ Ethansäure-pentylester	
C_3H_7COOH Butansäure	$HOCH_3$ Methanol	$C_3H_7COOCH_3$ Butansäure-methylester	
C_3H_7COOH Butansäure	$HOCH_2CH_3$ Ethanol	$C_3H_7COOCH_2CH_3$ Butansäure-ethylester	
C_3H_7COOH Butansäure	$HOCH_2C_4H_9$ Pentan-1-ol	$C_3H_7COOCH_2C_4H_9$ Butansäure-pentylester	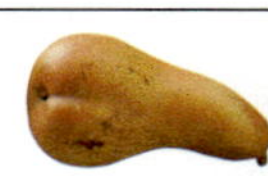
C_4H_9COOH Pentansäure	$HOCH_2C_4H_9$ Pentan-1-ol	$C_4H_9COOCH_2C_4H_9$ Pentansäure-pentylester	

Ester

V1: Synthese von Essigsäureethylester (F, Xi)

Materialien: Destillationsapparatur, Messzylinder (10 ml), Erlenmeyerkolben (100 ml), Tropfpipette, Siedesteinchen, Becherglas (50 ml);
Essigsäure (C), Ethanol (Spiritus; F), Schwefelsäure (konz.; C), Heptan (F, Xn, N).

Durchführung:
1. Mische im Erlenmeyerkolben vorsichtig unter Kühlung 10 ml Essigsäure, 10 ml Ethanol und etwa 2 ml konzentrierte Schwefelsäure.
2. Gib das Gemisch in den Destillationskolben und füge einige Siedesteinchen hinzu.
3. Baue die Destillationsapparatur auf und destilliere etwa 5 ml Flüssigkeit in die wassergekühlte Vorlage. Beobachte dabei den Temperaturverlauf.
4. Gieße das Destillat in ein Becherglas mit Wasser, prüfe vorsichtig den Geruch und füge dann etwas Heptan hinzu.

Aufgaben:
a) Notiere deine Beobachtungen.
b) Formuliere die Reaktionsgleichung.
c) Vergleiche die gemessene Siedetemperatur des Essigsäureethylesters mit dem Literaturwert von 77 °C und erkläre eventuelle Abweichungen.
d) Begründe das Löslichkeitsverhalten des Esters.

V2: Hydrolyse von Essigsäureethylester

Materialien: Messzylinder (50 ml), Erlenmeyerkolben (300 ml), Pipette (10 ml) mit Pipettierhilfe, Heizplatte;
Essigsäureethylester (F, Xi), Natronlauge (0,1 $\frac{mol}{l}$), Universalindikator-Lösung.

Durchführung:
1. Mische im Erlenmeyerkolben 20 ml Wasser, 5 ml Essigsäureethylester und 8 ml Natronlauge und füge einige Tropfen der Universalindikator-Lösung hinzu.
2. Erwärme das Gemisch einige Zeit auf der Heizplatte.

Aufgaben:
a) Prüfe vorsichtig den Geruch und notiere deine Beobachtungen.
b) Formuliere die Reaktionsgleichung für die Esterspaltung.
c) Warum nennt man diese Reaktion alkalische *Verseifung?*

V3: Synthese von Aromastoffen

Materialien: Tropfpipetten, Bechergläser (100 ml);
Methansäure (C), Ethansäure (C), Butansäure (C), Methanol (T, F), Ethanol (F), 2-Methylpropan-1-ol (F, Xn), Pentan-1-ol (Xn), Schwefelsäure (konz.; C).

Durchführung:
1. Mische in einem Reagenzglas jeweils 3 ml Alkansäure mit der gleichen Menge Alkanol. Folgende Kombinationen sind sinnvoll: Methansäure/Ethanol, Ethansäure/2-Methylpropan-1-ol, Ethansäure/Pentan-1-ol, Butansäure/Methanol und Butansäure/Ethanol.
2. Füge anschließend vorsichtig jeweils etwa 1 ml konzentrierte Schwefelsäure hinzu.
3. Verschließe die Gläser mit einem Stopfen und lasse sie mindestens eine Stunde stehen.
4. Gieße dann jede Mischung in ein halb voll mit Wasser gefülltes Becherglas und prüfe vorsichtig den Geruch.

Aufgaben:
a) Wonach riechen die verschiedenen Ester?
b) Formuliere die Reaktionsgleichungen für die Bildung der verschiedenen Ester.

Bio-Diesel – ein Produkt aus nachwachsenden Rohstoffen

Ein Teil der Treibstoffe, die aus Erdöl hergestellt werden, kann durch landwirtschaftliche Produkte ersetzt werden. Eine Möglichkeit ist die Verwendung von modifiziertem Rapsöl. Rapsöl ist ein Fett, also ein Ester aus längerkettigen Carbonsäuren und Glycerin. Als Kraftstoff kann jedoch nur der *Methylester* der Fettsäuren verwendet werden. Deshalb wird Rapsöl mit Methanol zu Rapsölmethylester umgesetzt.
Obwohl die Produktionskosten für diesen *Bio-Diesel* wesentlich höher sind, kann er zurzeit billiger verkauft werden als herkömmlicher Dieselkraftstoff. Der Grund dafür ist eine erhebliche Steuerbegünstigung.
Für die Verwendung von Bio-Diesel spricht, dass er aus einem nachwachsenden Rohstoff gewonnen wird. Er ist biologisch gut abbaubar, falls er versehentlich in das Erdreich oder in Gewässer gelangt. Der Anbau von Raps und die Verarbeitung zu einem motorentauglichen Öl ist jedoch mit einem hohen Energieeinsatz verbunden.

Prüfe dein Wissen

Quiz

A1 a) Erkläre die Begriffe des Fensters.
b) Notiere auf der Vorderseite von Karteikarten den Begriff, auf der Rückseite die Erklärung.

A2 Wie heißt die Carbonsäure, die man aus Propanol herstellen kann?

A3 Justus von LIEBIG benannte eine Verbindung „alcoholus dehydrogenatus". Wie heißt der moderne, systematische Name?

A4 Stelle die Reaktionsgleichung für die Bildung von Butanon aus Butanol auf.

A5 Methansäure löst sich sehr gut in Wasser, Pentansäure dagegen nicht. Woran liegt das?

A6 Gib die Strukturformel und den Namen der einfachsten Dicarbonsäure an.

A7 a) Gib die Strukturformel von Butansäurebutylester an.
b) Formuliere die Reaktionsgleichung für die Bildung des Esters und für die Hydrolyse.

Know-how

A8 Versucht man eine glasklare Kunststoffscheibe mit Aceton zu reinigen, so wird sie matt. Wie lässt sich das erklären?

A9 Propansäure und Propanol werden in einem Becherglas im Volumenverhältnis eins zu eins gemischt und dann mit einigen Tropfen Schwefelsäure versetzt. Nach einigen Tagen wird der Inhalt des Becherglases mit Salzwasser gemischt und geschüttelt. Nach kurzer Zeit trennt sich die Flüssigkeit in eine Oberphase und Unterphase auf.
a) Woraus besteht die Oberphase?
b) Gib die Reaktionsgleichung für die Bildung des Stoffes der Oberphase an.

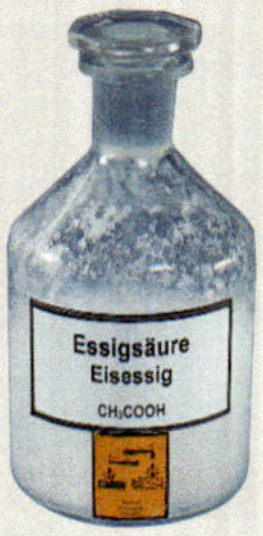

A10 Eisessig schmilzt erst bei 17 °C. Weshalb hat Eisessig eine so hohe Schmelztemperatur?

A11 Warum reagiert Ethansäure im Gegensatz zu Ethanol als Säure?

A12 Welche Oxidationszahlen kannst du den einzelnen Atomen des Essigsäure-Moleküls zuordnen?

Die wichtigsten Begriffe

- Aldehyd
- Keton
- Formaldehyd
- Aceton
- Carbonyl-Gruppe
- Essigsäure, Acetat
- Carbonsäure
- Dicarbonsäure
- Hydroxycarbonsäure
- Oxidationszahl
- Ester, Veresterung, Esterspaltung
- Kondensation, Hydrolyse

A13 Oft verwendet man Ester, um einen Alkohol zu identifizieren. Dazu lässt man den Alkohol mit einem Carbonsäurechlorid zum Ester reagieren.

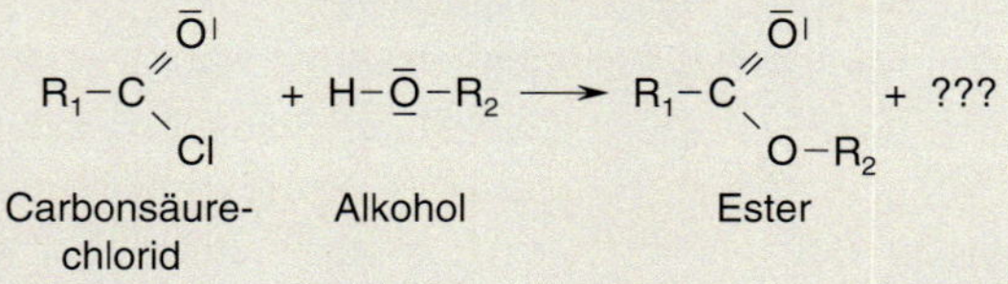

Welche lösliche Verbindung bildet sich bei diesem Vorgang? Gib die vollständige Reaktionsgleichung an.

Natur – Mensch – Technik

A14 Warum verwendete man für die Konservierung anatomischer Präparate immer eine Lösung von Formaldehyd in Wasser und nie reines Formaldehyd?

A15 Im Haushalt wird oft eine heiße Lösung von Kleesalz (Kaliumhydrogenoxalat) verwendet, um Blutflecken oder Rostflecken zu entfernen. Das „Reaktionsprodukt" lässt sich problemlos auswaschen.
Recherchiere, welche lösliche Verbindung sich bei diesem Vorgang bildet.

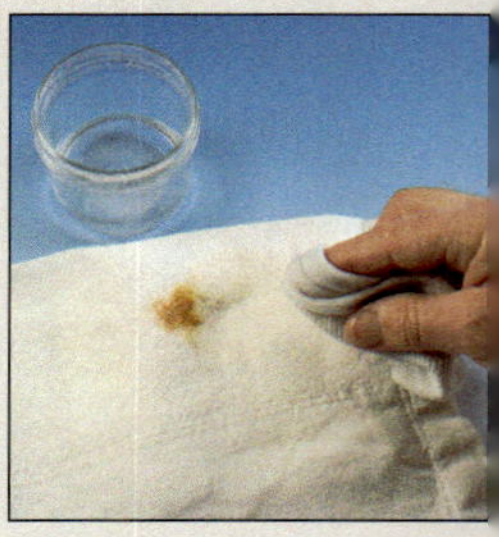

A16 Bio-Diesel ist ein Gemisch aus Methylestern der Fettsäuren (Rapsölmethylester), die man aus Rapsöl gewinnen kann. Rapsöl ist ein Fett.
a) Suche in diesem Buch nach der allgemeinen Formel für Fette.
b) Schreibe die Reaktionsgleichung für die Hydrolyse eines Fettes auf.
c) Gib in allgemeiner Form eine Reaktionsgleichung an, die die Bildung des Methylesters einer Fettsäure darstellt.

Oxidationsprodukte der Alkohole

Basiswissen

1.

Aldehyde	Ketone	Carbonsäuren	Ester
a) Molekülmodelle der wichtigsten Vertreter			
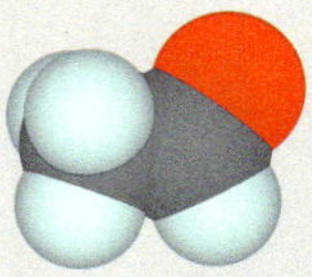	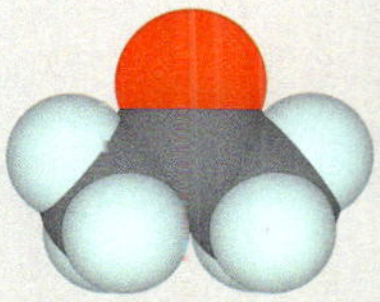	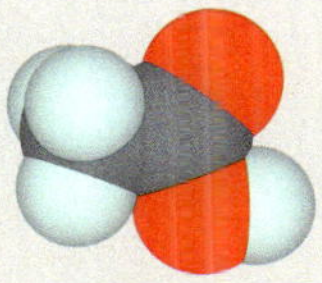	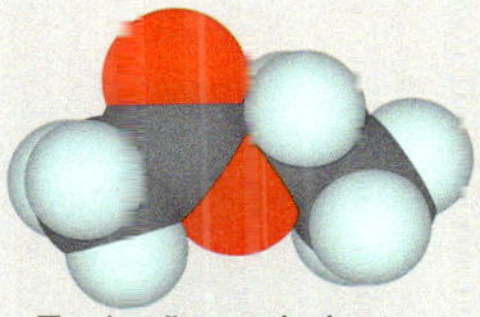
Acetaldehyd	Aceton	Essigsäure	Essigsäureethylester
b) Strukturformeln mit funktionellen Gruppen			
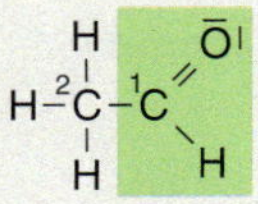	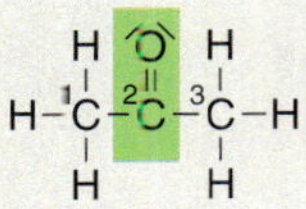	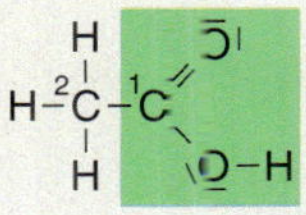	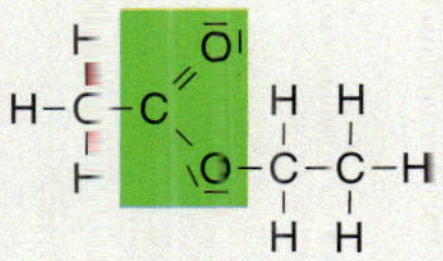
Aldehyd-Gruppe	Keto-Gruppe	Carboxyl-Gruppe	Ester-Gruppe
c) Nomenklatur			
Kohlenwasserstoff-Kette + Endung ...			Säure + Alkyl-Rest des Alkohols + Endung ...
-al	**-on**	**-säure**	**-ester**
Ethanal	Propanon	Ethansäure	Ethansäureethylester

2. Eigenschaften der Aldehyde und Ketone

a) Schmelztemperaturen und Siedetemperaturen

Aldehyde und Ketone schmelzen und sieden höher als vergleichbare Alkane, aber deutlich niedriger als Alkohole ähnlicher Molekülgröße.

Ursache: Zwischen den polaren Molekülen der Carbonyl-Verbindungen herrschen stärkere zwischenmolekulare Bindungen, es können sich jedoch keine Wasserstoffbrückenbindungen zwischen den Molekülen ausbilden.

b) Löslichkeit/Mischbarkeit

Die kurzkettigen Vertreter der homologen Reihen sind mit Wasser mischbar, die langkettigen mischen sich mit Heptan.

Ursache: Mit Wasser-Molekülen können sich Wasserstoffbrückenbindungen ausbilden. Bei langkettigen Verbindungen sind die unpolaren Kohlenwasserstoff-Reste jedoch so groß, dass der Einfluss der VAN-DER-WAALS-Bindungen überwiegt.

c) Redoxreaktionen

Aldehyde lassen sich zu Carbonsäuren oxidieren. Daher wirken sie reduzierend, Ketone dagegen nicht.

Auf ihrer Reduktionswirkung beruhen typische Reaktionen der Aldehyde wie die **FEHLING-Probe** und die **TOLLENS-Probe.**

3. Eigenschaften der Carbonsäuren und Ester

a) Schmelztemperaturen und Siedetemperaturen

Carbonsäuren haben hohe Schmelz- und Siedetemperaturen. Ester haben niedrigere Schmelz- und Siedetemperaturen als Alkohole und Carbonsäuren.

Ursache: Zwischen den Carboxyl-Gruppen zweier Carbonsäure-Moleküle bilden sich Wasserstoffbrückenbindungen aus, sodass Doppelmoleküle entstehen.
Ester sind insgesamt kaum polar. Untereinander können sie keine Wasserstoffbrücken ausbilden.

b) Saure Reaktion

Das Wasserstoff-Atom der O–H-Bindung der Carboxyl-Gruppe ist positiviert. Deshalb geben Carbonsäuren das Wasserstoff-Atom ihrer Carboxyl-Gruppe leicht als H^+-Ion ab und zeigen somit das typische Verhalten von Säuren. Mit Laugen reagieren sie zu Salzen.

$$\text{R–COOH} \xrightarrow{\text{Wasser}} \text{R–COO}^- + H^+$$
$$\text{R–COOH} + \text{NaOH} \longrightarrow \text{R–COO}^- + Na^+ + H_2O$$

c) Veresterung und Esterspaltung

Ester entstehen bei der Reaktion von Säuren mit Alkoholen unter Abspaltung von Wasser.

$$R_1\text{–COOH} + \text{HO–}R_2 \underset{\text{Esterspaltung}}{\overset{\text{Veresterung}}{\rightleftharpoons}} R_1\text{–COO–}R_2 + H_2O$$

5 Chemie und Ernährung

Wer täglich jede der sieben Lebensmittelgruppen zu sich nimmt, ernährt sich gesund. Doch nicht aus jeder Gruppe benötigt man gleich viel – die Größe der Kreisabschnitte verdeutlicht dies.

5.1 Lebensmittel haben es in sich

Lebensmittel enthalten zahlreiche Stoffe, die nach ihrer Bedeutung für den Körper zu verschiedenen Gruppen zusammengefasst werden.

Nährstoffe. Der menschliche Körper wächst, erneuert sich ständig und ist immer in Bewegung. Nährstoffe bilden hierfür eine unverzichtbare Grundlage. Sie sind entweder *Baustoffe* der Zellen und Organe oder sie wirken als *Energielieferanten* für Arbeitsleistungen und wichtige Funktionen wie Atmung und Kreislauf. Man unterteilt die Nährstoffe in drei Gruppen: Fette, Kohlenhydrate und Eiweiße.

Fette sind in erster Linie Energielieferanten. Als längerfristige Energiereserve werden sie im Fettgewebe des Körpers gespeichert.
Kohlenhydrate sind ebenfalls wichtige Energiespender. Wir finden sie in der Leber und der Muskulatur. Ein kleiner Anteil wird zum Aufbau von Knorpelgewebe und Knochen benötigt.
Eiweiße übernehmen im Körper vielfältige Aufgaben als Baustoffe. Sie bilden die schützende Haut, bauen die Haare auf und sind in den Muskeln für die Bewegung mitverantwortlich. Außerdem stabilisieren sie Knorpeln und Bindegewebe.

Wirkstoffe. Zu den unentbehrlichen Bestandteilen der Nahrung gehören als Wirkstoffe *Mineralstoffe* und *Vitamine.* Obwohl der Körper sie nur in geringen Mengen benötigt, spielen sie eine wesentliche Rolle bei der Regulierung des Stoffwechsels. Im Gegensatz zu den Nährstoffen liefern Wirkstoffe jedoch keine Energie. Einige Mineralstoffe sind Baustoffe für den Aufbau der Knochen, vor allem Calcium-Ionen und Phosphat-Ionen (PO_4^{3-}).

Wasser. Im menschlichen Körper erfüllt Wasser verschiedene Aufgaben: Es ist Baustoff, Transportmittel und Lösungsmittel. Man sollte täglich etwa 3 Liter Wasser aufnehmen, 2 Liter davon mit den Getränken, den Rest liefert die Nahrung.

Ballaststoffe. Pflanzenfasern enthalten Ballaststoffe. Diese Stoffe sind ein unverdaulicher, aber dennoch notwendiger Bestandteil unserer Nahrung: Ballaststoffe nehmen im Darm Wasser auf und quellen auf. Dadurch wird die Darmtätigkeit verstärkt und die Verdauung verbessert.

Würzmittel. Gewürze dienen vor allem als Appetitanreger, ihr Nährwert ist eher gering. Viele Gewürze fördern die Verdauung, weil sie eine vermehrte Absonderung von Speichel bewirken. Zu den Würzmitteln gehören auch Speisesalz, Essig, Geschmacksverstärker und Saucen.

Nährstoffe wie Fette, Kohlenhydrate und Eiweiße sind wichtige Energielieferanten und Baustoffe.
Mineralstoffe und Vitamine werden als Baustoffe und zur Regulierung des Stoffwechsels benötigt.
Ballaststoffe fördern die Verdauung.

1 Nenne Inhaltsstoffe der Nahrung. Unterscheide zwischen energieliefernden Stoffen und solchen, die keine Energie liefern.
2 Welche Funktionen erfüllen die verschiedenen Inhaltsstoffe der Nahrung im menschlichen Körper?
3 Welche Lebensmittel des abgebildeten Hamburgers sollten den größten Anteil in der täglichen Nahrung ausmachen, welche den geringsten Anteil?

Der Mix macht's

Die Mahlzeiten sollten ausreichend Nährstoffe und Wirkstoffe enthalten. Das bedeutet: hochwertiges Eiweiß, wenig Fett und Zucker, aber viele Ballaststoffe, Vitamine und Mineralstoffe.

Den Energiegehalt anpassen

Der Energiegehalt der Nahrung muss auf den persönlichen Bedarf abgestimmt sein. Wer schwer arbeitet oder viel Sport treibt, benötigt viel Energie. Junge Menschen haben einen höheren Bedarf als ältere.

Süße Sünden vermeiden

Süßigkeiten enthalten viel Zucker. Ballaststoffe und Wirkstoffe fehlen häufig. Übermäßiger Zuckerkonsum führt zu Übergewicht und fördert die Bildung von Karies.

Gesunde Ernährung: oder

5.2 Nahrung und Energie

Alle Lebewesen benötigen Energie. Pflanzen beziehen sie aus dem Sonnenlicht. Menschen und Tiere sind auf eine andere Energiequelle angewiesen: Sie erhalten die lebensnotwendige Energie durch den Abbau von Nährstoffen. Der Energiegewinn ist hierbei unterschiedlich groß. Ein Gramm Fett liefert etwa 39 kJ, ein Gramm Kohlenhydrate und ein Gramm Eiweiß jeweils etwa 17 kJ.

Energiebedarf. Selbst wenn wir schlafen, verbrauchen wir Energie, denn wir müssen atmen und die Körpertemperatur konstant halten. Die Energie, die ein Mensch bei völliger Ruhe im Liegen benötigt, bezeichnet man als **Grundumsatz.** Nach einer Faustregel werden pro Kilogramm Körpergewicht in einer Stunde 4,2 kJ als Grundumsatz verbraucht.

Der Grundumsatz ist vor allem vom Alter und vom Geschlecht abhängig. So haben jüngere Menschen einen höheren Grundumsatz, da bei ihnen die Stoffwechselvorgänge schneller ablaufen als bei älteren Menschen. Bei Frauen ist der Grundumsatz niedriger, weil sie durch einen höheren Anteil an Unterhautfettgewebe weniger Wärme abgeben als Männer.

Wenn wir arbeiten oder Sport treiben, steigt unser Energiebedarf an. Die Energiemenge, die ein Mensch für zusätzliche Leistungen über den Grundumsatz hinaus benötigt, bezeichnet man als **Leistungsumsatz.** Er hängt von der Art und von der Dauer der Tätigkeit ab. Für eine Stunde Chemieunterricht braucht man beispielsweise 210 kJ, für eine Stunde Spazierengehen 800 kJ und für eine Stunde Fußball spielen 2000 kJ.

Frauen	**Empfohlene Aufnahme**	**Durchschnittliche Aufnahme**
Energie	8800 kJ	10042 kJ
Eiweiß	67 g	77 g
Fett	79 g	90 g
Kohlenhydrate	269 g	307 g
Männer	**Empfohlene Aufnahme**	**Durchschnittliche Aufnahme**
Energie	12100 kJ	12552 kJ
Eiweiß	93 g	96 g
Fett	109 g	113 g
Kohlenhydrate	370 g	384 g

Energie- und Nährstoffaufnahme pro Tag *(15–18 Jahre)*

Energiebilanz. Essen wir zu viel, so übersteigt die Energiezufuhr den Energiebedarf. Die Energiebilanz ist nicht mehr ausgeglichen und überschüssige Energie wird in Form von Körperfett gespeichert. *Übergewicht* mit zahlreichen gesundheitlichen Risiken ist die Folge. Ein wesentliches Ziel einer ausgewogenen Ernährung liegt also in einer ausgeglichenen Energiebilanz.

Um das Gewicht zu reduzieren kann man die Energieaufnahme verringern, indem man weniger isst oder indem man seine Ernährung umstellt. Gleichzeitig empfiehlt es sich den Energiebedarf durch mehr Sport und körperliche Arbeit zu steigern.

Nährstoffbedarf. Für eine ausgewogene Ernährung ist es nicht damit getan, den tatsächlichen Energiebedarf zu decken. Die Nährstoffe müssen auch in der richtigen Zusammensetzung aufgenommen werden. Es wird empfohlen, den Gesamtenergiebedarf zu 52 % aus Kohlenhydraten, zu 35 % aus Fetten und zu 13 % aus Eiweißen zu decken.

Der durchschnittliche erwachsene Bundesbürger nimmt zu viel Fett und Eiweiß, aber zu wenig Kohlenhydrate auf. Bei den Kohlenhydraten handelt es sich zudem häufig um Zucker, der weder Vitamine noch Mineralstoffe enthält. Auf dem täglichen Speiseplan sollten folglich verstärkt hochwertige stärkehaltige Kohlenhydrate stehen.

Der Gesamtenergiebedarf des Menschen ergibt sich aus dem Grundumsatz und dem Leistungsumsatz.
Die Energiezufuhr sollte mit dem Gesamtenergiebedarf übereinstimmen.

1 **a)** Was versteht man unter Grundumsatz und Leistungsumsatz?
b) Berechne deinen täglichen Grundumsatz.
2 Gib Faktoren neben Alter und Geschlecht an, die den Grundumsatz beeinflussen können.
3 Nenne Faktoren, die Einfluss auf unseren täglichen Energiebedarf haben.
4 Ein Cheeseburger enthält durchschnittlich 14 g Eiweiß, 27 g Kohlenhydrate und 11 g Fett. Berechne den Gesamtenergiegehalt des Cheeseburgers.
5 Vergleiche die Empfehlungen für Jugendliche zur täglichen Energie- und Nährstoffaufnahme in der Tabelle mit den tatsächlichen Durchschnittswerten.

Chemie-Recherche

Location: http://www.schroedel.de/chemie_heute.html

Suche:

Besondere Ernährungsformen

Ergebnisse:

→ **Künstliche Ernährung**

Manche Patienten müssen künstlich ernährt werden. Die Versorgung erfolgt über Schläuche von einem halben Zentimeter Durchmesser, die die Ärzte ihnen durch die Bauchdecke direkt bis in den Magen oder in den Darm legen. Daneben besteht die Möglichkeit Infusionslösung über Kanülen direkt ins Blut zu bringen. Bei der künstlichen Ernährung dienen Traubenzucker (Glucose) und Fett-Emulsionen als Energiequellen.

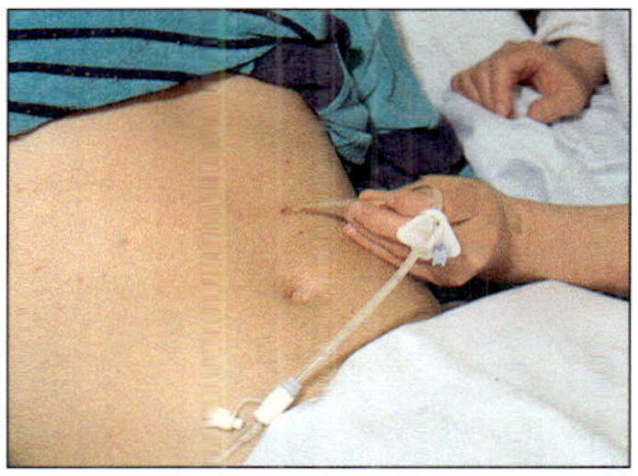

→ **Vegetarier – fleischlos glücklich?**

Vegetarier verzichten bewusst auf Fleisch und Fisch. Ovo-Lacto-Vegetarier ernähren sich vorwiegend von pflanzlicher Kost, essen aber auch Eier und Milchprodukte. Wissenschaftliche Studien bescheinigen ihnen eine höhere Lebenserwartung. Wer jedoch wie die Veganer auch auf Eier und Milchprodukte verzichtet, muss mit Mangelerscheinungen durch eine Unterversorgung mit Eisen, Calcium und Vitamin B12 rechnen.

→ **Sportlernahrung – durch pflanzliche Stärke zu tierischer Kraft**

Sowohl Sportler als auch Bewegungsmuffel sollten den größten Teil ihres Energiebedarfs durch Kohlenhydrate decken. Kohlenhydrate sind in Form von Stärke in pflanzlichen Nahrungsmitteln wie Nudeln, Kartoffeln und Brot enthalten. Im Körper werden die Kohlenhydrate umgewandelt und in Muskeln und in der Leber gespeichert. Aus diesen Kohlenhydrat-Speichern können die Muskeln dann schnell Energie gewinnen. Wer sich allerdings beim Krafttraining müht, der sollte eiweißreiche Kost zu sich nehmen, denn mehr Muskeln baut man nur durch zusätzliche Eiweißzufuhr auf.

→ **Der Jo-Jo-Effekt**

Viele Übergewichtige versuchen ihr Körpergewicht durch Diäten zu verringern.
Die meisten Diäten sind jedoch einseitig und führen nur zu kurzfristigen Erfolgen.
Im Gegenteil: Häufig kommt es nach einer Blitzdiät wieder zu einem Gewichtsanstieg.
Die Folge ist ein erneuter Diätversuch. Das ständige Auf und Ab des Körpergewichts, der Jo-Jo-Effekt, hat schließlich Stoffwechselstörungen und Herz/Kreislauf-Erkrankungen zur Folge. Das Ziel einer dauerhaft erfolgreichen Diät kann also nur in der langfristigen Veränderung des Essverhaltens liegen.

→ **Diätformen**

Bei *energiereduzierten Diäten* wird auf eine ausgewogene Mischkost mit verringertem Kaloriengehalt geachtet (*Beispiel:* FdH-Diät, „Friss die Hälfte"). Eine längerfristige Gewichtsabnahme ist wegen des verbesserten Ernährungsverhaltens möglich.
Bei *Diäten mit extremem Nährstoffverhältnis* ist die Nährstoffverteilung einseitig.
So werden entweder nur Eiweiße oder nur Kohlenhydrate oder eine Kombination beider Nährstoffe aufgenommen (*Beispiele:* Kartoffel-Diät, Quark-Diät). Diese Diäten zeigen nur geringe Langzeiterfolge und können zu Mangelernährung führen.
Bei einer *Nulldiät* lassen sich durch totales Fasten zwar rasche Erfolge erzielen.
Eine Langzeitwirkung ist jedoch nicht zu erwarten.

→ **Astronautennahrung**

Unter den Bedingungen der Schwerelosigkeit wird die Verdauung zum Problem.
Astronauten erhalten daher eine Nahrung, die besonders leicht verdaulich ist. Magen und Darm werden so entlastet. Der Proviant für Reisen ins All ist jedoch nichts für Feinschmecker. Die zu einem einheitlichen Brei verarbeitete Kost wird in Tuben und kleinen Plastikbeuteln verpackt und erinnert kaum an ein schmackhaftes Mahl. Astronauten haben überdies mit einem weiteren Problem zu kämpfen: Längerer Aufenthalt in der Schwerelosigkeit macht die Geschmacksknospen der Zunge unempfindlicher, sodass auch gut gewürzte Speisen eintönig schmecken.

5.3 Fette – chemisch betrachtet

In Suppen schwimmen die Fettaugen stets oben, sie vermischen sich nicht mit dem Wasser. Zwei wichtige Eigenschaften von Fetten lassen sich aus dieser Beobachtung erschließen: Fette besitzen eine geringere Dichte als Wasser und sie sind wasserunlöslich (hydrophob). In Heptan, einem unpolaren Lösungsmittel, lösen sie sich hingegen gut. Fett-Moleküle müssen also unpolar sein.

Milch – eine Emulsion aus Fett und Wasser

Ein Blick auf das Verpackungsetikett zeigt, dass auch Milch Fett enthält. Unter dem Mikroskop erkennt man gut die kleinen Fetttröpfchen in der wässerigen Flüssigkeit. Die fein verteilten Fetttropfen und das Wasser bilden eine *Emulsion.* Emulsionen entmischen sich jedoch wieder. Bei der Milch verhindern Eiweiß-Moleküle die Entmischung. Solche Stoffe nennt man **Emulgatoren.** Die Eiweiß-Moleküle umhüllen die kleinen Fetttröpfchen und wirken so als Vermittler zwischen den unpolaren Fetttröpfchen und dem polaren Wasser.

Fette und Öle. Nahrungsfette unterscheiden sich in der Konsistenz. Manche sind bei Raumtemperatur fest, andere streichbar, viele sind flüssig. Flüssige Fette werden als *Öle* bezeichnet. Fette eignen sich gut zum Garen von Speisen, weil man so höhere Temperaturen erreichen kann als mit Wasser. Oberhalb von 300 °C können sich Fette jedoch an der Luft selbst entzünden. Fettbrände dürfen keinesfalls mit Wasser gelöscht werden, denn das Wasser sinkt wegen seiner höheren Dichte im Öl ab und verdampft dann sofort. Brennendes Fett wird nach allen Seiten geschleudert. Fettbrände löscht man daher durch Abdecken.

Fettbrände sind gefährlich!

Bau eines Fett-Moleküls. Fett-Moleküle bilden sich bei der Reaktion des dreiwertigen Alkohols Glycerin mit Fettsäuren. Fette gehören also zur Stoffklasse der *Ester.* Ein Glycerin-Molekül kann mit drei gleichartigen Fettsäure-Molekülen verestert sein. Häufiger sind jedoch Fett-Moleküle mit zwei oder drei verschiedenen Fettsäure-Resten. Fette sind also Gemische verschiedener Glycerinester.

Bei der Bildung von Fett-Molekülen werden Wasser-Moleküle abgespalten. Man spricht von einer *Kondensationsreaktion.*
Behandelt man Fette mit heißem Wasserdampf, so bilden sich wieder Glycerin und Fettsäuren. Eine solche Molekülspaltung durch Reaktion mit Wasser ist eine *Hydrolysereaktion.*
Fette können auch durch Kochen mit Natronlauge zerlegt werden. Hierbei entstehen neben Glycerin die Natrium-Salze der Fettsäuren, die Seifen. Die Fettspaltung mit Laugen bezeichnet man daher auch als *Verseifung.*

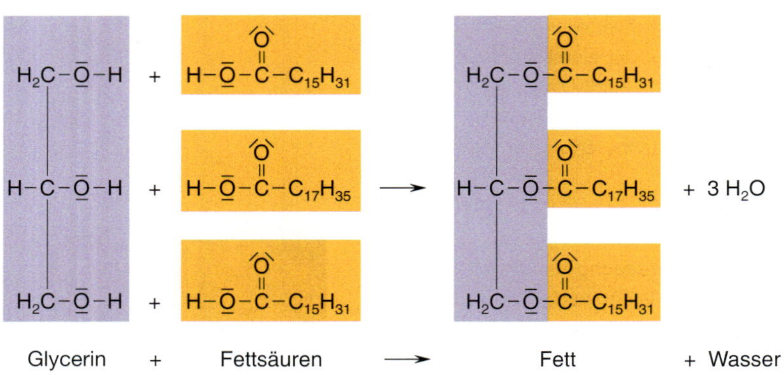

Bildung eines Fett-Moleküls

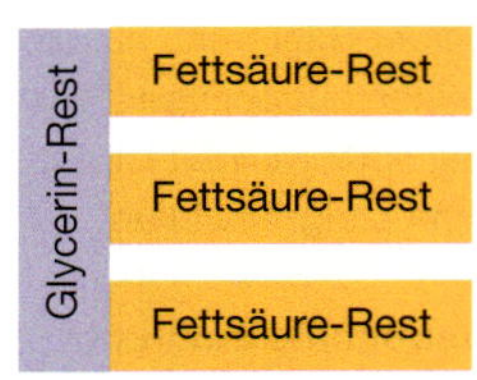

Fett-Molekül, schematisch

Fettsäuren. Die in Fetten gebundenen Fettsäuren sind meist langkettig und enthalten stets eine gerade Anzahl an Kohlenstoff-Atomen. Besonders häufig sind die *Palmitinsäure* mit 16 C-Atomen und die *Stearinsäure* mit 18 C-Atomen im Molekül. Diese **gesättigten Fettsäuren** sind bei Raumtemperatur fest. Daneben treten in Fetten auch **ungesättigte Fettsäuren** auf. Ihre Moleküle enthalten eine oder mehrere C=C-Zweifachbindungen. Die *Ölsäure* ist eine einfach ungesättigte Fettsäure, die *Linolsäure* gehört zu den mehrfach ungesättigten Fettsäuren.

Eigenschaften der Fette. Die in der Natur vorkommenden Fette sind keine Reinstoffe, sondern stets Gemische verschiedener Ester, die sich in den Fettsäure-Resten unterscheiden. Fette haben daher keine bestimmte Schmelztemperatur. Sie werden beim Erwärmen allmählich weich. Gesättigte Fettsäure-Reste erhöhen den Schmelzbereich des Fettes. Fette mit einem hohen Anteil an Stearinsäure-Resten und Palmitinsäure-Resten sind daher bei Raumtemperatur fest.

Öle enthalten einen höheren Anteil an ungesättigten Fettsäure-Resten. Dabei sind die beiden Kohlenwasserstoff-Reste an den C=C-Zweifachbindungen immer zur gleichen Seite hin gerichtet: Es liegt eine *cis*-Anordnung vor. Die Kohlenwasserstoff-Kette ist dadurch geknickt. Ungesättigte Fettsäuren bilden im Vergleich zu gesättigten Fettsäuren gleicher Kettenlänge daher nicht so leicht eine geordnete Struktur. Öle sind deshalb bei Raumtemperatur flüssig.

Die C=C-Zweifachbindungen in ungesättigten Verbindungen können durch Addition von Brom oder Iod nachgewiesen werden. In der Lebensmittelchemie gibt man durch die *Iodzahl* an, wie viel Gramm Iod von 100 Gramm eines Fettes gebunden werden.

Fette sind Glycerinester, die bei der Reaktion von Glycerin mit Fettsäuren entstehen. Die Fettsäure-Reste können gesättigt oder ungesättigt sein. Die Konsistenz der Fette wird durch die Fettsäure-Reste bestimmt.

1 Erkläre folgende Begriffe: Kondensation, Hydrolyse, Emulgator, Verseifung, ungesättigte Fettsäuren.
2 Warum werden Fette zur Stoffklasse der Ester gezählt?
3 Glycerin reagiert mit einem Gemisch aus Stearinsäure und Linolsäure.
a) Formuliere eine Reaktionsgleichung.
b) Wie viele verschiedene Produkte können entstehen?
4 Kocht man Fett mit Natronlauge, so entstehen wasserlösliche Stoffe. Formuliere die Reaktionsgleichung und benenne die Produkte.

gesättigte Fettsäuren	Beispiele	Vorkommen
kurzkettig	Buttersäure C_3H_7COOH	Butter
mittelkettig	Caprylsäure $C_7H_{15}COOH$	Kokosfett
langkettig	Palmitinsäure $C_{15}H_{31}COOH$ Stearinsäure $C_{17}H_{35}COOH$	in allen Nahrungsfetten

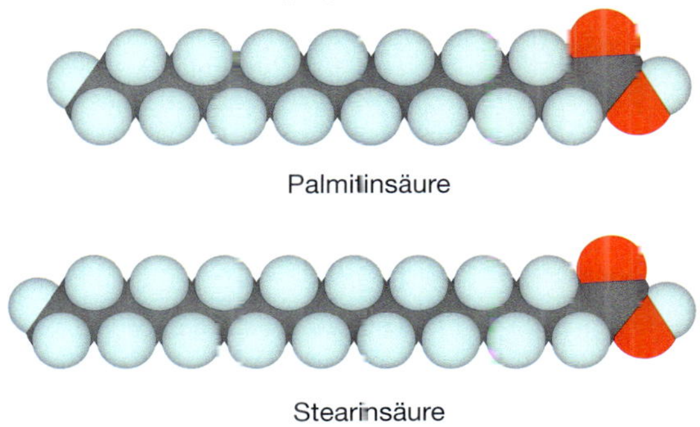

Gesättigte Fettsäuren

ungesättigte Fettsäuren	Beispiele	Vorkommen
mit 1 C=C-Zweifachbindung	Ölsäure $C_{17}H_{33}COOH$	Olivenöl, Margarine
mit 2 C=C-Zweifachbindungen	Linolsäure $C_{17}H_{31}COOH$	Maiskeimöl, Sojaöl
mit 3 C=C-Zweifachbindungen	Linolensäure $C_{17}H_{29}COOH$	Leinöl

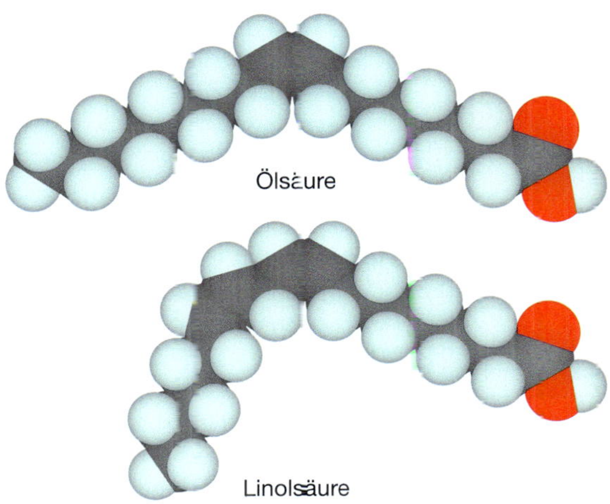

Ungesättigte Fettsäuren

5.4 Fette in unserer Nahrung

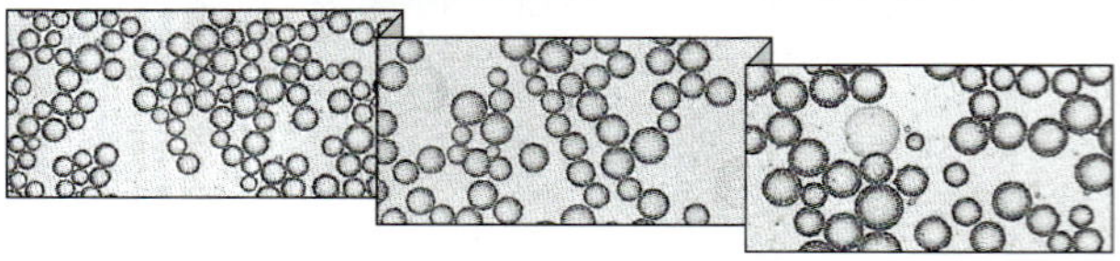

Fettzellen wachsen mit dem Körpergewicht.

	Fettsäure-Reste in % gesättigt	einfach ungesättigt	mehrfach ungesättigt
Distelöl	10	14	76
Sonnenblumenöl	11	25	64
Sojaöl	13	23	64
Erdnussöl	16	56	28
Olivenöl	14	77	9
Margarine	20	47	33
Kokosfett	91	7	2
Schweineschmalz	42	48	10
Butter	65	31	4

Fettsäure-Reste einiger Nahrungsfette

Gehärtete Fette meiden

Gehärtete Fette finden sich in Pommes frites, Chips, Keksen, Fertiggerichten und Nuss-Nougat-Cremes.

Ungesättigte Fettsäuren bevorzugen

Olivenöl, Avocados und Geflügel sind reich an ungesättigten Fettsäuren. Omega-3-Fettsäuren finden sich in Fischen, Walnüssen und Blattgemüse.

Auf versteckte Fette achten!

Fette findet man nicht nur in Streichfetten und Ölen, sondern auch in Wurst, Fleisch, Käse oder Süßwaren.

Ernährungstipps: Fette

Unser Gesamtenergiebedarf sollte zu 35 % durch Fette gedeckt werden. Überschüssige Fette werden in den Zellen des Fettgewebes als Depot angelegt. Sie bilden eine wichtige Energiereserve.
Das Fettgewebe schützt daneben empfindliche Organe wie Augen und Nieren vor Druck und Stoß. Fette sorgen außerdem für die Aufnahme der fettlöslichen Vitamine A, D, E und K im Darm. Daneben sind sie Träger von Geschmacksstoffen, bereits eine geringe Menge Fett verbessert den Geschmack von Speisen.

Gute Fette – böse Fette. Die Qualität eines Fettes wird im Wesentlichen von den Fettsäure-Resten bestimmt: Fette mit *gesättigten Fettsäure-Resten* sind weniger wertvoll. Sie kommen vor allem in tierischen Fetten vor und können bei übermäßiger Aufnahme zu einem Risikofaktor für Herz/Kreislauf-Erkrankungen werden.

Eine hohe Qualität besitzen dagegen Fette mit *ungesättigten Fettsäure-Resten.* Ungesättigte Fettsäuren kommen vor allem in Pflanzenölen vor. Mehrfach ungesättigte Fettsäuren sind sogar lebensnotwendig. Der Mensch kann sie nicht selbst synthetisieren und muss sie daher mit der Nahrung aufnehmen.
Eine besondere Gruppe mehrfach ungesättigter Fettsäuren sind die Omega-3-Fettsäuren. Sie kommen vor allem in Fischölen vor. Merkmal dieser Fettsäuren ist eine C=C-Zweifachbindung zwischen dem dritten und vierten C-Atom vom Molekülende her gesehen. Omega-3-Fettsäuren sollen die Blutgerinnung hemmen und so vor Gefäßverschlüssen schützen. Manche Lebensmittel werden mit solchen Fettsäuren angereichert.

Fetthärtung. Für die Herstellung von Backfetten und Margarine werden flüssige Fette gezielt gehärtet: Wasserstoff wird an die C=C-Zweifachbindungen der ungesättigten Fettsäure-Reste angelagert, sodass gesättigte Fettsäure-Reste entstehen.

Fette sind unsere energiereichsten Nährstoffe. Sie werden als Depotfette gespeichert, schützen Organe gegen Druck und Stoß und sind Träger fettlöslicher Vitamine.

1 Nenne die wesentlichen Aufgaben von Nahrungsfetten.
2 Vergleiche Butter, Margarine und Olivenöl im Hinblick auf ihren Anteil an den jeweiligen Fettsäure-Resten. Welches Fett ist als Nahrungsfett optimal?
3 a) Erkläre das Prinzip der Fetthärtung. Warum verändert sich die Schmelztemperatur des Fettes?
b) Welcher Reaktionstyp liegt vor?

Von der Kakaobohne zur Schokolade

Exkurs

Der Weg von der Kakaobohne zur Schokolade beginnt mit der Ernte der Kakaofrüchte im tropischen Regenwald. Die Früchte enthalten 20 bis 40 mandelförmige Bohnen, die in das Fruchtfleisch eingebettet sind. Nach der Ernte werden die Früchte zerkleinert und in dicken Lagen an der Luft übereinander geschichtet. In zehn Tagen ist das Fruchtfleisch vergoren und die Kakaobohnen erhalten ihre typische braune Farbe.
Die Kakaobohnen werden nun bei 150 °C geröstet. Hierdurch kommen Aroma und Farbe der Bohnen endgültig zur Entfaltung. Anschließend werden die Kakaobohnen gebrochen und zur Kakaomasse zermahlen. Durch Pressen bei hohem Druck erhält man goldgelbes, klares Kakaofett, die Kakaobutter.

Neben der Kakaomasse gehören Milch oder Sahne, Kakaobutter, Zucker sowie Gewürze zu den Grundzutaten einer Schokolade. Durch maschinelles Mischen und Kneten erhält man die Schokoladengrundmasse.
Für feine Schokoladen muss diese Masse noch veredelt werden. Dies geschieht durch stundenlanges Verreiben, Rühren und Kneten, die Fachleute sprechen von *Conchieren*. Dauer und Sorgfalt dieses Vorgangs haben großen Einfluss auf Qualität und Preis der Schokolade.

1 Erstelle ein Fließschema, das die verschiedenen Arbeitsabläufe von der Kakaobohne bis zur fertigen Schokolade darstellt.

Schokolade: Gute Seiten – schlechte Seiten

Exkurs

„Schokolade macht glücklich". Als Mittel gegen den kleinen Frust greifen wir schon mal gern zu Schokoriegeln und anderen Schokoladenprodukten. Verantwortlich sind hierfür der Zucker und der Duftstoff Phenylethylamin, der beruhigend wirkt.
Doch der Genuss von Schokolade hat auch eine Schattenseite: 100 g Schokolade haben einen durchschnittlichen Energiegehalt von 2300 kJ. Um diese Energie zu verbrauchen, müsste man schon eine Stunde schwimmen. Daher gilt für die Schokolade: Allzu viel ist ungesund.

Vollmilch-Schokolade muss nach den gesetzlichen Regelungen mindestens 30 % Kakaobestandteile und 18 % Milchtrockenmasse enthalten. Der Zuckeranteil liegt bei 55 %. Durch die hohen Anteile an Milch und Zucker ist Vollmilch-Schokolade besonders bei Kindern beliebt.

Weiße Schokolade enthält nur Kakaobutter, aber keine sonstigen Kakaobestandteile. Die gelblich-weiße Farbe rührt von der Kakaobutter her.

Halbbitter-Schokolade hat einen Kakaogehalt von mindestens 50 %. Wegen des hohen Kakaogehalts und des geringeren Energiegehalts ist sie Vollmilch-Schokolade vorzuziehen.

Diabetiker-Schokolade enthält statt des normalen Haushaltszuckers Zuckeraustauschstoffe und künstliche Süßstoffe. Sie ist damit besonders für Zuckerkranke (Diabetiker) geeignet. Als Diät-Schokolade ist sie ungeeignet, da ihr Energiegehalt unverändert hoch ist.

Luft-Schokolade besitzt eine schaumartige Struktur, die durch Einblasen von Luft in die Schokoladenmasse entsteht.

Chemie-Recherche

Location: http://www.schroedel.de/chemie_heute.html

Suche:

Schlank = Gesund?

Ergebnisse:

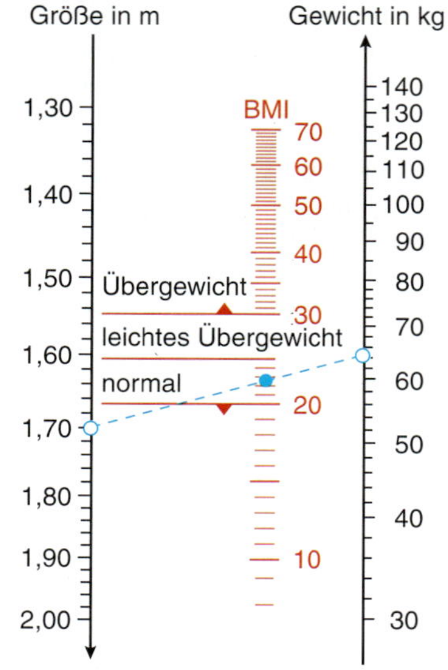

Vom Normalgewicht zum Body-Mass-Index

Ein gestörtes Essverhalten kann zu Untergewicht oder Übergewicht führen. Zur Berechnung des idealen Körpergewichts wurde eine Vielzahl von Methoden entwickelt.

Als *Normalgewicht* galt lange Zeit:

Normalgewicht in kg = Körpergröße in cm – 100.

Der bei Frauen und Männern unterschiedliche Muskelanteil wurde dabei jedoch nicht berücksichtigt.
Zur Ermittlung des *Idealgewichts* wurden daher bei Männern zusätzlich 15 % und bei Frauen 10 % vom Normalgewicht abgezogen.

Heute bezieht man sich auf den Body-Mass-Index (BMI).

$$\text{BMI} = \frac{\text{Körpergewicht in kg}}{(\text{Körpergröße in m})^2}$$

Ein BMI von 20 bis 25 ist normal. Ein BMI von 22 soll die höchste Lebenserwartung gewährleisten.

Die Körperfettwaage – eine ideale Waage

Fettpolster sind eine wichtige Reserve für Notzeiten, zu viel davon ist jedoch gefährlich. Das Risiko für Herzerkrankungen, Schlaganfall, Diabetes und Krebs wächst.
Für die Gesundheit ist es nicht so entscheidend, wie viel man wiegt, sondern wie hoch der Anteil an Körperfett ist. Der Anteil von Fett- und Muskelgewebe kann bei zwei Menschen mit gleichem Gesamtgewicht deutlich variieren.
Mit Hilfe der Körperfettwaage lässt sich der Fettanteil bestimmen. Dazu stellt man sich mit bloßen Füßen auf die Waage, die über Elektroden den elektrischen Widerstand des Körpers misst. Da Fett im Gegensatz zu den Elektrolyten im Körper den Strom nicht leitet, ergibt sich je nach Verhältnis zwischen Fett und Wasser ein spezifischer Wert. Der Körperfettanteil sollte zwischen 14 % und 23 % liegen.

Cholesterin – Fluch oder Segen?

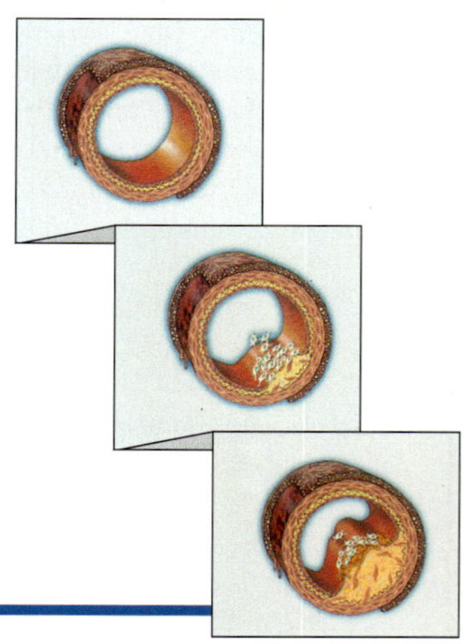

Pressemeldungen weisen häufig auf den Zusammenhang zwischen dem Blutfett Cholesterin und einem erhöhten Risiko für Herzinfarkte hin. Wie erklären sich diese Meldungen?
Cholesterin ist am Aufbau der Zellwände und an der Synthese von Hormonen beteiligt. Im menschlichen Körper wird Cholesterin in ausreichenden Mengen gebildet. Wir nehmen es aber auch mit der Nahrung auf: Cholesterin kommt als Fettbegleitstoff in tierischen Nahrungsmitteln vor. Innereien und Eier enthalten besonders viel Cholesterin. Eine zu fette Ernährung, die zudem viele versteckte tierische Fette enthält, lässt den Cholesterin-Spiegel im Blut ansteigen. Überschüssiges Cholesterin kann sich dann an den Gefäßwänden ablagern und dadurch den Blutdurchfluss erschweren. Eine Arterienverkalkung kann dann zum Herzinfarkt oder Schlaganfall führen.
Wer cholesterinbewusst leben will, sollte pflanzliche Fette mit einem hohen Anteil ungesättigter Fettsäuren bevorzugen. Eine ballaststoffreiche Ernährung und sportliche Betätigung helfen einen erhöhten Cholesterin-Spiegel zu senken.

Aufgaben

1. Ermittle dein persönliches Idealgewicht und deinen Body-Mass-Index BMI.
2. Warum stellt die Körperfettwaage eine ideale Waage dar?
3. Beurteile die Bedeutung von Cholesterin für die menschliche Gesundheit.
4. Wie lässt sich ein erhöhter Cholesterin-Spiegel im Blut vermeiden?

Fette

V1: Gewinnung von Fetten

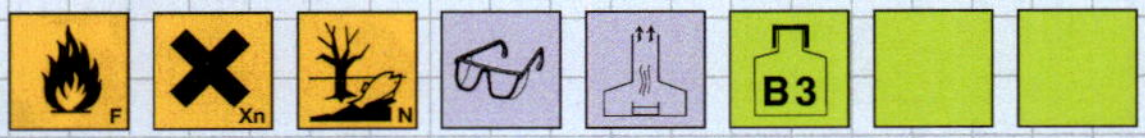

Materialien: Reibschale, Stopfen, Tropfpipette, Uhrglas, Filtrierpapier;
Sonnenblumenkerne oder Rapskörner, Heptan (F, Xn, N).

Durchführung:

1. Zerkleinere einige Pflanzensamen in der Reibschale und gib die Probe in ein Reagenzglas.
2. Füge etwa 5 ml Heptan hinzu, verschließe das Glas mit dem Stopfen und schüttle es.
3. Führe die **Fettfleckprobe** durch: Bringe dazu einen Tropfen der überstehenden Lösung auf Filtrierpapier.
4. Lasse etwas Lösung auf dem Uhrglas verdunsten (Abzug!).

Aufgabe: Notiere deine Beobachtungen.

V2: Nachweis von ungesättigten Fettsäuren

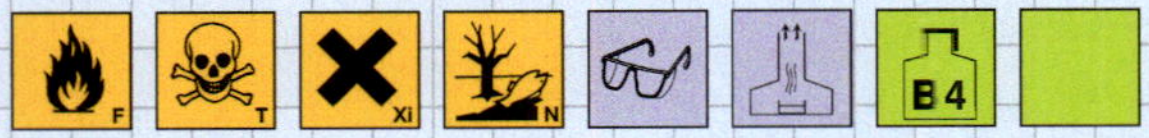

Materialien: Waage, Messzylinder (25 ml), Tropfpipette;
Speiseöl, Stearinsäure, Heptan (F, Xn, N), Brom-Lösung (F, T, Xi, N; zuvor zubereitet aus: 1 ml Brom in 200 ml Heptan).

Durchführung:

1. Löse in je einem Reagenzglas 1 ml Speiseöl bzw. 1 g Stearinsäure in 10 ml Heptan.
2. Tropfe zu beiden Ansätzen Brom-Lösung, bis keine Entfärbung mehr eintritt.

Aufgaben:

a) Notiere und deute deine Beobachtungen.

b) Formuliere die Reaktionsgleichung für die Reaktion von Ölsäure mit Brom.

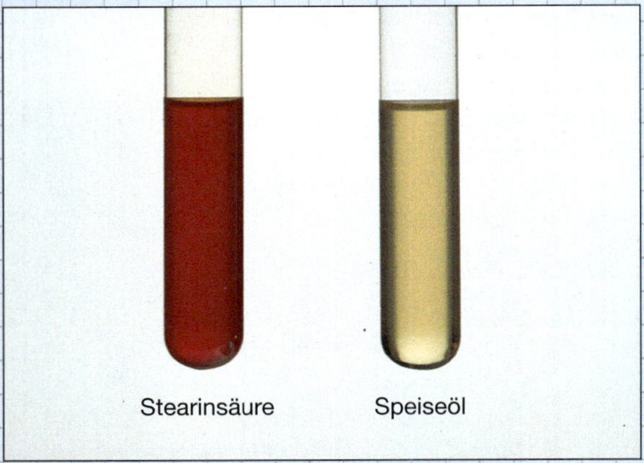

Nachweis ungesättigter Fettsäuren mit Brom-Lösung

V3: Verseifung eines Fettes

Materialien: Messzylinder (25 ml), Tropfpipette, Waage, Becherglas (400 ml), Erlenmeyerkolben (100 ml) mit durchbohrtem Stopfen und Glasrohr, Gasbrenner, Wasserbad, Siedesteine;
Speiseöl, Natriumhydroxid (C), Ethanol (F), Paraffinöl.

Durchführung:

1. Gib 3 ml Speiseöl, 10 ml Wasser, 4 g Natriumhydroxid-Plätzchen und 25 ml Ethanol in den Erlenmeyerkolben.
2. Füge einige Siedesteinchen hinzu und setze das Glasrohr auf den Kolben.
3. Erhitze das Gemisch etwa 20 Minuten auf dem siedenden Wasserbad, schüttle den Kolben dabei gelegentlich.
4. Gib einen Teil der sich oben absetzenden Flocken in ein Reagenzglas mit destilliertem Wasser und schüttle.
5. Wiederhole den Versuch mit Paraffinöl.

Aufgabe: Erkläre deine Beobachtungen.

Hinweis: Paraffinöl ist ein Gemisch langkettiger Kohlenwasserstoffe.

Experimentelle Hausaufgabe:
Herstellung von Margarine

Materialien: kleiner Kochtopf, Messbecher, Waage, Rührlöffel;
Fritierfett, Speiseöl, Dickmilch, Eigelb, Eiswasser, Salz.

Durchführung:

1. Schmilz 200 g Fritierfett im Kochtopf.
2. Füge 50 g Speiseöl hinzu.
3. Gib nach dem Abkühlen des Gemisches unter ständigem Rühren 45 ml Eiswasser, 20 ml Dickmilch, 1 Eigelb sowie eine Messerspitze Kochsalz hinzu.
4. Rühre anschließend so lange, bis die Masse fest ist.

Aufgabe: Notiere deine Beobachtungen.

5.5 Kohlenhydrate – chemisch betrachtet

Zucker, Stärke und Cellulose gehören zur Stoffklasse der **Kohlenhydrate.** Sie werden von den Pflanzen mit Hilfe des Sonnenlichts aus Kohlenstoffdioxid und Wasser aufgebaut. Dieser Vorgang wird als *Photosynthese* bezeichnet. Für Menschen und Tiere sind Kohlenhydrate wichtige Nährstoffe und Ballaststoffe. Die Bezeichnung Kohlenhydrate geht auf eine allgemeine Molekülformel zurück: $C_n(H_2O)_m$. Es handelt sich also um Kohlenstoff-Verbindungen, die Wasserstoff-Atome und Sauerstoff-Atome im Zahlenverhältnis 2 : 1 enthalten.
Kohlenhydrate, die aus kleinen Molekülen bestehen, gehören zur Gruppe der *Einfachzucker* **(Monosaccharide).** Durch Verknüpfung zweier solcher Moleküle entstehen *Zweifachzucker* **(Disaccharide).** Die Moleküle der *Vielfachzucker* **(Polysaccharide)** bestehen aus zahlreichen Monosaccharid-Bausteinen. *Stärke* und *Cellulose* sind die wichtigsten Vertreter der Vielfachzucker.

Einfachzucker. Zu den Einfachzuckern zählen *Glucose* (Traubenzucker) und *Fructose* (Fruchtzucker). Glucose und Fructose sind Isomere mit der Molekülformel $C_6H_{12}O_6$: In beiden Fällen bilden die Moleküle zwar einen sechsgliedrigen Ring aus fünf Kohlenstoff-Atomen und einem Sauerstoff-Atom. Die OH-Gruppen an den C-Atomen sind jedoch in unterschiedlicher Weise angeordnet.

Zweifachzucker. Der Haushaltszucker *Saccharose* (Rohrzucker) ist ein Zweifachzucker. Das Molekül entsteht durch die Verknüpfung eines Glucose-Moleküls mit einem Fructose-Molekül. Dabei wird ein Wasser-Molekül frei. Im Saccharose-Molekül liegt der Fructose-Rest als Fünfring vor.
Ein weiteres Beispiel für einen Zweifachzucker ist die *Maltose.* Maltose-Moleküle entstehen durch die Verknüpfung von zwei Glucose-Molekülen.

Eigenschaften der Zucker. Die zahlreichen OH-Gruppen der Zucker-Moleküle bestimmen wesentlich die Eigenschaften der Zucker. So ist die gute Wasserlöslichkeit auf die Bildung von Wasserstoffbrücken zwischen Zucker-Molekülen und Wasser-Molekülen zurückzuführen. Die hohen Schmelztemperaturen der Zucker beruhen auf Wasserstoffbrückenbindungen zwischen den Zucker-Molekülen. Die Wasserstoffbrückenbindungen sind insgesamt etwa so stark wie die Bindungskräfte innerhalb eines Moleküls. Daher zersetzen sich Zucker beim Schmelzen. In der Nahrungszubereitung nutzt man diesen Vorgang, den man auch als *Karamelisieren* bezeichnet, um einen besonderen Geschmack und eine braune Farbe zu erzielen.

Steckbrief: Einfachzucker Glucose und Fructose

Vorkommen und Bedeutung:
Glucose (Traubenzucker) und Fructose (Fruchtzucker) kommen in zahlreichen Pflanzensäften, süßen Früchten und im Honig vor.
Glucose wird vom menschlichen Organismus schnell zur Energiegewinnung aufgenommen. Im Krankenhaus wird Glucose daher als Energiequelle intravenös verabreicht. Bei der Zuckerkrankheit ist die Blutzucker-Konzentration deutlich erhöht.
Fructose hat eine höhere Süßkraft als Glucose, ohne dabei den Blutzucker-Spiegel wesentlich zu beeinflussen. Zuckerkranke benutzen daher Fructose als Zuckeraustauschstoff.

Eigenschaften und Struktur:
Glucose und Fructose sind kristalline Stoffe. Aufgrund von polaren OH-Gruppen lösen sich Glucose und Fructose gut in Wasser, in unpolaren Lösungsmitteln sind sie schwer löslich.

Molekülformel: $C_6H_{12}O_6$

Strukturformeln:

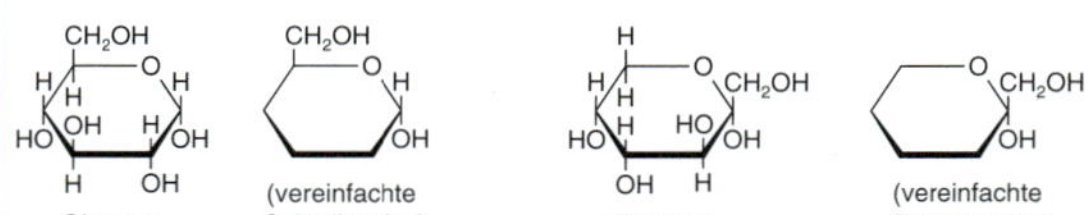

Steckbrief: Zweifachzucker Saccharose

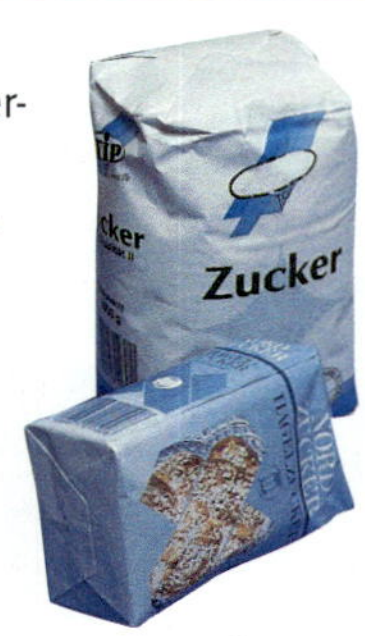

Vorkommen und Bedeutung:
Saccharose (Rohrzucker) ist in Zuckerrüben und sowie im Zuckerrohr enthalten und kommt als Haushaltszucker in den Handel.
Haushaltszucker wird zum Süßen verwendet und ist Bestandteil von Backwaren, Schokoladen und Limonaden. Daneben dient er als Konservierungsmittel.

Molekülformel: $C_{12}H_{22}O_{11}$

Strukturformel:

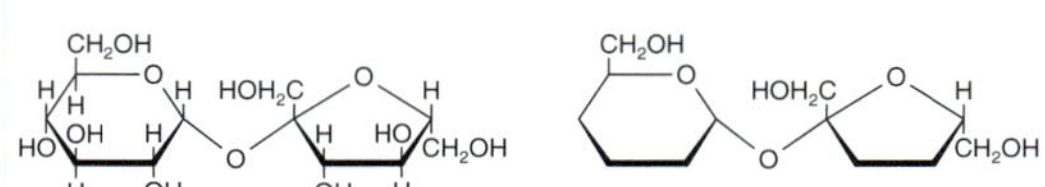

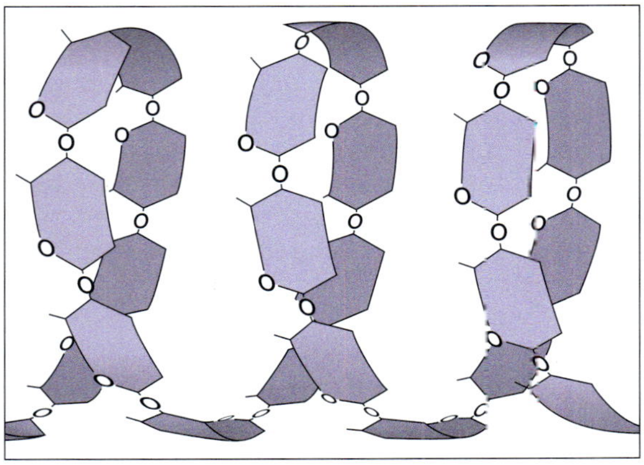

Stärke-Molekül, schematisch

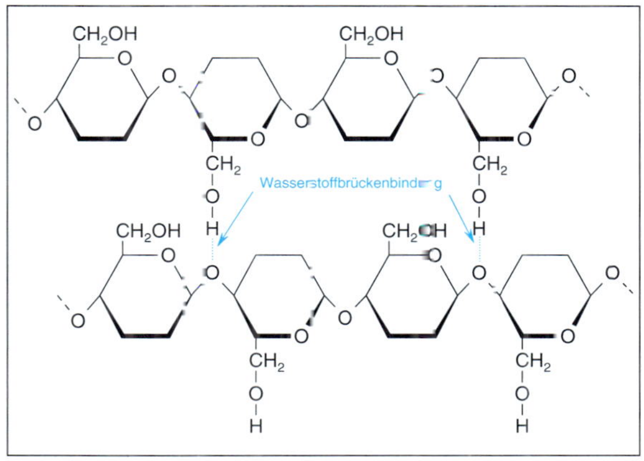

Ausschnitt aus der Cellulose-Struktur

Stärke. Der Vielfachzucker Stärke wird von vielen Pflanzen als Reservestoff genutzt. Für die menschliche Ernährung ist Stärke das wichtigste Kohlenhydrat. Zu den stärkereichen Nahrungsmitteln gehören vor allem Kartoffeln und Getreideprodukte.

Stärke ist keine einheitliche Substanz. Sie lässt sich durch heißes Wasser in zwei Anteile zerlegen: in die wasserlösliche Amylose und das wasserunlösliche Amylopektin.
Amylose hat einen Anteil von etwa 20 % an der Stärke. Die Moleküle bestehen aus bis zu 6000 Glucose-Einheiten, die zu einer spiralförmigen Kette gewunden sind. Die verzweigten Moleküle des *Amylopektins* sind aus bis zu einer Million Glucose-Einheiten aufgebaut.

Gibt man Iod-Lösung auf ein Brötchen, so entsteht eine tiefblaue Färbung. Diese *Iod/Stärke-Reaktion* dient sowohl zum Nachweis von Stärke als auch zum Nachweis von Iod. Ursache der Blaufärbung ist die Einlagerung von Iod-Molekülen ins Innere der spiralförmigen Amylose-Moleküle. Reines Amylopektin ergibt mit Iod eine rotbraune Färbung.

Cellulose. Der Vielfachzucker Cellulose ist die wesentliche Bau- und Stützsubstanz in pflanzlichen Zellwänden. Cellulose ist die mengenmäßig wichtigste organische Verbindung auf der Erde. So bilden Pflanzen durch Photosynthese jährlich schätzungsweise zehn Billionen Tonnen Cellulose.
Wie Stärke so ist auch Cellulose aus Glucose-Einheiten aufgebaut. Allerdings sind die Glucose-Moleküle nicht spiralig, sondern linear angeordnet. Parallel ausgerichtete Molekülstränge sind dabei untereinander durch Wasserstoffbrücken verbunden. Cellulose ist deshalb sowohl sehr fest als auch sehr elastisch.

Menschen können Cellulose nicht verdauen. Im Magen von Wiederkäuern leben dagegen Mikroorganismen, deren Enzyme die Cellulose in Glucose-Einheiten spalten können. Die gespeicherte Energie der Cellulose wird dadurch für Widerkäuer nutzbar.

Zucker, Stärke und Cellulose gehören zur Stoffklasse der Kohlenhydrate. Glucose und Fructose sind Einfachzucker mit der Molekülformel $C_6H_{12}O_6$. Saccharose ist ein Zweifachzucker. Stärke und Cellulose sind wichtige Vielfachzucker.

1 Erkläre die Begriffe Monosaccharid, Disaccharid und Polysaccharid.

2 Warum sind die Bezeichnung „Kohlenhydrate" und die Formel $C_n(H_2O)_m$ chemisch gesehen irreführend?

3 Beschreibe den Unterschied im Aufbau von Glucose-Molekülen und Fructose-Molekülen.

4 Stelle die Reaktionsgleichung für die Bildung von Saccharose aus einem Glucose-Molekül und einem Fructose-Molekül auf.

5 Erläutere die Unterschiede im Aufbau von Stärke und Cellulose.

6 Welche Eigenschaften von Zuckern sind durch die Hydroxyl-Gruppen bedingt?

7 Warum kann man durch die Iod/Stärke-Reaktion sowohl Stärke als auch Iod nachweisen?

8 Erkläre folgende Beobachtungen aus dem Alltag:
a) Kaut man längere Zeit ein trockenes Stück Brot, so schmeckt dieses allmählich süß.
b) Stärke ist in kaltem Wasser kaum löslich. Erwärmt man das Wasser, so beginnt die Stärke jedoch zu quellen.
c) Diät-Marmelade verdirbt schneller als normale Marmelade.

9 Welche wichtige Rolle spielt die Cellulose für unsere Verdauung?

5.6 Kohlenhydrate in unserer Nahrung

Kohlenhydrathaltige Nahrungsmittel

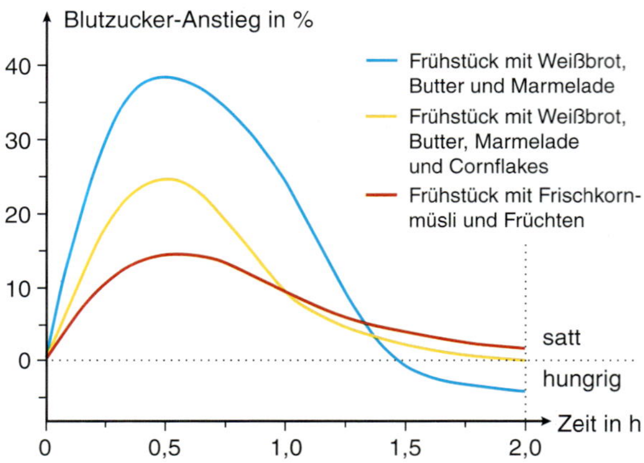

Drei Frühstücke im Leistungsvergleich

Mehr Stärke und Ballaststoffe essen	**Weniger Zucker essen**

Vollkornbrot, Naturreis und Müsli enthalten viel Stärke, Ballaststoffe und Mineralien. Ideal sind auch Kohlenhydrate aus Erbsen und Bohnen.
Der Blutzucker-Spiegel bleibt lange konstant, man bleibt lange satt.

Süßigkeiten, Kuchen und Cola-Getränke sollte man nur maßvoll genießen.
Der enthaltene Zucker liefert zwar Energie, aber keine Mineralien und keine Vitamine.
Er fördert Übergewicht und Karies.

Ernährungstipps: Kohlenhydrate

Mit unserer Nahrung nehmen wir unterschiedliche Kohlenhydrate auf. Während Kartoffeln, Nudeln und Brot viel Stärke enthalten, findet sich in Süßwaren überwiegend Rohrzucker. Im Körper werden die unterschiedlichen Kohlenhydrate in Glucose umgewandelt. Glucose wird dann in einer exothermen Reaktion zu Wasser und Kohlenstoffdioxid oxidiert. Kohlenhydrate sind daher für unseren Körper wesentliche Energielieferanten.
Eine wichtige Ausnahme bilden die Ballaststoffe. Sie enthalten den unverdaulichen Vielfachzucker Cellulose. Ballaststoffe bewirken jedoch im Magen ein Sättigungsgefühl und verhindern so indirekt eine zu große Energiezufuhr über die Nahrung. Im Darm quellen die Ballaststoffe auf und führen zu einer verstärkten Darmtätigkeit.

Kohlenhydratbedarf. Der Mensch sollte 52 % seines Energiebedarfs durch Kohlenhydrate decken. Tatsächlich beträgt dieser Anteil meist nur etwa 40 %. Wir nehmen mit der Nahrung jedoch nicht nur zu wenig, sondern häufig auch die falschen Kohlenhydrate zu uns: Aus Rohrzucker oder Honig gelangt die Glucose deutlich schneller ins Blut als aus Stärke. Steigt aber der Glucose-Spiegel im Blut zu sehr an, so wird das Hormon Insulin ausgeschüttet, um den Blutzucker-Spiegel zu senken. Ein sinkender Blutzucker-Spiegel ist jedoch wiederum ein Hungersignal. Der Verzehr von stärkehaltigen Lebensmitteln muss daher an erster Stelle stehen. Dafür sollten wir die Aufnahme von Zucker reduzieren, indem wir weniger Süßigkeiten essen. Wer zu viel Zucker isst, hat bald ein Gewichtsproblem. Außerdem fördert Zucker die Bildung von Karies.
Die täglich aufgenommene Menge an Ballaststoffen ist im Gegensatz zur Zuckermenge oft zu niedrig.

Kohlenhydrate wie Stärke oder Zucker sind wichtige Energielieferanten. Cellulose ist ein unverdaulicher Ballaststoff. Mit der Nahrung sollten wir mehr stärkehaltige Lebensmittel und Ballaststoffe, aber weniger Zucker zu uns nehmen.

1 Nenne verschiedene stärkehaltige Lebensmittel und begründe, warum diese besser sättigen als Süßigkeiten.
2 Warum sollten wir mit der Nahrung mehr Ballaststoffe zu uns nehmen?
3 Erkläre den Zusammenhang zwischen Sättigungsgefühl und Blutzucker-Spiegel.
4 Welche Produkte entstehen im Körper bei der Oxidation von Glucose? Formuliere die Reaktionsgleichung.
5 Vergleiche die drei Kurven aus der mittleren Abbildung. Welches Frühstück ist ideal?

Chemie-Recherche

Location: http://www.schroedel.de/chemie_heute.html

Suche:

Zucker, die uns krank machen

Ergebnisse:

Karies – die Zahnfäule
Zahnschmerzen plagten die Menschheit schon immer. Heute sind die Zähne vieler Kinder und fast aller Erwachsener von Karies angegriffen. Ursache hierfür ist neben mangelnder Zahnhygiene vor allem der zu häufige Verzehr von Einfachzuckern und Zweifachzuckern. Bakterien unserer Mundflora ernähren sich von diesen Zuckern und bilden so einen unsichtbaren Zahnbelag, die *Plaque.* Sie scheiden organische Säuren wie Milchsäure und Essigsäure aus, die die schwer löslichen Calciumsalze des Zahnschmelzes in leicht lösliche Salze umwandeln. Schließlich wird der Zahnschmelz zerstört, es entstehen Löcher. Die besten Mittel gegen Karies sind eine gute Zahnpflege und weniger „Süßes".

Süße Alternativen
Diät-Schokolade und Cola-light haben eines gemeinsam: Sie enthalten anstelle von Rohrzucker Süßstoffe oder Zuckeraustauschstoffe.
Süßstoffe wie *Saccharin, Cyclamat* und *Aspartam* besitzen eine erheblich höhere Süßkraft als Zucker. Sie liefern dem Körper jedoch keine Energie und eignen sich daher besonders für Diabetiker und Übergewichtige.
Zuckeraustauschstoffe haben einen vergleichbaren Energiegehalt wie Kohlenhydrate, ihr Abbau erfolgt im Körper jedoch nur teilweise und weitgehend unabhängig vom Insulin. Dabei sind Zuckeraustauschstoffe wie *Fructose, Isomalt* und *Sorbit* besonders für Diabetiker geeignet.

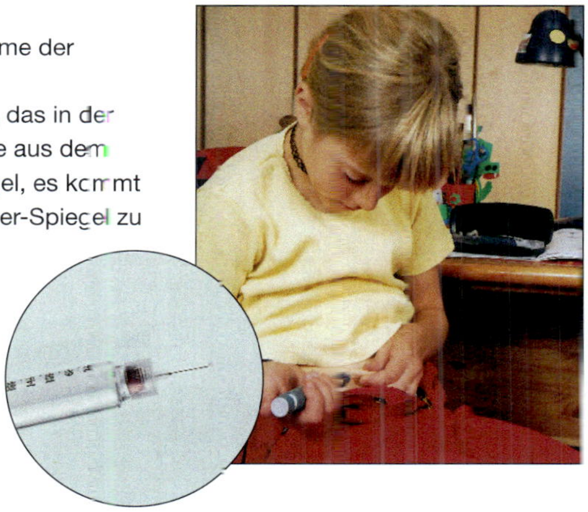

Die Zuckerkrankheit (Diabetes)
Starker Durst, häufiges Wasserlassen sowie Müdigkeit sind erste Symptome der Zuckerkrankheit. Schwere Erkrankungen sind oft die Folge.
Ursache für die Zuckerkrankheit ist ein Mangel an Insulin, einem Hormon, das in der Bauchspeicheldrüse gebildet wird. Es reguliert den Transport von Glucose aus dem Blut in die Körperzellen. Fehlt Insulin, so erhöht sich der Blutzucker-Spiegel, es kommt zum Diabetes. Zuckerkranke spritzen sich daher Insulin, um den Blutzucker-Spiegel zu senken. Die Gefahren einer *Überzuckerung* werden dadurch gebannt.
Sinkt der Blutzucker-Spiegel durch zu viel Insulin oder zu wenig Kohlenhydrate, so droht die gefährliche *Unterzuckerung.* Es kann zu schweren Schockzuständen mit Bewusstlosigkeit kommen.
Zuckerkranke kontrollieren daher regelmäßig ihren Blutzucker-Spiegel. Sie müssen schnell verwertbare Zucker meiden und lebenslang einen strengen Diätplan einhalten.

Wenn ein Glas Milch zur Qual wird
Manche Menschen reagieren auf ein Glas Milch völlig unerwartet: Sie werden von heftigen Blähungen, Darmschmerzen und Durchfällen gequält. Diesen Menschen fehlt ein Enzym, das den Milchzucker Lactose spaltet. Wird der Milchzucker nicht verdaut, so gärt er im Dickdarm. Die genannten Symptome sind die Folge.
Diese erbliche *Lactose-Intoleranz* findet sich oft bei Afrikanern, Chinesen und Indianern. Sie können zwar als Säuglinge problemlos Milch vertragen, verlieren aber im Erwachsenenalter diese Fähigkeit.

Aufgaben
1 Erkläre die Begriffe Unterzuckerung und Überzuckerung.
2 Erläutere die Bedeutung von Insulin bei der Zuckerkrankheit.
3 Erkläre den Begriff Lactose-Intoleranz.
4 Warum ist bei einer vorwiegend stärkehaltigen Kost mit weniger Karies zu rechnen?
5 Warum sind Zuckeraustauschstoffe bei einer Diät zur Verringerung des Körpergewichtes ungeeignet?

Kohlenhydrate

V1: Eigenschaften von Zuckern

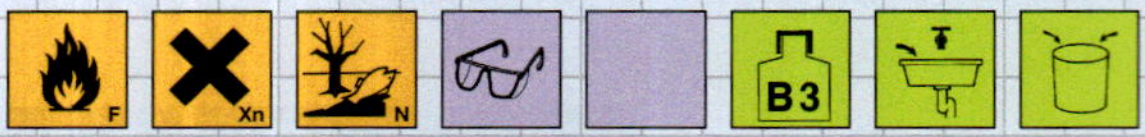

Materialien: Spannungsquelle, Leitfähigkeitsprüfer, Strommessgerät, Porzellanschale, Gasbrenner;
Universalindikator, Glucose, Rohrzucker, Heptan (F, Xn, N; B3).

Durchführung:

1. Versuche Glucose in Wasser und in Heptan zu lösen.
2. Prüfe den pH-Wert einer Glucose-Lösung.
3. Prüfe die elektrische Leitfähigkeit einer Glucose-Lösung.
4. Führe die Untersuchungen auch mit einer Rohrzucker-Lösung durch.
5. Gib etwas Rohrzucker in die Porzellanschale und erhitze vorsichtig mit kleiner Flamme, bis der Zucker geschmolzen ist.

Aufgaben:

a) Notiere deine Beobachtungen.

b) Welche Rückschlüsse auf die Bindungsverhältnisse ergeben sich aus der Löslichkeit, der elektrischen Leitfähigkeit und dem Verhalten beim Schmelzen?

c) Welche Rolle spielt der beim Schmelzen zu beobachtende Vorgang in der Nahrungsmittelindustrie?

V2: Glucose-Test

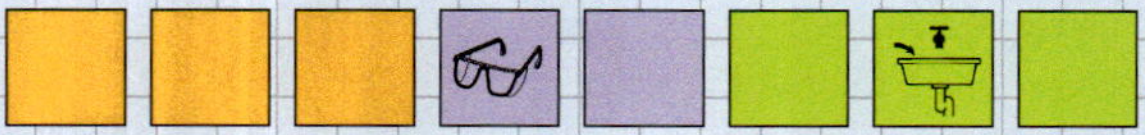

Materialien: Wasserbad, Gasbrenner, Tropfpipette;
Glucose, Rohrzucker, Salzsäure (verd.), Natriumhydrogencarbonat, Glucose-Teststäbchen.

Durchführung:

1. Stelle in einem Reagenzglas eine verdünnte Glucose-Lösung her.
2. Tauche ein Glucose-Teststäbchen kurz in die Lösung, warte eine Minute und beobachte die Farbreaktion.
3. Verfahre ebenso mit verdünnter Rohrzucker-Lösung.
4. Koche einige Milliliter Rohrzucker-Lösung etwa eine Minute lang mit Salzsäure. Gib dann Natriumhydrogencarbonat zu, bis keine Gasblasen mehr aufsteigen. Kühle die Lösung unter fließendem Wasser ab und führe den Glucose-Test durch.

Experimentelle Hausaufgabe: Führe den Glucose-Test zu Hause mit deinem Urin durch.

V3: FEHLING-Probe und TOLLENS-Probe

Materialien: Rundkolben (50 ml), Wasserbad, Dreifuß mit Drahtnetz, Gasbrenner;
Glucose, FEHLING-Lösung I, FEHLING-Lösung II (C), Silbernitrat-Lösung (1 %), Ammoniak-Lösung (verd.).

Durchführung:

FEHLING-Probe:

1. Mische in einem Reagenzglas gleiche Volumina FEHLING-Lösung I und II und gib eine Spatelspitze Glucose zu.
2. Erhitze die Probe im siedenden Wasserbad.

TOLLENS-Probe:

1. In dem Rundkolben wird Silbernitrat-Lösung so lange mit Ammoniak-Lösung versetzt, bis sich der gebildete Niederschlag gerade wieder auflöst.
2. Gib eine Spatelspitze Glucose zu und erhitze im Wasserbad.

Aufgabe: Welche Reaktionen laufen bei dem Versuch ab?

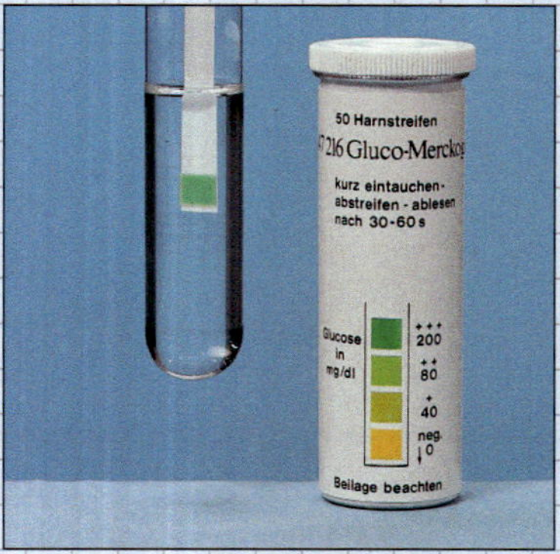

Glucose-Test

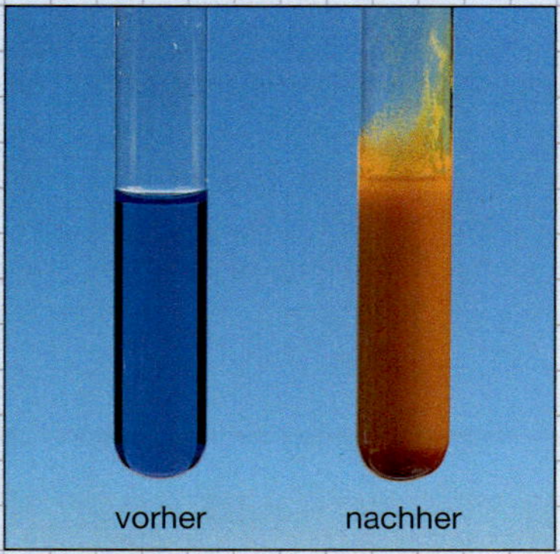

FEHLING-Probe

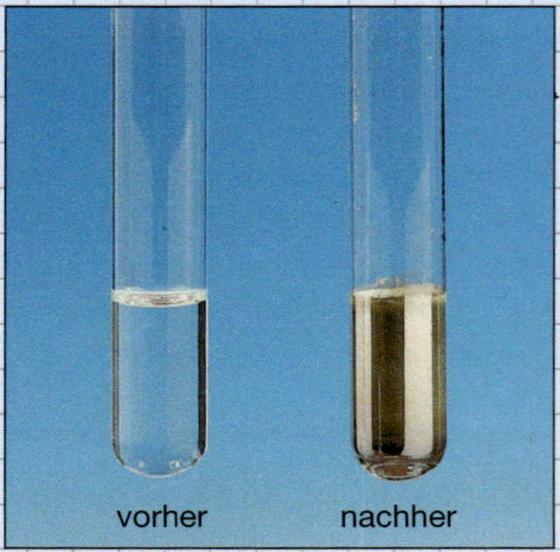

TOLLENS-Probe

V4: Iod/Stärke-Reaktion

Materialien: Gasbrenner, Messer;
Mehl, Brot, Spagetti, Iod-Lösung (Iod gelöst in Kaliumiodid-Lösung).

Durchführung:
1. Fülle ein Reagenzglas zu einem Drittel mit Wasser und gib eine Spatelspitze Mehl hinzu. Koche kurz auf.
2. Gib nach dem Abkühlen einige Tropfen Iod-Lösung zu.
3. Verfahre ebenso mit Brot und Spagetti.

Aufgabe: Formuliere ein Reaktionsschema.

V5: Enzymatischer Abbau von Stärke

Materialien: Becherglas (100 ml), Tropfpipetten;
lösliche Stärke (1 %), Iod-Lösung, Enzym: Amylase-Lösung (0,1 %), Glucose-Teststäbchen.

Durchführung:
1. Gib in acht Reagenzgläser jeweils 2 ml einer stark verdünnten Iod-Lösung.
2. In dem Becherglas werden etwa 50 ml Stärke-Lösung mit 5 ml Amylase-Lösung versetzt.
3. Gib sofort und dann nach jeder Minute 2 ml des Gemisches in eines der Reagenzgläser mit Iod-Lösung.
4. Wenn keine Blaufärbung mehr auftritt, wird die Lösung im Becherglas mit Glucose-Teststäbchen geprüft.
5. Wiederhole den Versuch, indem du statt der Amylase-Lösung Speichel verwendest.

Aufgabe: Formuliere ein Reaktionsschema.

V6: Hydrolyse von Stärke und von Cellulose

Materialien: Gasbrenner, Wasserbad;
Stärke, Cellulose, Salzsäure (verd.), Natriumhydrogencarbonat, Glucose-Teststäbchen.

Durchführung:
1. Fülle ein Reagenzglas zu einem Drittel mit Salzsäure und gib etwas Stärke hinzu.
2. Erhitze das Gemisch zehn Minuten lang im siedenden Wasserbad.
3. Neutralisiere mit Natriumhydrogencarbonat, bis keine Gasentwicklung mehr auftritt.
4. Kühle das Gemisch unter fließendem Wasser ab und führe einen Glucose-Test durch.
5. Verfahre ebenso mit Cellulose.

Aufgabe: Welche Rolle spielt Wasser bei der Spaltung der Stärke?

V7: Stärkekleister

Materialien: Gasbrenner, Pinsel, Becherglas (100 ml);
Kartoffelstärke.

Durchführung:
1. Koche etwas Kartoffelstärke in etwa 10 ml Wasser auf und lasse dann abkühlen.
2. Streiche mit dem Pinsel etwas von dem Stärkekleister auf ein Blatt Papier und falte es. Versuche das Blatt nach einer halben Stunde zu entfalten.

Aufgabe: Früher nahm man Stärke zum Stärken von Wäsche. Worauf beruht diese Anwendung?

Iod/Stärke-Reaktion

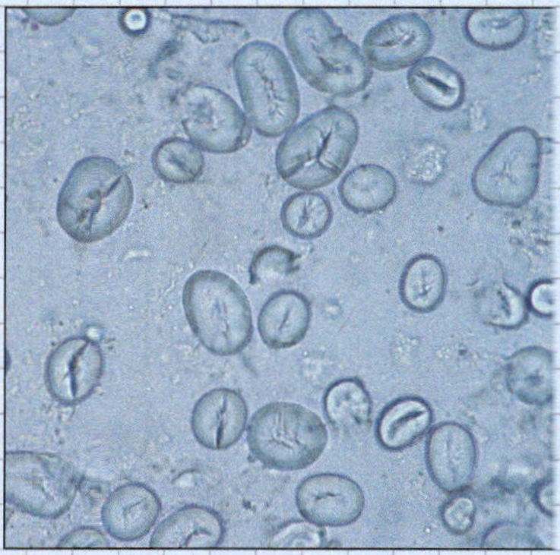
Getreidestärke im Mikroskop

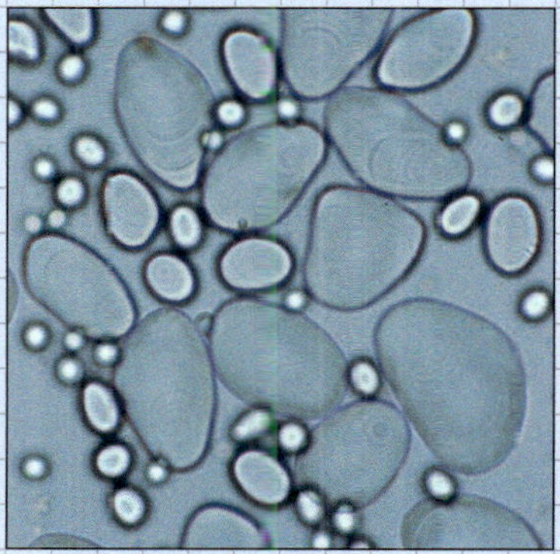
Kartoffelstärke im Mikroskop

5.7 Eiweiße – chemisch betrachtet

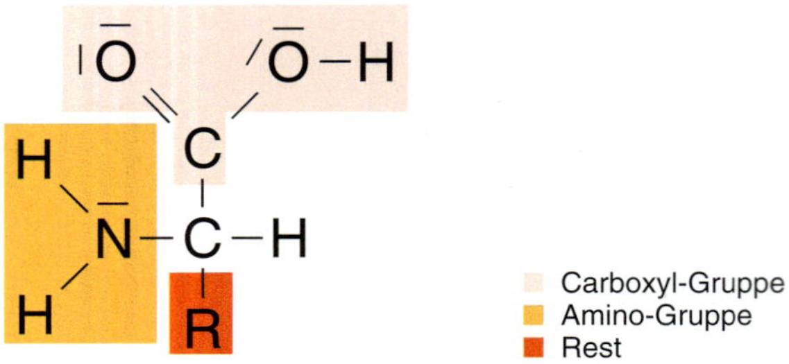

Bauprinzip eines Aminosäure-Moleküls

Name (Abkürzung)	Seitenkette
Glycin (Gly)	$-H$
Alanin (Ala)	$-CH_3$
Cystein (Cys)	$-CH_2-SH$
Glutamin (Gln)	$-CH_2-CH_2-C(=O)-NH_2$
Glutaminsäure (Glu)	$-CH_2-CH_2-C(=O)-OH$
Lysin (Lys)	$-CH_2-CH_2-CH_2-CH_2-NH_2$
Arginin (Arg)	$-CH_2-CH_2-CH_2-NH-C(=NH)-NH_2$

Einige Aminosäuren

Eiweiße erfüllen in unserem Körper vielfältige Aufgaben: Sie dienen als Baustoffe, Nährstoffe, Enzyme und Transportmoleküle. Die besondere Bedeutung der Eiweiße kommt in der wissenschaftlichen Bezeichnung **Protein** (griech. *protos:* erster) zum Ausdruck.

Aminosäuren. Eiweiße sind große, kettenförmige Moleküle, die aus Aminosäuren gebildet werden. Die 20 natürlich vorkommenden Aminosäuren haben eine gemeinsame Grundstruktur: An ein zentrales Kohlenstoff-Atom sind eine *Carboxyl-Gruppe* (–COOH), eine *Amino-Gruppe* ($-NH_2$), ein Wasserstoff-Atom (–H) und eine Seitenkette (–R) gebunden. Die Aminosäure-Moleküle unterscheiden sich also nur in der Struktur ihrer Seitenkette. Man unterscheidet Aminosäuren mit unpolarer oder polarer Seitenkette und Aminosäuren mit saurer oder basischer Seitenkette.

Peptidbindung. In einem Eiweiß-Molekül sind die Aminosäuren durch Peptidbindungen (–CO–NH–) miteinander verknüpft. Eine Peptidbindung entsteht, wenn die Carboxyl-Gruppe eines Aminosäure-Moleküls mit der Amino-Gruppe eines anderen Aminosäure-Moleküls reagiert. Bei dieser Kondensationsreaktion wird Wasser abgespalten.
Die Verknüpfung zweier Aminosäure-Moleküle führt zu einem Dipeptid. Werden viele Aminosäure-Moleküle über Peptidbindungen miteinander verbunden, so entstehen *Polypeptide.* Bei über 100 Aminosäure-Bausteinen spricht man von einem *Protein.*

Aminosäuresequenz. Die Eigenschaften von Proteinen werden durch die Art und die Reihenfolge der einzelnen Aminosäure-Bausteine in ihren Molekülen bestimmt. Diese Aminosäuresequenz bezeichnet man auch als *Primärstruktur* des Protein-Moleküls.

Räumliche Struktur von Eiweiß-Molekülen. Innerhalb eines Eiweiß-Moleküls können sich zwischen den C=O-Gruppen und den NH-Gruppen weit auseinander liegender Aminosäure-Reste Wasserstoffbrücken bilden. Dadurch erhält die Polypeptidkette eine stabile Form, die *Sekundärstruktur.* Häufig findet man eine spiralförmige Anordnung, die *α-Helix.*

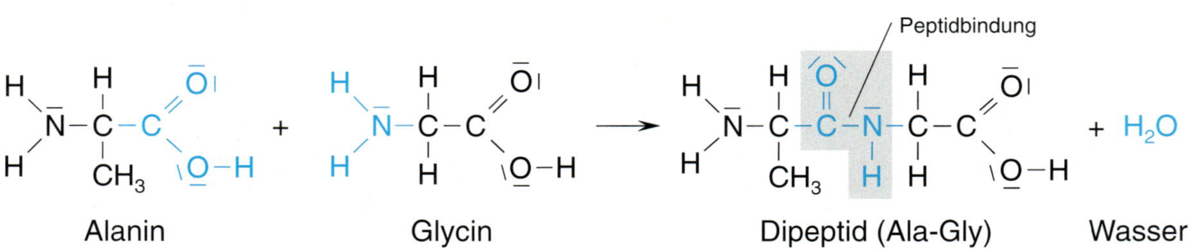

Auch die Seitenketten der Aminosäuren können miteinander in Wechselwirkung treten. Ein spiraliger Bereich des Moleküls wird dadurch gefaltet und das Eiweiß-Molekül erhält seine endgültige biologisch wirksame Gestalt. Man spricht von der *Tertiärstruktur* eines Proteins.

Welche wichtige Rolle die Aminosäuresequenz für die Eigenschaften eines Proteins spielt, verdeutlicht ein Beispiel: Die roten Blutkörperchen des Menschen enthalten das Protein *Hämoglobin;* es transportiert den Sauerstoff im Blut. Bei der *Sichelzellen-Anämie,* einer Erbkrankheit, ist in der Polypeptidkette nur ein einziger Aminosäure-Baustein ausgetauscht. Dies führt zu geänderten Wechselwirkungen zwischen den Seitenketten und damit zu einer veränderten Tertiärstruktur. Eine sichelförmige Struktur der roten Blutkörperchen ist die Folge. Sie verfangen sich leicht in den engen Blutgefäßen und verursachen so schwere Krankheitssymptome.

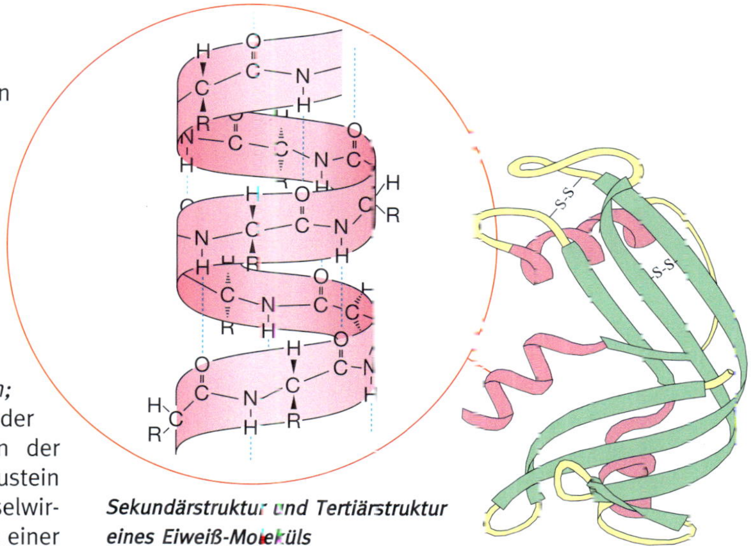

Sekundärstruktur und Tertiärstruktur eines Eiweiß-Moleküls

Denaturierung. Durch Erhitzen wird die Tertiärstruktur eines Eiweiß-Moleküls zerstört. Diese Strukturveränderung bezeichnet man als Denaturierung. Ein bekanntes Beispiel ist das Kochen von Eiern. Das Eiweiß gerinnt, weil die Struktur durch die hohe Temperatur zerstört wird. Auch durch Säuren, Ethanol oder Schwermetall-Ionen werden Eiweiß-Lösungen denaturiert.

Enzyme. Eine besondere Gruppe von Proteinen sind die Enzyme. Sie erniedrigen die Aktivierungsenergie biochemischer Reaktionen und wirken dadurch als Biokatalysatoren. Nur so können lebenswichtige Reaktionen bei Körpertemperatur schnell genug ablaufen. Ein Beispiel ist das Enzym *Katalase.* Es beschleunigt den Zerfall von Wasserstoffperoxid (H_2O_2) in den Zellen unseres Körpers um den Faktor 10^8. Wasserstoffperoxid ist ein giftiges Abfallprodukt des Stoffwechsels. Wasserstoffperoxid-Moleküle zerfallen an der Oberfläche der Katalase-Moleküle in Sauerstoff-Moleküle und Wasser-Moleküle.

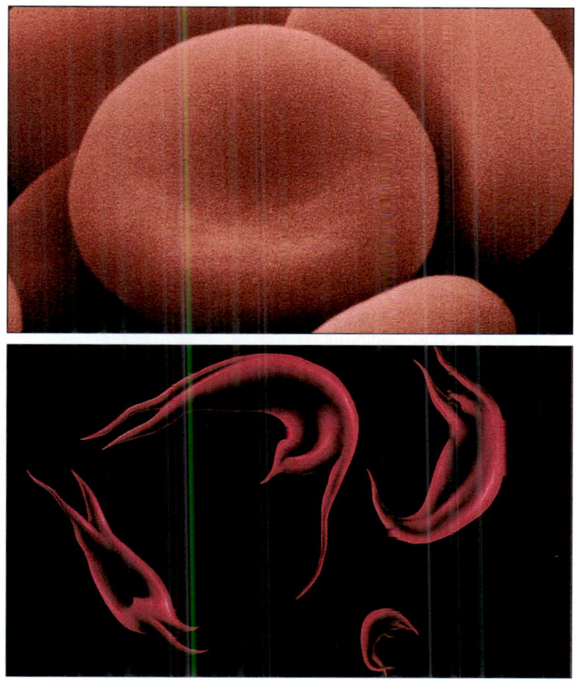

Rote Blutkörperchen: normal entwickelt (oben) und bei Sichelzellenanämie

Eiweiße (Proteine) sind aus Aminosäure-Bausteinen aufgebaut, die durch Peptidbindungen (–CO–NH–) miteinander verknüpft sind. Die Aminosäuresequenz bestimmt Struktur und Funktion des Proteins.

1 Erläutere die Begriffe Peptidbindung, Polypeptid und Aminosäuresequenz.

2 Welche Aminosäuren der Tabelle auf der linken Seite haben eine polare, welche eine unpolare Seitenkette? Welche Seitenketten sind sauer oder basisch?

3 Gib die Strukturformeln der Dipeptide aus Cystein und Alanin an.

4 Das Enzym Urease katalysiert die Reaktion von Harnstoff ($CO(NH_2)_2$) und Wasser zu Kohlenstoffdioxid und Ammoniak.

a) Formuliere die Reaktionsgleichung.

b) Erkläre folgende Beobachtungen: Eine Reaktion bleibt aus, wenn man die Urease-Lösung zuvor erhitzt oder eine Bleichlorid-Lösung zugibt.

5.8 Eiweiße in unserer Nahrung

Unser Körper benötigt Eiweiß hauptsächlich, um Zellsubstanz, Muskulatur, Haut und Haare aufzubauen. Nur wenn durch lang anhaltendes Fasten der gesamte Vorrat an Kohlenhydraten verbraucht ist, wird neben Fett auch Eiweiß abgebaut, um daraus Energie zu gewinnen. Man spricht dann vom Hungerstoffwechsel.

Eiweißbedarf. Unser Körper verliert täglich etwa 300 g Eiweiß: Defekte Zellen gehen zugrunde, verbrauchte Enzyme und Proteine werden abgebaut. Obwohl das abgebaute Eiweiß im Körper teilweise wieder verwertet wird, benötigt der Organismus zusätzliches Eiweiß mit der Nahrung. Dies muss täglich aufgenommen werden, da Eiweiß im Gegensatz zu Fetten und Kohlenhydraten vom menschlichen Organismus nicht gespeichert werden kann. Länger andauernder Eiweißmangel führt daher rasch zu lebensbedrohlichen Mangelkrankheiten.
Es wird empfohlen, täglich 1,1 g Eiweiß pro Kilogramm Körpergewicht zu sich zu nehmen. Bei Infektionen, bei starker körperlicher Belastung und in besonderen Stresssituationen benötigt der Körper aber mehr Eiweiß.
Etwa zwei Drittel des Nahrungseiweißes sollten pflanzlicher Herkunft sein, da tierisches Eiweiß auch immer viel Fett enthält. Dies begünstigt Übergewicht, Gefäßkrankheiten und Gicht.

Unser Körper braucht Eiweiße im Wesentlichen als Baustoffe. Mit der Nahrung nehmen viele Menschen zu viel Eiweiß, insbesondere zu viel tierisches Eiweiß zu sich.

1 Ermittle deinen täglichen Eiweißbedarf.
2 Warum haben Kleinkinder einen höheren Eiweißbedarf als Erwachsene?
3 a) Ermittle anhand der Tabelle Lebensmittel mit hohem Eiweißgehalt und hoher biologischer Wertigkeit.
b) Wie viel Gramm Rinderfilet muss man essen, um damit 100 g körpereigenes Eiweiß aufbauen zu können?
4 Warum nehmen Body-Builder zusätzlich Eiweiß zu sich?

Was ist so wertvoll wie ein Ei?

Exkurs

Die verschiedenen Eiweiße, die wir zu uns nehmen, unterscheiden sich in der Zusammensetzung der Aminosäuren und ihrer Bedeutung für den Menschen. Wichtig sind die *essentiellen Aminosäuren.* Diese kann unser Körper nicht selbst bilden, wir müssen sie daher mit der Nahrung aufnehmen. Ein Eiweißstoff ist folglich besonders wertvoll, wenn seine Aminosäure-Zusammensetzung der des Menschen ähnelt und wenn er reich an essentiellen Aminosäuren ist. Tierische Eiweiße sind im Allgemeinen höherwertig als pflanzliche. Um verschiedene Lebensmittel miteinander vergleichen zu können, hat man den Begriff der *biologischen Wertigkeit* eingeführt. Ihr Zahlenwert gibt an, wie viel Gramm körpereigenes Eiweiß aus 100 g des jeweiligen Nahrungseiweißes aufgebaut werden können.
Beispiel: Kartoffeln haben eine biologische Wertigkeit von 67 %: Aus 100 g Kartoffeleiweiß können also 67 g körpereigenes Eiweiß aufgebaut werden. Bei einem Eiweißanteil von 2 g pro 100 g müsste man 5 kg Kartoffeln essen, um 67 g Körpereiweiß aufzubauen.

	Biologische Wertigkeit in %	Eiweiß-Anteil in %
Hühnerei	100	11,0
Magerquark	81	13,5
Vollmilch	81	3,3
Edamer	80	24,8
Rinderfilet	79	21,0
Kartoffeln	67	2,0
Weißbrot	64	7,5
Tofu	53	8,0
Erbsen	47	5,8

Weniger Fleisch essen

Ein 200-g-Steak enthält bereits die empfohlene tägliche Eiweißmenge. Es sollte höchstens dreimal pro Woche Fleisch gegessen werden.

Mehr pflanzliches als tierisches Eiweiß essen

Eiweißreiche tierische Lebensmittel enthalten meist viel Fett und Cholesterin.

Eiweiß mit hoher biologischer Wertigkeit essen

Hochwertig ist die Kombination folgender Lebensmittel:
- Bohnen und Mais
- Milch und Haferflocken
- Reis und Sojabohnen
- Erbsen und Getreide

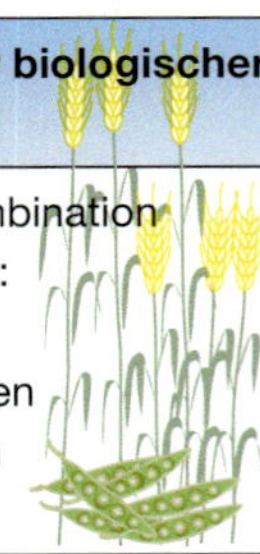

Ernährungstipps: Eiweiße

Eiweiße

V1: Nachweis von Stickstoff und Schwefel

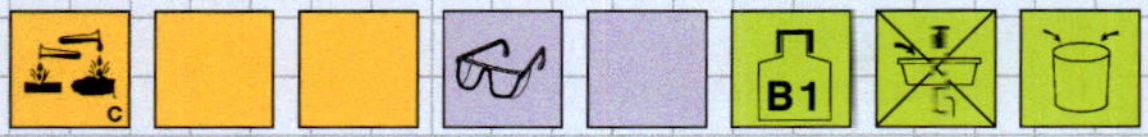

Materialien: Tropfpipette;
rohes Hühnerei, Universalindikator-Papier, Natronlauge (konz.; C), Bleiacetat-Papier.

Durchführung:

1. Schlage ein rohes Hühnerei auf und trenne das Eiweiß vom Dotter.
2. Erhitze etwas Eiweiß mit 2 ml Natronlauge (B1).
3. Prüfe die entweichenden Dämpfe mit angefeuchtetem Indikatorpapier.
4. Verdünne das Reaktionsprodukt und halte ein Stück Bleiacetat-Papier in die Lösung.

Aufgaben:

a) Notiere deine Beobachtungen.
b) Gib für beide Nachweisreaktionen ein Reaktionsschema an.

V2: Nachweis von Eiweiß

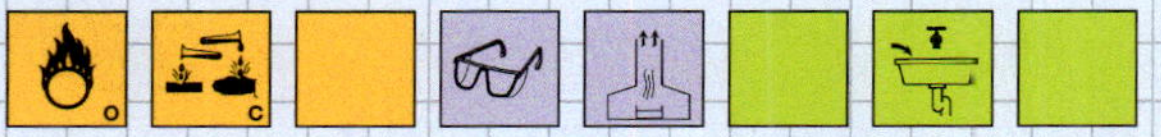

Materialien: Tropfpipetten, Gasbrenner;
Eiweiß-Lösung (Eiweiß und Wasser im Verhältnis 1 : 5), hart gekochtes Ei, Natronlauge (verd.; C), Kupfersulfat-Lösung (stark verdünnt), Salpetersäure (konz.; O, C).

Biuret-Reaktion   Xanthoprotein-Reaktion

Durchführung:
Biuret-Reaktion:

1. Versetze 5 ml der Eiweiß-Lösung mit dem gleichen Volumen an Natronlauge.
2. Gib einen sehr kleinen Tropfen Kupfersulfat-Lösung hinzu, schüttle um und erwärme.

Xanthoprotein-Reaktion:

1. Gib einen Tropfen konzentrierte Salpetersäure auf ein Stückchen Eiweiß.

Aufgabe: Beim unvorsichtigen Experimentieren mit konzentrierter Salpetersäure gibt es manchmal gelbe Flecken an den Händen. Erkläre, wie diese Verfärbung zustande kommt.

V3: Denaturierung von Eiweiß

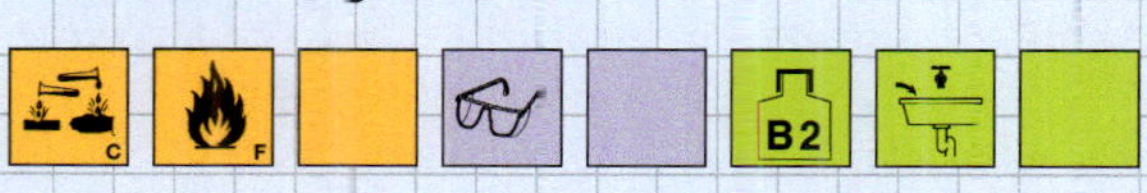

Materialien: Gasbrenner, Tropfpipette, Filtrierpapier, Trichter;
Eiweiß-Lösung (Eiweiß und Wasser im Verhältnis 1 : 5), Spiritus (F), Essigsäure (C), Kupfersulfat-Lösung (5 %), Kochsalz-Lösung (konz.).

Durchführung:

1. Gib in fünf Reagenzgläser einige Milliliter der Eiweiß-Lösung.
2. Versetze die Lösung im ersten Reagenzglas mit Spiritus im Überschuss. Gib zum zweiten Reagenzglas Essigsäure hinzu. Das dritte Reagenzglas wird mit Kupfersulfat-Lösung (B2), das vierte Reagenzglas mit Kochsalz-Lösung versetzt. Die Lösung im fünften Reagenzglas wird zum Sieden erhitzt.
3. Filtriere den Niederschlag aus einem der Reagenzgläser und versuche ihn in Wasser aufzulösen.

Aufgabe: Notiere und deute deine Beobachtungen.

V4: Wirkungsweise eines Enzyms

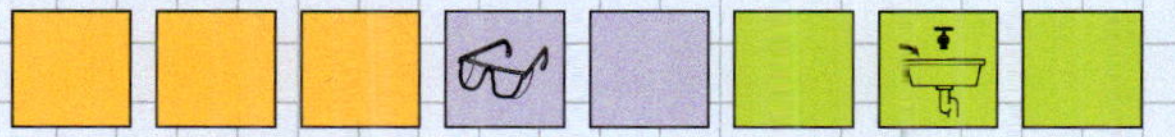

Materialien: Erlenmeyerkolben (250 ml), großes Reagenzglas mit durchbohrtem Gummistopfen und Glasrohr, Holzspan, Plastikwanne, Tropfpipette;
Bäckerhefe, Wasserstoffperoxid-Lösung (3 %).

Durchführung:

1. Suspendiere ein Päckchen Hefe in 200 ml Leitungswasser.
2. Fülle das Reagenzglas zu drei Viertel mit der Hefe-Suspension. Gib sofort 2 ml der Wasserstoffperoxid-Lösung hinzu und verschließe mit dem Stopfen mit Glasrohr.
3. Spanne das verschlossene Reagenzglas über der Plastikwanne umgekehrt in ein Stativ.

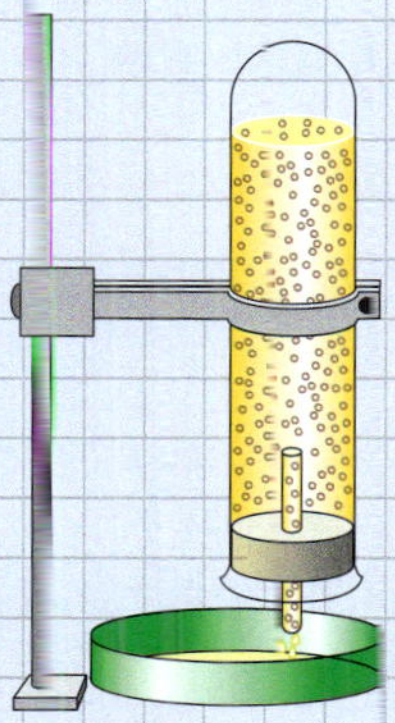

4. Durch die Gasentwicklung wird die Hefe-Suspension aus dem Reagenzglas verdrängt. Führe mit dem entstehenden Gas die Glimmspanprobe durch.

Aufgaben:

a) Notiere und deute deine Beobachtungen.
b) Gib die Reaktionsgleichung für die Zersetzung von Wasserstoffperoxid (H_2O_2) an.

Prüfe dein Wissen

Quiz

A1 **a)** Erkläre die Begriffe des Fensters.
b) Notiere auf der Vorderseite von Karteikarten den Begriff, auf der Rückseite die Erklärung.

A2 **a)** Nenne die wesentlichen Inhaltsstoffe von Lebensmitteln und erläutere ihre Funktion.
b) Welcher Nährstoff ist der energiereichste?
c) Formuliere jeweils zwei Ernährungstipps zu Fetten, Kohlenhydraten und Eiweißen.

A3 **a)** Beschreibe den Aufbau eines Fett-Moleküls.
b) Warum haben Fette keine bestimmte Schmelztemperatur?
c) Warum sind Fette mit einem hohen Anteil an gesättigten Fettsäuren bei Zimmertemperatur fest?
d) Gib je ein Beispiel für eine gesättigte, eine einfach ungesättigte und eine mehrfach ungesättigte Fettsäure an.

A4 **a)** Nenne je zwei Vertreter von Einfachzuckern, Zweifachzuckern und Vielfachzuckern.
b) Warum sind Zucker gut wasserlöslich und besitzen relativ hohe Schmelztemperaturen?
c) Warum ist Cellulose für den Menschen als Nährstoff ungeeignet?

A5 **a)** Die Aminosäure Alanin trägt eine Methyl-Gruppe in der Seitenkette. Gib die Strukturformel von Alanin an.
b) Warum ist die Aminosäuresequenz für die räumliche Struktur eines Proteins wichtig?

Know-how

A6 Begründe die Abstufung der Schmelztemperaturen.

Fettsäure	C-Atome	Zweifachbindungen	Schmelztemperatur
Myristinsäure	14	–	54 °C
Palmitinsäure	16	–	63 °C
Stearinsäure	18	–	71 °C
Ölsäure	18	1	16 °C
Linolsäure	18	2	–5 °C
Linolensäure	18	3	–11 °C

A7 Bei der vollständigen Oxidation von Rohrzucker entstehen Kohlenstoffdioxid und Wasser.
a) Formuliere die Reaktionsgleichung.
b) Wie viele Liter Kohlenstoffdioxid erhält man bei der Oxidation von 4 g Zucker ($V_m = 24 \frac{l}{mol}$)?

Die wichtigsten Begriffe

- Fette
- gesättigte und ungesättigte Fettsäuren
- Kohlenhydrate
- Einfachzucker: Glucose, Fructose
- Zweifachzucker: Rohrzucker
- Vielfachzucker: Stärke, Cellulose
- Eiweiße, Proteine
- Aminosäuren
- Peptidbindung
- Aminosäuresequenz
- Enzyme

A8 Die Tertiärstruktur eines Proteins wird durch verschiedenartige Wechselwirkungen zwischen den Seitenketten der Aminosäure-Einheiten stabilisiert. Charakterisiere die mit den Buchstaben a bis d bezeichneten Bindungsarten.

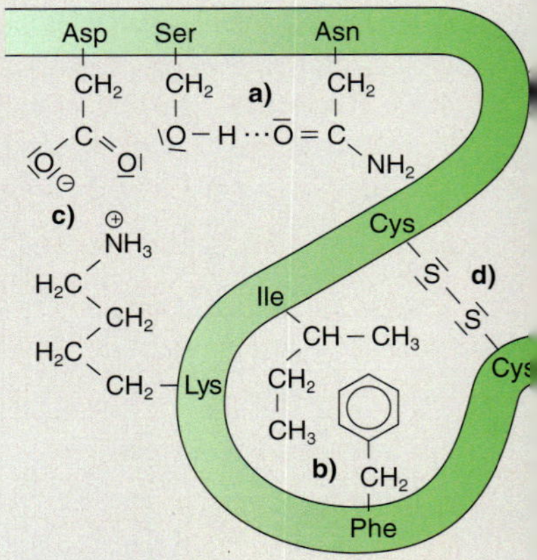

Natur – Mensch – Technik

A9 Auch bei einer Diät sollten Salate mit einem ölhaltigen Dressing angemacht werden. Erkläre diese Empfehlung.

A10 Milch enthält neben Wasser und Fetten auch Eiweiß und Zucker. Mikroorganismen wandeln diesen Milchzucker in Milchsäure um. Warum wird Milch durch diesen Vorgang dick?

A11 Die essentielle Aminosäure Phenylalanin wird in der Nahrungsmittelindustrie zur Herstellung des Süßstoffs *Aspartam* verwendet. Im menschlichen Körper wird sie durch ein Enzym zu Tyrosin umgewandelt. Erblich bedingt fehlt dieses Enzym bei manchen Menschen. Daher kommt es zur Anreicherung von Phenylalanin im Körper. Die Behandlung der Krankheit besteht im Wesentlichen in einer phenylalaninarmen Diät.
a) Warum kann die Krankheit nicht einfach mit einer phenylalaninfreien Kost behandelt werden?
b) Begründe den Warnhinweis auf vielen Light-Getränken: *Enthält eine Phenylalanin-Quelle.*

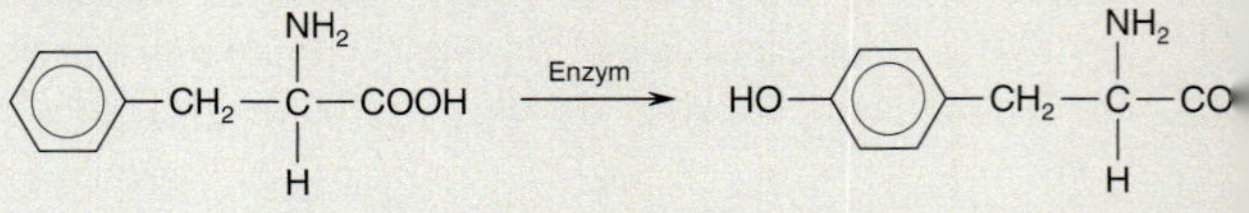

Phenylalanin

Tyrosin

Chemie und Ernährung

1. Fette

Fett-Moleküle entstehen durch Veresterung aus einem Glycerin-Molekül und drei, meist unterschiedlichen Fettsäure-Molekülen.

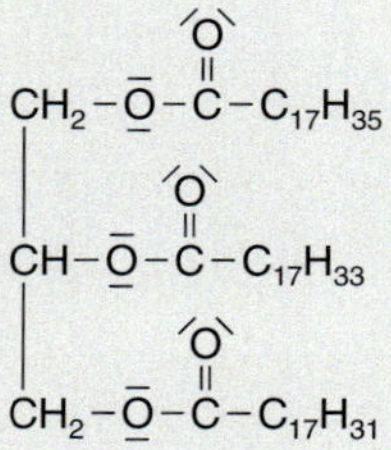

Die physikalischen Eigenschaften der Fette werden durch die Fettsäure-Reste bestimmt:
- hohe Schmelztemperatur bei gesättigten Fettsäure-Resten, niedrige Schmelztemperatur (Öle) bei ungesättigten Fettsäure-Resten
- wasserunlöslich wegen der unpolaren Kohlenwasserstoff-Reste

2. Kohlenhydrate

Kohlenhydrate sind aus ringförmigen Molekülen mit mehreren OH-Gruppen aufgebaut.

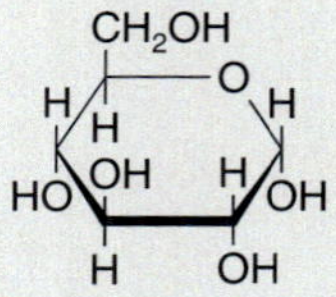

Glucose

Die Kohlenhydrate werden eingeteilt in:
- Einfachzucker (Monosaccharide), *Beispiele:* Glucose, Fructose
- Zweifachzucker (Disaccharide), *Beispiele:* Rohrzucker, Maltose
- Vielfachzucker (Polysaccharide), *Beispiele:* Stärke, Cellulose

Die Hydroxyl-Gruppen bestimmen die Eigenschaften der Zucker:
- gute Wasserlöslichkeit der Einfach- und Zweifachzucker
- Zersetzung beim Erhitzen

3. Eiweiße

Eiweiße bestehen aus großen, kettenförmigen Molekülen. Ihre Bausteine, die Aminosäuren, sind durch Peptidbindungen (–CO–NH–) miteinander verknüpft.

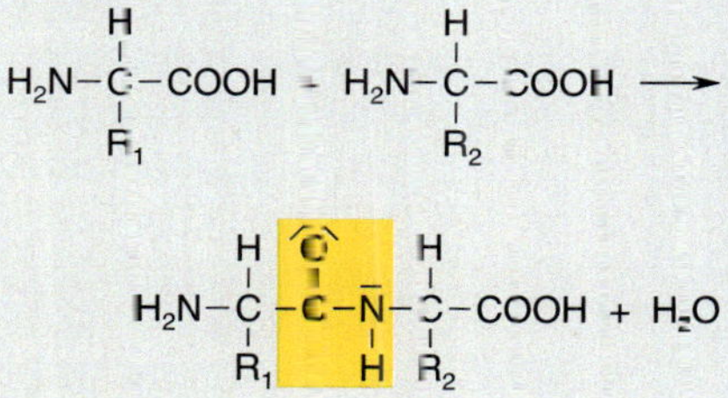

Polypeptide mit mehr als 100 Aminosäure-Resten nennt man Proteine. Die Aminosäuresequenz bestimmt die räumliche Struktur und Funktion der Proteine.
Hohe Temperatur, Säuren und Schwermetall-Ionen denaturieren Eiweiße.

4. Ernährung

Die Energie, die ein Mensch bei völliger Ruhe im Liegen benötigt, bezeichnet man als **Grundumsatz.**
Unter **Leistungsumsatz** versteht man die Energie, die man für zusätzliche Leistungen über den Grundumsatz hinaus benötigt.

Die Energiezufuhr sollte mit dem **Gesamtenergiebedarf** übereinstimmen. Er ergibt sich aus dem Grundumsatz und dem Leistungsumsatz.

Fette sind die energiereichsten Nährstoffe. Der tägliche Fettverzehr sollte bei 90 g bis 110 g liegen. Pflanzliche Fette mit hohem Anteil ungesättigter Fettsäuren sind zu bevorzugen.

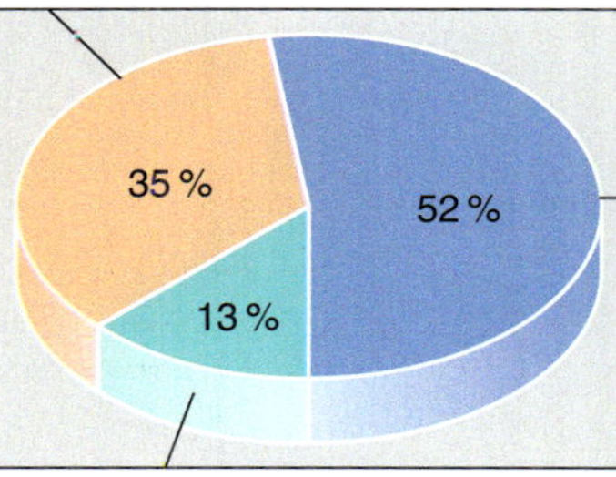

Kohlenhydrate wie Stärke und Zucker sind wichtige Energielieferanten. Der tägliche Verzehr sollte bei 310 g bis 380 g liegen. Cellulose ist ein Ballaststoff, der die Verdauung fördert.

Eiweiße sind in erster Linie Baustoffe des Körpers. Der tägliche Eiweißverzehr sollte bei 80 g bis 100 g liegen. Dabei sollte mehr pflanzliches als tierisches Eiweiß mit der Nahrung aufgenommen werden.

Deckung des Energiebedarfs
(15- bis 18-jährige Frauen und Männer)

6 Organische Werkstoffe

Mit Brettern aus Holz und mit Segeln aus Leinen gäbe es keinen Surfsport. Das Surfen ist eine typische Sportart des Kunststoffzeitalters.

Ein Surfbrett wird extrem belastet. Es soll bruchsicher, verwindungssteif und beständig gegen Sonne, Luft und Wasser sein. Gleichzeitig soll es aber sehr leicht und schwimmfähig sein. Damit das Brett gut auf den Wellen gleitet, muss es eine sehr glatte Unterseite besitzen, andererseits darf der Surfer auf dem Brett nicht ausrutschen. Nicht zuletzt soll das Surfbrett in der optimalen Form kostengünstig hergestellt werden können.

Nur mit *organischen Werkstoffen* lassen sich alle diese Anforderungen erfüllen.

6.1 Kunststoffe – Werkstoffe nach Maß

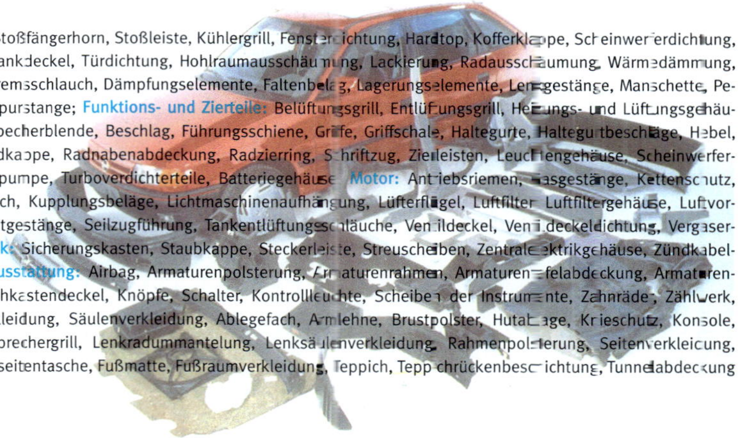

Karosserie: Front-, Heck-, End-Stoßfänger, Stoßfängerecke, Stoßfängerhorn, Stoßleiste, Kühlergrill, Fensterdichtung, Hardtop, Kofferklappe, Scheinwerferdichtung, Schiebedach, Schiebedachdichtung, Schiebedachführung, Tankdeckel, Türdichtung, Hohlraumausschäumung, Lackierung, Radausschäumung, Wärmedämmung, Schalldämmung; **Fahrwerk:** Anschlagpuffer, Bremsbeläge, Bremsschlauch, Dämpfungselemente, Faltenbelag, Lagerungselemente, Lenkgestänge, Manschette, Pedalauflage, Reifen, Schutzschläuche für Schraubenfedern, Spurstange; **Funktions- und Zierteile:** Belüftungsgrill, Entlüftungsgrill, Heizungs- und Lüftungsgehäuse, Heizungsschlauch, Luftführungskanal, Luftdüse, Aschenbecherblende, Beschlag, Führungsschiene, Griffe, Griffschale, Haltegurte, Haltegurtbeschläge, Hebel, Spiegelgehäuse, Türschließkeil, Wischerarm, Embleme, Radkappe, Radnabenabdeckung, Radzierring, Schriftzug, Zierleisten, Leuchtengehäuse, Scheinwerfergehäuse, Scheinwerferreflektor, Riemenscheiben, Kraftstoffpumpe, Turboverdichterteile, Batteriegehäuse; **Motor:** Antriebsriemen, Gasgestänge, Kettenschutz, Kraftstoffleitung, Kraftstoffpumpenmembrane, Kühlerschlauch, Kupplungsbeläge, Lichtmaschinenaufhängung, Lüfterflügel, Luftfilter, Luftfiltergehäuse, Luftvorwärmgerät, Nockenwellenantrieb, Ölwannendichtung, Schaltgestänge, Seilzugführung, Tankentlüftungsschläuche, Ventildeckel, Ventildeckeldichtung, Vergaserdichtung, Vergaserschwimmer, Zylinderkopfdichtung; **Elektrik:** Sicherungskasten, Staubkappe, Steckerleiste, Streuscheiben, Zentralelektrikgehäuse, Zündkabelisolierung, Zündkerzenstecker, Zündverteilerkappe; **Innenausstattung:** Airbag, Armaturenpolsterung, Armaturenrahmen, Armaturentafelabdeckung, Armaturenträger, Armaturenverkleidung, Handschuhkasten, Handschuhkastendeckel, Knöpfe, Schalter, Kontrollleuchte, Scheiben der Instrumente, Zahnräder, Zählwerk, Sitzbezug, Mittelarmlehne, Polsterung, Sitzschale, Sitzverkleidung, Säulenverkleidung, Ablegefach, Armlehne, Brustpolster, Hutablage, Knieschutz, Konsole, Kopfstütze, Lagerung und Führung für Kopfstütze, Lautsprechergrill, Lenkradummantelung, Lenksäulenverkleidung, Rahmenpolsterung, Seitenverkleidung, Sicherheitshimmel, Sonnenblende, Türinnenverkleidung, Türseitentasche, Fußmatte, Fußraumverkleidung, Teppich, Teppichrückenbeschichtung, Tunnelabdeckung

Verschiedene Kunststoffteile im Auto

Jahrtausende versorgten sich die Menschen mit Werkstoffen aus der Natur, indem sie organische Produkte wie Holz und Leder, Pflanzenfasern und Tierhaare verwendeten. Sie benutzten damit Werkstoffe, die hauptsächlich aus Cellulose und Eiweißen bestehen. Die Moleküle dieser Stoffe sind nach einem gemeinsamen Prinzip konstruiert: Kleine Moleküle verbinden sich in langen Ketten miteinander und bauen so Riesenmoleküle auf, die man auch **Makromoleküle** nennt.

Anfang des 20. Jahrhunderts entschlüsselte der deutsche Chemiker STAUDINGER die Struktur von Makromolekülen und entwickelte Vorstellungen zur Synthese solcher Moleküle. Damit begann ein neues Kapitel der organischen Chemie, das Zeitalter der **Kunststoffe.**

Heute besteht mehr als ein Viertel der rund 7000 Einzelteile eines Autos aus den verschiedensten Kunststoffen. Sie ersetzen herkömmliche Werkstoffe wie Stahl, Glas und Gummi, weil sie in bestimmten Eigenschaften überlegen sind:

- Viele Kunststoffe sind beliebig formbar. Dadurch lassen sich Karosserieteile wie Stoßfänger, Kühlergrill oder Benzintanks in jeder gewünschten Form kostengünstig als Serienprodukte herstellen.
- Kunststoffe rosten nicht und ersetzen daher Stahlbleche an Stellen, die oft mit Spritzwasser in Berührung kommen.
- Kunststoffe sind elastisch. Dadurch erhöhen sie die Sicherheit im Inneren des Fahrzeugs.
- Kunststoffe lassen sich zu Schaumstoffen verarbeiten und zu anatomisch geformten Sitzpolstern aufschäumen.
- Kunststoffe sind leicht. Indem man Stahlbleche durch Kunststoffe ersetzt, wird Gewicht eingespart, der Treibstoffverbrauch gesenkt und so ein Beitrag zum Schutz der Umwelt geleistet.

Dem Einsatz von organischen Werkstoffen sind aber auch Grenzen gesetzt: Die meisten Kunststoffe sind nicht sonderlich temperaturbeständig, sie zersetzen sich beim Erhitzen. Viele Materialien sind wenig kratzfest und es mangelt ihnen an Festigkeit. Aber auch hier fanden Wissenschaftler und Techniker Auswege: *Kunststoff-Legierungen* und *Verbundwerkstoffe* liefern Werkstoffe von hoher Festigkeit und Elastizität.

Kunststoff-Legierungen. Schmilzt man verschiedene Kunststoffe zusammen, so bildet sich eine Kunststoff-Legierung mit neuen Eigenschaften. Kombiniert man einen harten mit einem weichen Kunststoff, so ergibt sich eine Kunststoff-Legierung, die mechanisch hoch belastbar ist, die aber beim Aufprall nachgibt. Mit solchen Produkten kleidet man die Innenräume von Autos aus.

Verbundwerkstoffe. Häufig werden Kunststoffe mit Fasern und Geweben verstärkt. Solche Verbundwerkstoffe sind extrem belastbar und gegen hohe Temperaturen beständig. Surfbretter, Skier und Bootskörper lassen sich aus diesen Materialien herstellen.

Kunststoffe sind organische Werkstoffe, die aus Riesenmolekülen bestehen. Solche Makromoleküle werden aus kleineren Molekülen synthetisch hergestellt.

1 Was versteht man unter einem Makromolekül?

2 a) Nenne fünf Eigenschaften von Kunststoffen, die sie als Werkstoffe geeignet machen.
b) Welche Eigenschaften begrenzen den Einsatz von Kunststoffen?

3 a) Was versteht man unter einer Kunststoff-Legierung?
b) Wo setzt man solche Werkstoffe ein?

4 a) Was versteht man unter Verbundwerkstoffen?
b) Wo werden Verbundwerkstoffe verwendet?

6.2 Die Struktur bestimmt die Eigenschaft

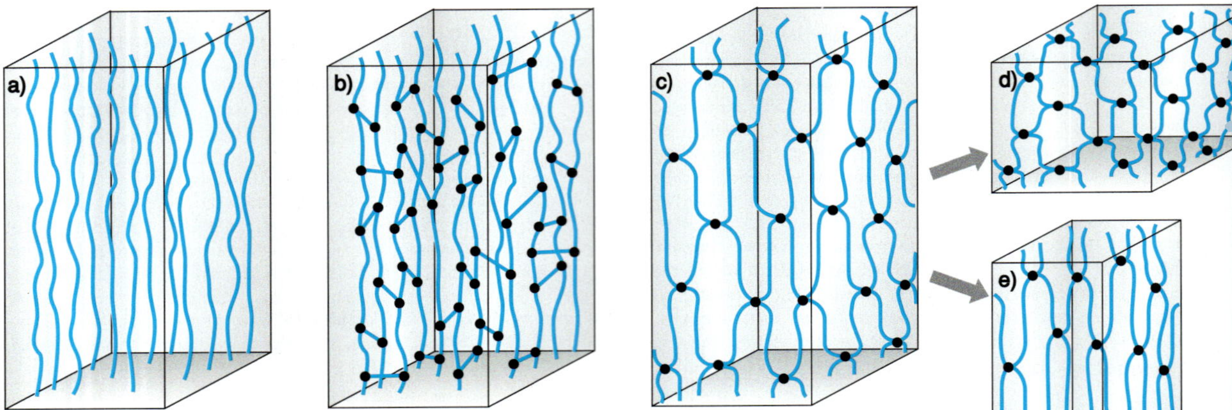

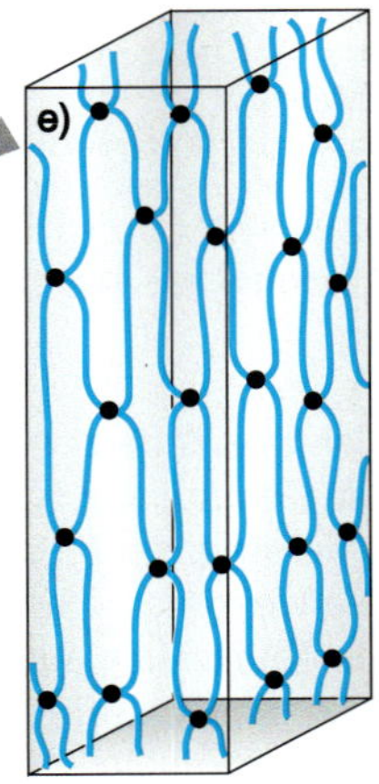

Verschiedene Strukturen in Kunststoffen: a) Thermoplaste, b) Duroplaste, c) Elastomere; d) Elastomer-Struktur bei Druck, e) Elastomer-Struktur bei Zug

Nach ihrem Verhalten beim Erhitzen und ihrer Reaktion auf Druck und Zug lassen sich Kunststoffe unterschiedlichen Gruppen zuordnen. Man unterscheidet *Thermoplaste, Duroplaste* und *Elastomere.*

Thermoplaste. Acrylglas wird beim Erhitzen auf etwa 100 °C weich und schmilzt, Acrylglas ist also in der Hitze *plastisch verformbar.* Kunststoffe mit dieser Eigenschaft werden als *Thermoplaste* bezeichnet. Auch *Polyethen, Polystyrol* und *Polyvinylchlorid* gehören zu den Thermoplasten.

Thermoplaste bestehen aus langkettigen Makromolekülen. Zwischen den Molekülen liegen schwache VAN-DER-WAALS-Bindungen vor. Beim Erwärmen können die Molekülketten aneinander vorbeigleiten.
Thermoplaste, die bei Raumtemperatur weich sind, bestehen überwiegend aus verknäuelten Makromolekülen. Manche Thermoplaste sind bei Raumtemperatur dagegen hart. Bei ihnen sind die Makromoleküle in bestimmten Bereichen parallel geordnet. Man spricht von einem teilkristallinen Zustand.

Duroplaste. Steckverbindungen an elektrischen Kabeln werden oft sehr heiß, dürfen sich dabei aber nicht verformen. Kunststoffe, die diese Werkstoffeigenschaft besitzen, nennt man *Duroplaste.* Zu ihnen gehören *Melaminharze, Bakelit, Epoxidharze* und *Polyesterharze.*

Die Makromoleküle eines *Duroplasten* sind über Elektronenpaarbindungen fest miteinander verknüpft. Die Struktur bleibt auch beim Erhitzen erhalten. Erst bei höheren Temperaturen werden C–C-Bindungen dieses Netzwerkes gespalten und der Kunststoff zersetzt sich. Duroplastische Werkstücke sind also nicht plastisch verformbar, sie müssen ihre endgültige Form schon bei der Herstellung erhalten. Sie lassen sich dann durch Feilen, Sägen, Bohren oder Fräsen mechanisch bearbeiten.

Elastomere. Reifen und Sitzpolster sollen weich und elastisch, aber doch fest sein. Sie werden aus *Elastomeren* hergestellt. Diese Stoffe geben äußerem Zug oder Druck nach, kehren aber anschließend wieder in ihre alte Form zurück.
Die Struktur von Elastomeren ähnelt der von Duroplasten, Elastomere sind jedoch viel weitmaschiger vernetzt. Durch Zug werden die Molekülketten in die Länge gezogen, halten aber an den Vernetzungspunkten zusammen. Äußerer Druck staucht die Molekülketten. Da die Vernetzungspunkte erhalten bleiben, wird die Struktur nur vorübergehend verzerrt. Ist der Zug jedoch zu stark oder die Temperatur zu hoch, wird die Struktur zerstört. So zerreißt ein Gummiring, wenn man ihn zu sehr spannt, und bei einer Notbremsung qualmen die Reifen.

Thermoplaste, Duroplaste und Elastomere unterscheiden sich in ihrem Verhalten beim Erhitzen und in ihrer Reaktion auf Druck und Zug.

1 **a)** Welche Eigenschaften besitzen Thermoplaste, Duroplaste und Elastomere?
b) Wie lassen sich diese Eigenschaften aus der Kenntnis des molekularen Aufbaus erklären?

2 Bringe Gegenstände aus Kunststoff mit und stelle sie im Unterricht als Beispiele für Thermoplaste, Duroplaste und Elastomere vor.

Untersuchung von Kunststoffen

V1: Erkennen von Kunststoffen

Materialien: Heizplatte, Stahlblech (10 cm x 10 cm), Messzylinder, Waage, Stopfen, Tiegelzange, Temperaturfühler oder Thermochromstifte, Universalindikator-Papier, Gasbrenner;
Aceton (F, Xi), Heptan (F, Xn, N), Kunststoffproben.

Durchführung:

1. Prüfe Streifen von Kunststoffen durch mehrmaliges Abknicken auf ihr Bruchverhalten.

2. Bestimme die Dichte der Proben.

3. Lass abgewogene Kunststoffstreifen in Reagenzgläsern mit Aceton bzw. Heptan für mehrere Stunden verschlossen stehen. Trockne die Proben dann und bestimme erneut ihre Masse.

4. Erhitze Kunststoffproben im Reagenzglas. Halte ein angefeuchtetes Stück Universalindikator-Papier in die entweichenden Dämpfe.

5. Halte kleine Kunststoffproben mit der Tiegelzange in die Flamme. Beobachte auch das Brennverhalten außerhalb der Flamme.

6. Decke eine Heizplatte mit einem Stahlblech ab und lege einige Kunststoffproben darauf. Erwärme das Stahlblech langsam und bestimme die Temperaturbereiche, bei denen die einzelnen Proben schmelzen.

Aufgaben:

a) Stelle die Ergebnisse tabellarisch zusammen.

b) Identifiziere die Proben anhand der unten stehenden Tabelle.

c) Welcher Kunststoff lässt sich durch sein Schwimmverhalten in Wasser von anderen Kunststoffen unterscheiden?

V2: Herstellung eines Kunststoffs

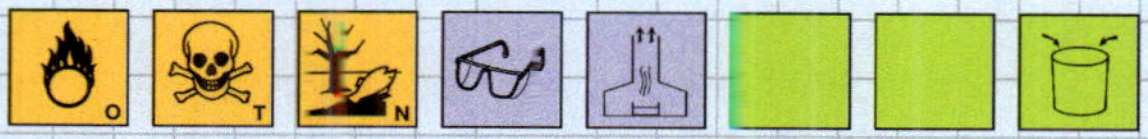

Materialien: 2 Tropfpipetten, Gasbrenner;
Butandiolmonoacrylat, Cumolhydroperoxid (O, T, N).

Durchführung:

1. Mische in einem Reagenzglas 2 ml Butandiolmonoacrylat und drei Tropfen Cumolhydroperoxid.

2. Erhitze die Probe kurz über einer kleinen Brennerflamme.

3. Beobachte die auftretenden Veränderungen.

Aufgaben:

a) Beschreibe deine Beobachtungen.

b) Die Moleküle von Butandiolmonoacrylat lassen sich vereinfacht durch $R_1–CH=CH_2$ wiedergeben. Formuliere die Verknüpfung dieser Moleküle zu Makromolekülen.

Kunststoff	Bruchverhalten	Dichte in $\frac{g}{cm^3}$	Löslichkeit in Aceton	Löslichkeit in Heptan	Verhalten bei trockenem Erhitzen / *Reaktion der Dämpfe*	Verhalten in der Flamme / *Geruch der Verbrennungsprodukte*	Schmelzbereich in °C
Polyethen	b	0,92–0,96	u/q	u/q	wird klar, schmilzt, zersetzt sich / *neutral*	gelbe Flamme, tropft brennend ab	105–120
Polypropen	h	0,91	u	u/q			
Polystyrol	h	1,05	l	q/l	schmilzt, verdampft / *neutral*	brennt stark rußend / *süßlich*	80–100
PVC (hart)	h	1,4	u/q	u	schmilzt, verkohlt / *sauer*	schwer entflammbar, gelbe Flamme mit grünem Saum, rußend / *stechend, brenzlig*	75–110
PVC (weich)	g	1,2–1,3	q	u			
Polymethylmethacrylat (Acrylglas)	h	1,2	l	u	schmilzt, verdampft / *neutral*	brennt knisternd, tropft ab, leuchtende Flamme, rußend / *fruchtartig*	85–105
Polyamid	b/h	1,1	u	u	schmilzt, verkohlt / *alkalisch*	bläuliche Flamme, tropft fadenziehend ab / *hornartig*	185–255
Polycarbonat	h	1,2–1,4	q	u	schmilzt, verkohlt / *sauer*	leuchtende Flamme, rußend, brennt nicht weiter, verkohlt / *phenolartig*	220–230
Polytetrafluorethen	b	2,1	u	u	wird klar, schmilzt nicht / *sauer*	brennt und verkohlt nicht, grüner Flammensaum / *stechend*	320–330

Bestimmungstabelle für einige Kunststoffe *(biegsam, gummi-elastisch, hart, löslich, unlöslich, quellbar)*

6.3 Polymerisation

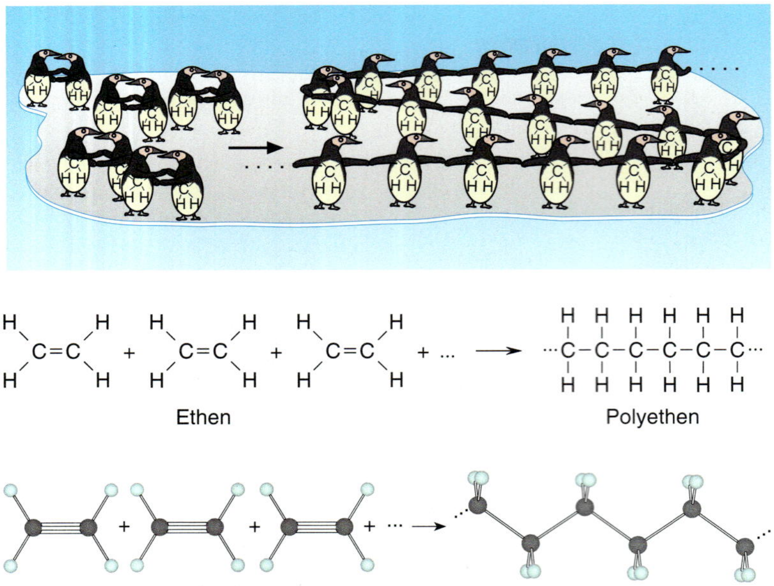

Durch Polymerisation bilden sich Makromoleküle.

Polymer	Monomer	Strukturformel
Polyethen (PE)	Ethen	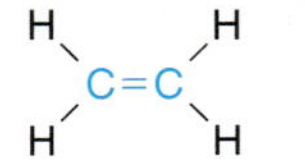
Polypropen (PP)	Propen	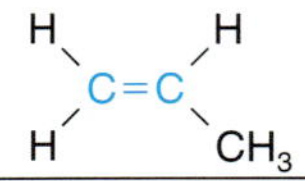
Polymethylmethacrylat (PMMA)	Methacrylsäuremethylester	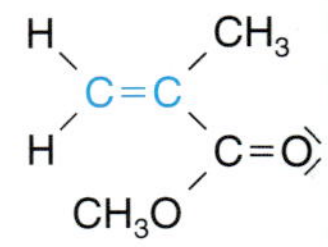
Polyacrylnitril (PAN)	Acrylnitril	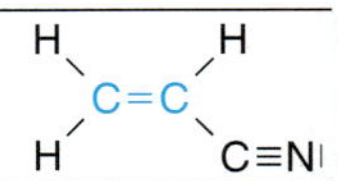
Polytetrafluorethen (PTFE)	Tetrafluorethen	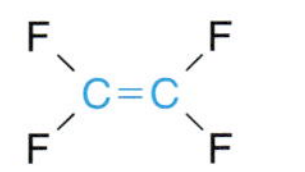
Polystyrol (PS)	Styrol	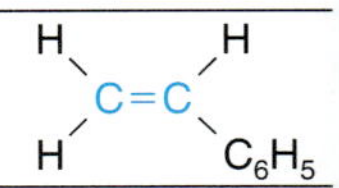
Polyoxymethylen (POM)	Methanal	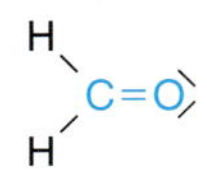

Polymere und ihre Monomere

Bei der Herstellung eines Kunststoffs reagieren zahlreiche gleichartige Moleküle, die **Monomere,** in einer **Polyreaktion** miteinander (griech. *poly:* viele). Aus diesen Monomeren bilden sich Makromoleküle oder **Polymere.** Die wichtigsten Polyreaktionen sind die Polymerisation und die Polykondensation.

Polymerisation. Der Kunststoff *Polyethen* bildet sich aus Ethen ($CH_2{=}CH_2$). Unter dem Einfluss von Licht, Wärme oder eines Katalysators spaltet sich eine Bindung der C=C-Zweifachbindung auf und die Einzelmoleküle verbinden sich zu langen Ketten. Da hierbei viele Monomere zu einem Molekül zusammentreten, spricht man von *Polymerisation.* Das Produkt bezeichnet man als *Polymerisat.* Ganz entsprechend bildet sich *Polypropen* durch Polymerisation von Propen-Molekülen ($CH_2{=}CHCH_3$).
Viele Kunststoffteile im Haushalt, in der Industrie und an wissenschaftlichen Geräten bestehen aus Polyethen oder Polypropen. Sie werden zu Folien, Fasern, Röhren und Gefäßen verschiedenster Form verarbeitet. Diese Gegenstände sind beständig gegen Säuren und Laugen und sind für den Kontakt mit Lebensmitteln geeignet.

PVC. Poly**v**inyl**c**hlorid erhält man durch Polymerisation von Vinylchlorid (Monochlorethen, $CH_2{=}CHCl$). PVC ist ein vielseitig verwendbarer Werkstoff. Er wird unter anderem zu Folien, Bodenbelägen, Abwasserrohren und Kunststofffenstern verarbeitet. Seit einiger Zeit ist PVC jedoch in die Umweltdiskussion geraten: Bei Bränden wird aus PVC Chlorwasserstoff freigesetzt. Außerdem befürchtet man die Bildung von giftigen Dioxinen. Probleme bestehen auch bei der Entsorgung und dem Recycling der anfallenden Altmaterialien.

Polymerisate entstehen aus ungesättigten Monomeren. Die dabei ablaufende Polyreaktion bezeichnet man als Polymerisation.

1 Gib die Reaktionsgleichung für die Polymerisation von Propen an.

2 Plexiglas ist der Handelsname eines Kunststoffs, der aus Methacrylsäuremethylester entsteht. Zeichne einen Ausschnitt aus einem Polymer-Molekül.

3 **a)** Zeichne einen Ausschnitt eines PVC-Moleküls.
b) Formuliere eine Reaktionsgleichung für die Verbrennung von PVC. Gehe dabei von der Formel des Vinylchlorids (C_2H_3Cl) aus. Als Produkte entstehen Kohlenstoffdioxid, Wasser und Chlorwasserstoff.

4 Styrol und Ethen bilden ein Mischpolymerisat. Zeichne ein Molekülstück, das die beiden Monomere abwechselnd enthält.

5 Informiere dich im Internet über Polyvinylchlorid (PVC). Stelle Argumente zur Debatte über die Verwendung von PVC zusammen.

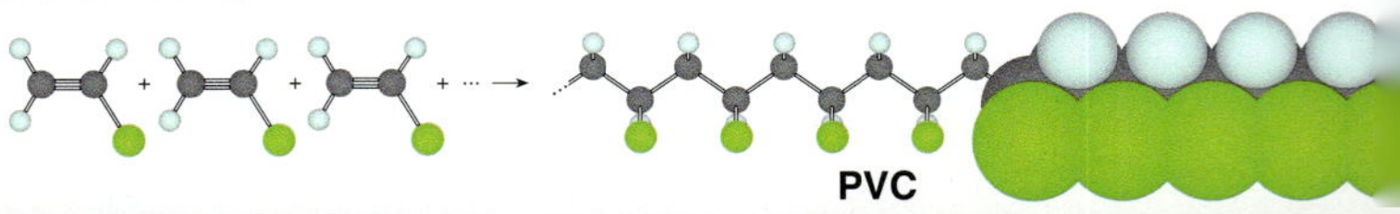

Verarbeitung der Thermoplaste

Unter den Kunststoffen bilden die Thermoplaste die größte Gruppe. Sie werden als Pulver oder Granulat an die kunststoffverarbeitende Industrie geliefert, die daraus mit Hilfe verschiedener Verfahren ihre Produkte herstellt.

Spritzgießen. Ein Extruder arbeitet wie ein beheizter Fleischwolf. Er fördert die zähflüssige Spritzmasse durch eine Düse in ein Spritzgusswerkzeug. Nach dem Abkühlen öffnet sich das Werkzeug und stößt das erhärtete Produkt automatisch aus. So lassen sich selbst komplizierte Formteile mit hoher Genauigkeit und in großer Stückzahl herstellen.

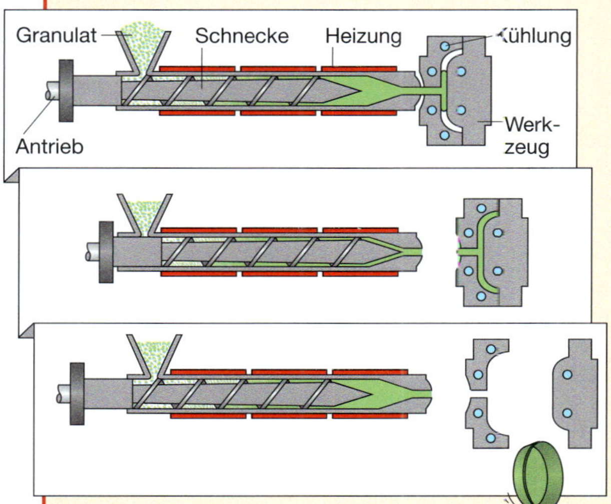

Blasformen. Um Hohlkörper wie Flaschen oder Heizöltanks zu fertigen, bedient man sich des Blasform-Verfahrens. Ein Extruder treibt einen zähflüssigen Kunststoffschlauch in eine zweiteilige Form. Diese schließt sich und quetscht den Schlauch nach allen Seiten luftdicht ab. Druckluft presst den Kunststoffschlauch nun an die gekühlten Innenwände. Wenn sich die Form öffnet, fällt das fertige Produkt heraus.

Folienblasen. Um Folienschläuche zu erzeugen, drückt der Extruder die plastische Masse durch eine ringförmige Düse. Danach wird das noch plastisch verformbare Rohr zu einem weiten Schlauch aufgeblasen, der dann aufgerollt wird. Um Folien zu erzeugen, schneidet man den Schlauch an der Seite auf. Kunststoffsäcke erhält man, indem der Schlauch in regelmäßigen Abständen heiß verschweißt wird.

1 Warum lassen sich Duroplaste und Elastomere nicht durch Blasformen oder Spritzgießen verarbeiten?

Blasformen: a) Der Rohling wird in die geöffnete Form eingesetzt, b) die Form ist geschlossen, c) die geöffnete Form zeigt das fertige Werkstück.

6.4 Polykondensation

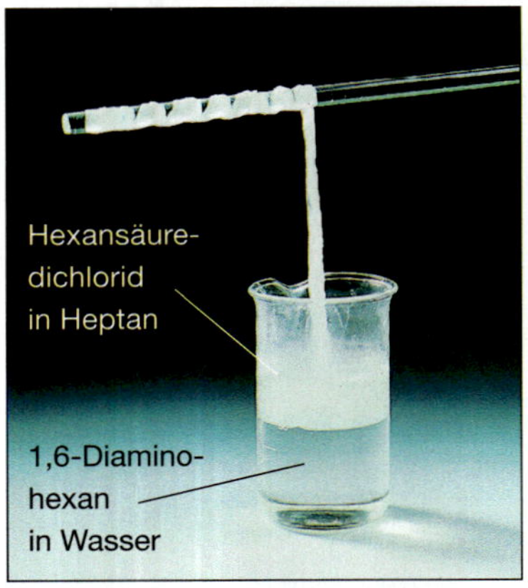

Herstellung von Nylon im Labor

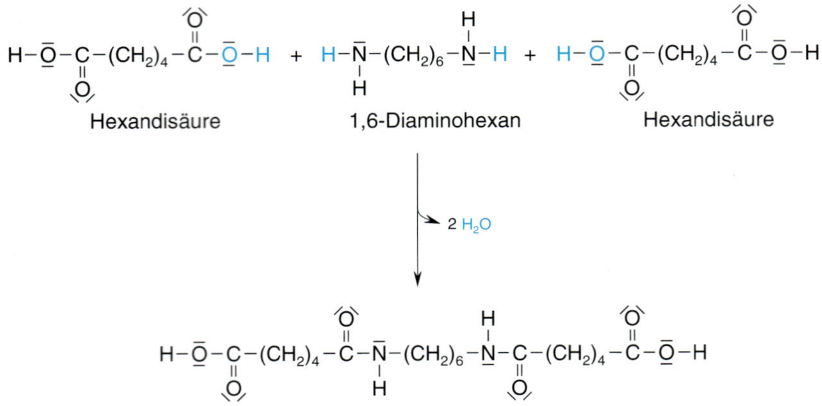

Erste Schritte der Polykondensation zu Nylon

Am 15. Mai 1940 kamen in den USA die ersten Nylonstrümpfe auf den Markt. Innerhalb weniger Stunden wurden fünf Millionen Paare verkauft, obwohl die „Nylons" doppelt so teuer waren wie Seidenstrümpfe. **Nylon** war die erste vollsynthetische Faser.

Polykondensation. Im Jahre 1934 entwickelte der amerikanische Chemiker CAROTHERS ein Syntheseverfahren für Nylon, das von zwei Komponenten ausgeht: Die Moleküle der einen Komponente besitzen zwei reaktionsfähige *Amino-Gruppen* ($-NH_2$), die Moleküle der anderen Komponente haben je zwei reaktionsfähige *Carboxyl-Gruppen* ($-COOH$). Zu Beginn der Reaktion verbinden sich zwei Moleküle über eine Amino-Gruppe und eine Carboxyl-Gruppe miteinander. Bei dieser *Kondensationsreaktion* wird ein Wasser-Molekül freigesetzt. Das entstandene Produkt hat an der einen Seite eine freie Carboxyl-Gruppe und an der anderen Seite eine freie Amino-Gruppe. Es kann daher in einer Polyreaktion beidseitig mit weiteren Monomeren reagieren. Durch diese *Polykondensation* erhält man ein *Polyamid*.

Schmelzspinn-Verfahren. Nylon und das chemisch verwandte Perlon gehören zu den thermoplastischen Kunststoffen. Sie werden nach dem Schmelzspinn-Verfahren zu Fasern verarbeitet. Dazu presst man den geschmolzenen Kunststoff durch feine Düsen. Die heraustretenden Fäden erstarren. Anschließend werden sie auf das Zehnfache ihrer Länge gestreckt und auf Spulen aufgewickelt. Beim Strecken werden die Makromoleküle parallel zueinander ausgerichtet. Dabei bilden sich Wasserstoffbrückenbindungen zwischen den Molekülketten aus. Durch das Strecken werden die Fasern besonders reißfest. Obwohl Nylonfäden viel dünner als Fäden aus Naturseide sind, ist ihre Reißfestigkeit wesentlich höher.

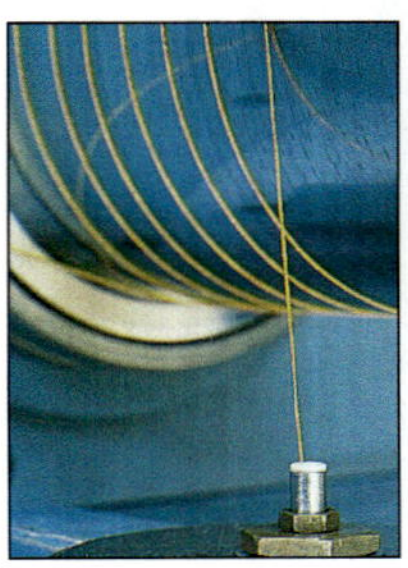

Polyester. Auch Dialkohole und Dicarbonsäuren reagieren durch Polykondensation zu Makromolekülen. Es entstehen *Polyester*. Aus solchen Kunststoffen werden Textilfasern wie Trevira und Diolen hergestellt.
Aus ungesättigten Dicarbonsäuren und mehrwertigen Alkoholen bilden sich *ungesättigte* Polyester. Man verarbeitet sie zu Gießharzen, die sich mit einer zweiten Komponente durch Polymerisation aushärten lassen. Aus mit Glasfasermatten verstärkten Gießharzen werden Bootskörper, Tanks und andere Hohlformen hergestellt.

Bei einer Polykondensation werden Monomere mit zwei funktionellen Gruppen unter Abspaltung kleiner Moleküle miteinander verknüpft.

1 Was versteht man unter einer Polykondensation?
2 Formuliere die Reaktionsgleichung für **a)** die Bildung eines Nylon-Moleküls aus 1,6-Diaminohexan und Hexandisäure; **b)** die Bildung eines Polyester-Moleküls aus Glykol und Butandisäure.
3 **a)** Beschreibe das Schmelzspinn-Verfahren.
b) Bei welcher Gruppe von Kunststoffen lässt sich das Schmelzspinn-Verfahren anwenden? Begründe.
4 Warum erhalten Nylonfasern erst dann ihre endgültige Reißfestigkeit, wenn der Faden gestreckt wird?
5 Erläutere das Aushärten von ungesättigten Polyestern.
6 Warum verarbeitet man bei der Herstellung von Bootskörpern auch Glasfasermatten?

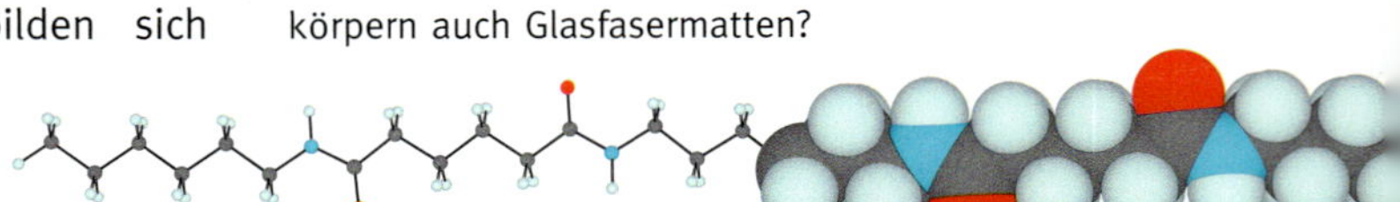

Nylon

Chemie-Recherche

Location: http://www.schroedel.de/chemie_heute.html

Suche:

Fasern und Membranen

Ergebnisse:

→ Seide, ein Naturprodukt

Die Raupen des Maulbeerspinners, einer Schmetterlingsart, pressen aus ihren Spinndrüsen einen bis zu 3,5 km langen Faden. Sie erzeugen daraus einen Kokon, indem sie sich verpuppen. Die Seidenindustrie weicht die Kokons in heißem Wasser ein und wickelt die Seidenfäden ab. Von jedem Kokon können etwa 1000 m verwendet werden. Aus mehreren Fäden wird dann ein verwertbarer Seidenfaden gesponnen. Seidenfäden bestehen aus makromolekularen Eiweiß-Molekülen. Seide wird von alkalischen Lösungen und enzymhaltigen Waschmitteln leicht angegriffen. Gegenüber Säuren ist Seide dagegen beständiger.

→ Kunstseide, eine halbsynthetische Faser

Fäden und Gewebe, die man als Kunstseide bezeichnet, werden aus Cellulose hergestellt. In ihrem chemischen Aufbau ist Kunstseide (Reyon) also nicht mit Naturseide vergleichbar. Kunstseide entspricht von der molekularen Zusammensetzung her eher der Baumwolle, die auch ein Cellulose-Produkt ist.

Bei der Produktion von Kunstseide stellt man zunächst reine Cellulose (Zellstoff) her. Zellstoff lässt sich nach unterschiedlichen Verfahren in eine gelöste Form überführen. Die dickflüssige Masse wird dann durch Spinndüsen gepresst und in einem Streckspinn-Verfahren zu Fäden verarbeitet.
Im Gegensatz zur Naturseide ist Kunstseide empfindlich gegenüber Säuren, wird aber von alkalischen Lösungen nicht so leicht angegriffen.

Weltweite Verwendung von Fasern

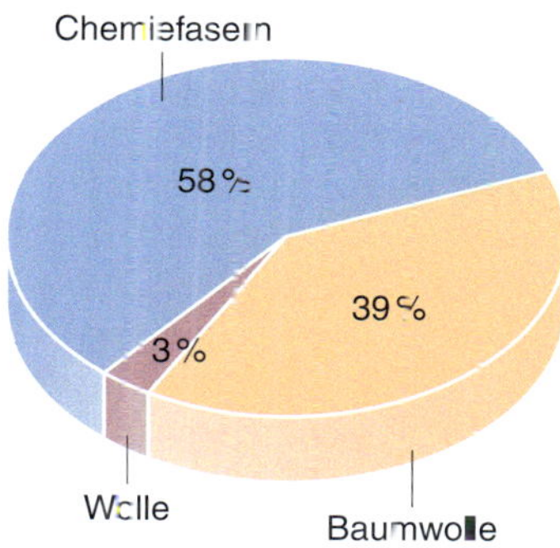

→ Hightech-Produkte der Textilindustrie

Die ideale Kleidung für Sport und Freizeit soll gleichzeitig winddicht und wasserabweisend, aber trotzdem dampfdurchlässig und atmungsaktiv sein. Solche Textilien sind unter den Begriffen Mikrofaser und Klimamembrane auf dem Markt.

Mikrofasern:
Mikrofasern werden aus Polyester oder nylonähnlichen Fäden hergestellt. Sie sind dreimal feiner als Seidenfäden. Nur drei Kilogramm Mikrofaserfäden reichen einmal um den Äquator. Mikrofasern werden zu sehr feinporigen Geweben verarbeitet. Sie weisen Wind und Regen ab, lassen aber Wasserdampf, der beim Schwitzen entsteht, durch. Die Poren der Membran sind nämlich 3000-mal kleiner als Regentropfen, aber immer noch 3000-mal größer als ein Wasser-Molekül.

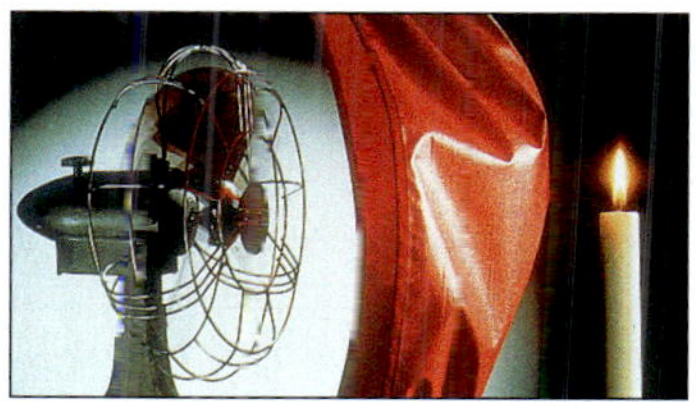

Klimamembrane:
Eine Klimamembran ist eine sehr dünne Folie. Sie wird auf die Innenseite eines Textilgewebes aufgeklebt. Im Handel befinden sich im Wesentlichen zwei Membran-Typen. Eine **Goretex**-Membran besteht aus einer nur 0,02 mm dünnen Folie aus Polyfluorethen. Durch Strecken der Folie bilden sich feinste Poren. Auf einem Quadratzentimeter sind es etwa 1,4 Milliarden.
Völlig porenfrei ist die **Sympatex**-Membran aufgebaut. Sie wird aus einem Polyester hergestellt, der Wasserdampf besonders gut durchlässt. Diese Kunststofffolie ist sogar nur 0,001 mm dick. 20 g reichen für einen ganzen Anorak.

Aufgaben

1 Was ist Naturseide, was ist Kunstseide?

2 Erläutere die Abbildung zur Klimamembrane.

6.5 Bakelit und andere Duroplaste

Artikel aus Duroplasten

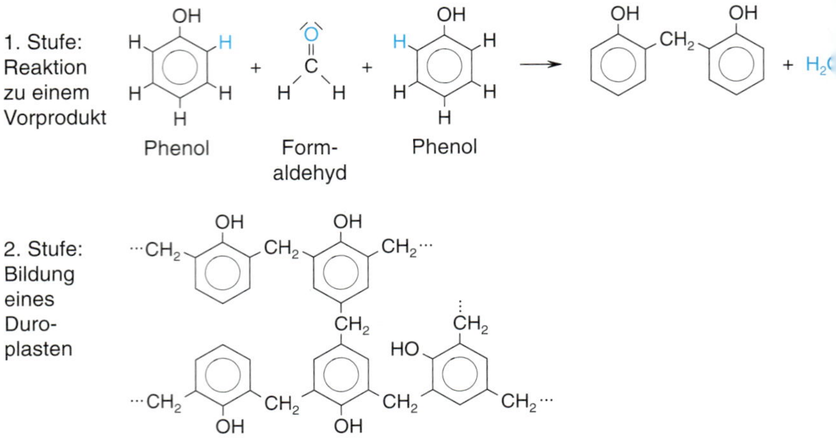

Bildung von Phenolharz durch Polykondensation

Schon 1907 hatte der Belgier BAEKELAND aus *Phenol* und *Formaldehyd* mit Natriumhydroxid als Katalysator einen Kunststoff hergestellt. Wegen seines harzartigen Aussehens wird er als **Phenolharz** bezeichnet. Ab 1910 wurde daraus ein technisch verwertbarer Werkstoff entwickelt, den man zu Ehren von BAEKELAND als **Bakelit** bezeichnete. Heute ist Bakelit jedoch weitgehend durch andere Duroplaste ersetzt.

Herstellung. Bei der Synthese eines Phenolharzes gehen Phenol und Formaldehyd eine Polykondensationsreaktion ein. Dabei werden die Phenol-Reste über CH_2-Gruppen miteinander verknüpft, gleichzeitig werden Wasser-Moleküle abgespalten. Zunächst entstehen Makromoleküle mit geringer Kettenlänge. Durch weitere Reaktionen mit Formaldehyd bilden sich vernetzte Strukturen. Es entsteht ein Duroplast.

Verwendung. Neben den Phenolharzen sind auch Duroplaste im Handel, die aus Formaldehyd und den Monomeren Harnstoff und Melamin hergestellt werden. Sie werden zur Produktion von Steckdosen und Sichtblenden elektrischer Schalter verwendet. Diese Produkte sind bis etwa 300 °C temperaturbeständig.

Der Trabant, scherzhaft „Rennpappe" genannt.

Duroplastische Kunststoffe werden oft mit Geweben und Faserbahnen zu *Schichtpressstoffen* verarbeitet. Für die Karosserie des früher in der DDR produzierten Trabants wurden 65 Lagen zu einer nur 4 mm starken Schicht zusammengepresst.

Eine besondere Rolle unter den Duroplasten spielen die *Epoxidharze*. Sie zeichnen sich durch hohe chemische Beständigkeit, große Härte, Schlagfestigkeit und Abriebfestigkeit aus. Aus Epoxidharzen werden hochwertige Kunststoffteile für Waschmaschinen und Kühlschränke, für Kannen, Fässer und viele weitere Gebrauchsartikel hergestellt. Aber auch in der Produktion hochwertiger Lacke und Klebematerialien spielen Epoxidharze eine Rolle.
Auch viele *Gießharze* bestehen aus Epoxid-Kunststoffen. Man verwendet sie in der Elektrotechnik, um verschiedene Geräteteile fest miteinander zu verbinden und sie gleichzeitig elektrisch voneinander zu isolieren.

Duroplaste können nicht recycelt werden, denn sie lassen sich weder ein zweites Mal verformen noch in verwertbare Monomere zerlegen. Duroplast-Teile gehören also in den Restmüll.

Duroplastische Kunststoffe wie Phenolharze und Epoxidharze werden durch Polykondensation hergestellt.

1 **a)** Zeichne auf, wie sich zwei Phenol-Moleküle durch Reaktion mit einem Formaldehyd-Molekül miteinander verbinden.
b) Warum spricht man in diesem Fall von einer Kondensationsreaktion?
c) Welche molekulare Struktur ruft bei Phenolharzen die duroplastischen Eigenschaften hervor?
2 Was versteht man unter einem Schichtpressstoff?
3 Harnstoff hat die Formel $H_2N–CO–NH_2$. Zeige, wie sich aus Harnstoff und Formaldehyd ein Makromolekül bilden kann.
4 Informiere dich im Internet über Expoxidharze. Stelle in einer Übersicht häufige Verwendungsweisen dar.

6.6 Gummi – das wichtigste Elastomer

Latex-Gewinnung

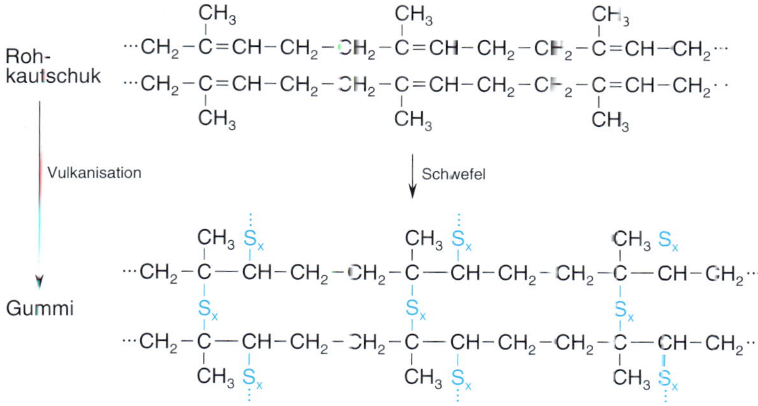

Struktur von Kautschuk-Molekülen und Vulkanisation

Wird die Rinde eines Kautschukbaums verletzt, so fließt Latex, eine milchige Flüssigkeit, heraus. Sie enthält fein verteilte Tröpfchen von **Kautschuk,** einem Polymer, das in regelmäßigen Abständen *C=C-Zweifachbindungen* enthält. Die Makromoleküle des Kautschuks werden aus dem Monomer *Isopren* (2-Methylbuta-1,3-dien) gebildet:

$$CH_2=C(CH_3)-CH=CH_2$$

Seit 1937 wird in großem Maße **Synthese-Kautschuk** durch Polymerisation hergestellt. Dabei geht man meist von den Monomeren *Buta-1,3-dien* ($CH_2=CH-CH=CH_2$) und *Styrol* ($C_6H_5-CH=CH_2$) aus. Je nach Mischungsverhältnis der Monomere erhält man Synthese-Kautschuk mit unterschiedlichen Eigenschaften.

Vulkanisation. Rohkautschuk ist zäh, klebrig und thermoplastisch. Ein dauerhaft gummi-elastisches Material erhält man erst durch *Vulkanisation.* Dabei wird Rohkautschuk mit Schwefel vermengt und erhitzt. Der Schwefel reagiert mit den C=C-Zweifachbindungen, sodass benachbarte Makromoleküle über *Schwefelbrücken* verbunden werden. Es entsteht **Gummi.**

Reifenherstellung. Autoreifen müssen besonders elastische Seitenwände besitzen, die Laufflächen dagegen sollen rutschfest und abriebfest sein. Man benötigt also Gummisorten unterschiedlicher Elastizität. Sie lassen sich durch Variation des Synthese-Kautschuks und durch unterschiedliche Schwefelanteile bei der Vulkanisation erreichen. Nach der Vulkanisation sind noch immer reaktionsfähige C=C-Zweifachbindungen vorhanden, die durch Luftsauerstoff angegriffen werden könnten. Dadurch würde das Material porös und brüchig. Durch den Zusatz von Alterungsschutzmitteln verhindert man, dass das Material seine gummi-elastische Eigenschaft verliert. Außer Rohkautschuk und Schwefel werden Ruß und Harze als Füllstoffe und Weichmacher für die Reifenherstellung benötigt.

Kautschuk ist ein Thermoplast, dessen Moleküle C=C-Zweifachbindungen enthalten. Durch Vulkanisation mit Schwefel werden die Moleküle zu einem gummi-elastischen Material vernetzt.

1 a) Wie gewinnt man Naturkautschuk?
b) Formuliere die Verknüpfung zweier Isopren-Moleküle.

2 a) Formuliere die Verknüpfung eines Buta-1,3-dien-Moleküls mit einem Styrol-Molekül.
b) Warum ist die Polymerisation damit noch nicht beendet?
c) Welche Teilchen können die Polymerisation stoppen?

3 a) Was versteht man unter Vulkanisation?
b) Stelle den Vulkanisationsvorgang auf molekularer Ebene dar.
c) Wie stellt man Gummisorten mit unterschiedlichen Eigenschaften her?

4 a) Welche Rolle spielen die einzelnen Schichten eines Autoreifens?
b) Warum besitzt die Lauffläche ein Profil?
c) Was versteht man unter Aquaplaning?

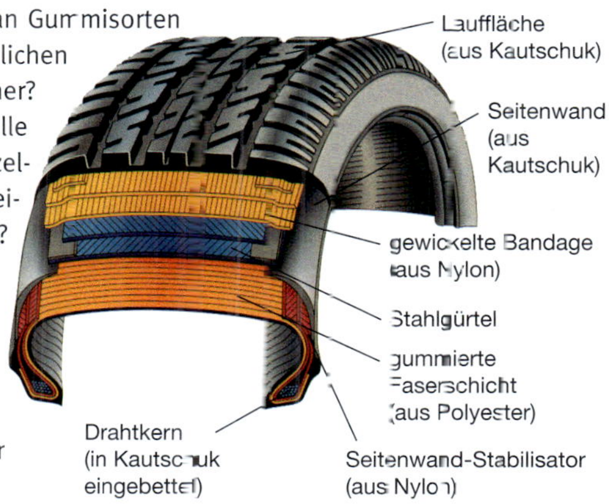

Exkurs

Polystyrol-Schaumstoff – viel Raum und wenig Masse

Mit Leichtigkeit können selbst Kinder einen riesigen Packen Dämmmaterial aus Polystyrol-Schaumstoff stemmen, denn dieses Produkt besteht zu 98 % aus Luft. *Polystyrol* wird aus Styrol (C_6H_5–CH=CH_2) polymerisiert. Im Alltag werden solche Schaumstoffe meist mit dem Handelsnamen *Styropor* bezeichnet.

Das Ausgangsmaterial für die Herstellung eines Polystyrol-Schaumstoffkörpers kommt in Form von Polystyrol-Kügelchen in den Handel. Durch einen Trick gelingt es, ein Produkt mit extrem geringer Dichte zu erzeugen: In diese Kügelchen ist ein kleiner Anteil an Pentan eingeschlossen. Das Pentan verdampft, wenn man eine feste Form mit Polystyrol-Kügelchen in siedendem Wasser erhitzt. Dabei bläht der Pentan-Dampf die Kügelchen auf und verklebt sie miteinander. Selbst kompliziert geformte Körper lassen sich auf diese Weise herstellen.

Styropor ist vielseitig verwendbar:

- Körper aus Styropor haben einen großen Auftrieb. Darum verwendet man sie, um Boote unsinkbar zu machen. Auch Schwimmwesten und Rettungsringe haben meist einen Kern aus Styropor.
- Styropor ist ein schlechter Wärmeleiter. Beim Hausbau und in Kühlschränken setzt man daher Styropor zur Wärmeisolierung ein.
- Styropor ist nicht nur leicht, sondern auch weich und elastisch. Man fertigt daher Verpackungsmaterial aus diesem Material, weil es sich den Formen des Transportguts anpassen lässt.

1 Bestimme das Volumen und die Masse eines Styropor-Körpers und berechne seine Dichte.
2 Warum ist Styropor ein guter Wärmeisolator?

Exkurs

Polyurethan – alles nur Schaum?

Polyurethane wurden schon im Jahre 1935 von BAYER entwickelt. Sie machten insbesondere als Schaumstoffe eine beachtliche Karriere. Polyurethan-Schaumstoffe sind heute aus der industriellen Fertigung vieler Produkte nicht mehr wegzudenken. Das liegt auch daran, dass sich Polyurethan-Schäume mit sehr unterschiedlichen Eigenschaften herstellen lassen:

- Weicher Polyurethan-Schaum hat einen schwammartigen Charakter. Er dient häufig als Polstermaterial.
- Harter Polyurethan-Schaum kleidet Hohlräume aus und sorgt für Leichtigkeit bei hoher Festigkeit. Außerdem wird er als Isoliermaterial eingesetzt.
- Hochelastischer Polyurethan-Schaum wird zu Schuhsohlen verarbeitet. Die Reaktion erfolgt in einer beheizten Form, sodass sich ein Schaum mit dichter Außenschicht bildet.
- Ein spezieller Polyurethan-Schaumstoff kann das 100fache seiner Masse an Öl aufnehmen. Um einen Ölteppich auf See zu beseitigen, erzeugt man diesen Schaum direkt vor Ort. Das aufgesaugte Öl kann anschließend abgepresst werden.

Körper aus Polyurethan-Schaumstoff sind leicht herzustellen. Man mischt die Komponenten *Desmodur* und *Desmophen* in einem bestimmten Verhältnis miteinander und bald „wächst" ein Schaumpilz aus Polyurethan aus dem Becherglas. Die Schaumstruktur entsteht, weil bei der Reaktion Kohlenstoffdioxid-Gas freigesetzt wird, das den fest werdenden Kunststoff aufbläht.

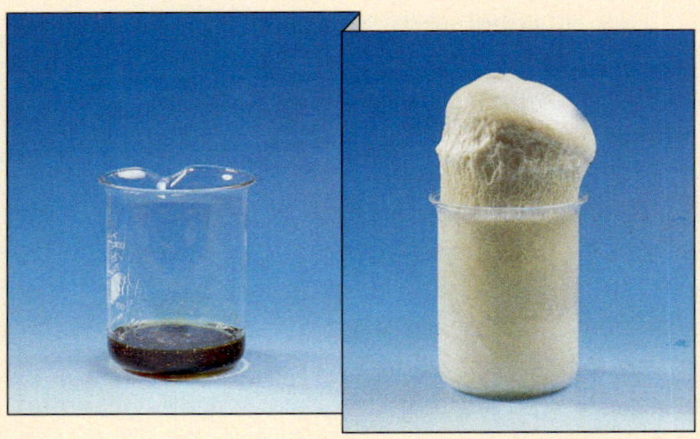

1 Erläutere die Entstehung eines Polyurethan-Schaumkörpers.

6.7 Silicone – Kunststoffe aus Sand

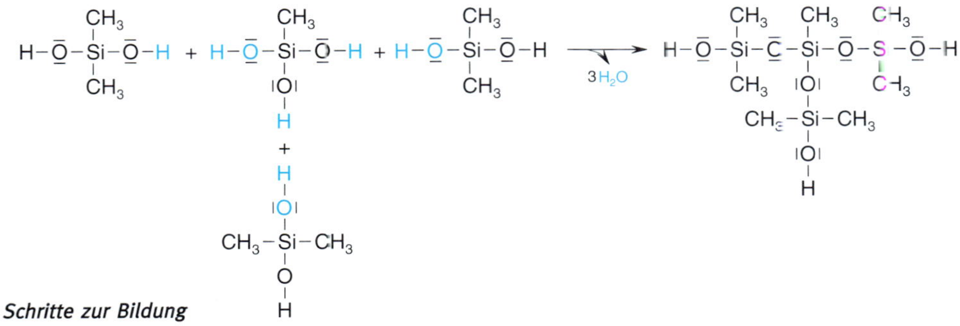

Die ersten Schritte zur Bildung eines Siliconharzes

Der ICE – mit einem Schutzanstrich aus Siliconharz

Silicium steht im Periodensystem unmittelbar unter dem Element Kohlenstoff. Daher bildet es auch ähnliche Verbindungen: Dem Methan (CH_4) entspricht das *Silan* (SiH_4), den Alkanolen entsprechen die *Silanole*.
Auch Makromoleküle lassen sich auf der Grundlage der Silicium-Chemie herstellen. Größere Mengen dieser Kunststoffe, der **Silicone,** wurden erstmals 1947 in Deutschland produziert.
Die erforderlichen Zwischenprodukte werden mit Hilfe von elementarem Silicium erzeugt. Da das Silicium aus Quarzsand (SiO_2) gewonnen wird, bezeichnete man Silicone auch als „Kunststoffe aus Sand".

Silicone sind silicium-organische Kunststoffe, deren Molekülgerüst aus Silicium-Atomen und Sauerstoff-Atomen besteht. Die übrigen Bindungen an den Silicium-Atomen sind meist von Methyl-Gruppen besetzt.

Herstellung. Das wichtigste Zwischenprodukt für die Synthese von Siliconen ist Dichlordimethylsilan ($(CH_3)_2SiCl_2$). Es entsteht bei der Umsetzung von elementarem Silicium mit Chlormethan (CH_3Cl):

$$Si\ (s) + 2\ CH_3Cl\ (g) \xrightarrow{300\ °C,\ Katalysator} (CH_3)_2SiCl_2\ (l)$$

Durch die Reaktion mit Wasser erhält man daraus das eigentliche Monomer für die Polyreaktion, ein **Silandiol:** $HO{-}Si(CH_3)_2{-}OH$. Silandiole entsprechen den Alkandiolen der Kohlenstoff-Chemie, besitzen aber viel reaktionsfreudigere OH-Gruppen. Sie reagieren in einer *Polykondensationsreaktion* miteinander, wobei Wasser abgespalten wird. Dadurch bilden sich kettenförmige Silicon-Moleküle, wie sie in *Siliconölen* und *Siliconfetten* enthalten sind. Die Moleküle der **Silantriole** besitzen dagegen drei OH-Gruppen. Man erhält daraus duroplastische *Siliconharze* mit räumlich vernetzten Makromolekülen.

Eigenschaften und Verwendung. Durch die unpolaren Methyl-Gruppen sind Silicone wasserabweisend. Silicone sind außerdem beständig gegen Ozon und UV-Strahlen, sie vertragen höhere Temperaturen als Kunststoffe, die aus Kohlenstoff-Verbindungen bestehen. Da sie auch geruchsfrei, elektrisch isolierend und wärmebeständig sind, werden sie in vielen Bereichen eingesetzt:
- Man verwendet sie als Bremsflüssigkeit, Schmiermittel und Dichtungsmasse.
- In der Medizintechnik werden künstliche Gelenke und Herzklappenventile aus Siliconen angefertigt.
- Die Arzneimittelindustrie und die Kosmetikindustrie stellt aus Siliconen Salbengrundlagen her.
- Textilien, die mit Siliconen imprägniert sind, bleiben atmungsaktiv, lassen sich aber nicht von Wasser benetzen.
- Viele Gebäudeschutzmittel bestehen aus Silicon.

Silicone sind silicium-organische Kunststoffe, in denen Silicium-Atome und Sauerstoff-Atome das Grundgerüst der Moleküle bilden.

1 Wie viele Elektronenpaarbindungen bilden Silicium-Atome aus?
2 Worin unterscheiden sich die Polymerketten der Silicone von denen des Polyethens?
3 Warum ist die Reaktion zwischen Silandiol-Molekülen eine Polykondensation?
4 Warum entstehen durch die Polykondensation von Silantriol-Molekülen räumlich vernetzte Molekülstrukturen?
5 Informiere dich im Internet über Silicone und ihre Verwendung.

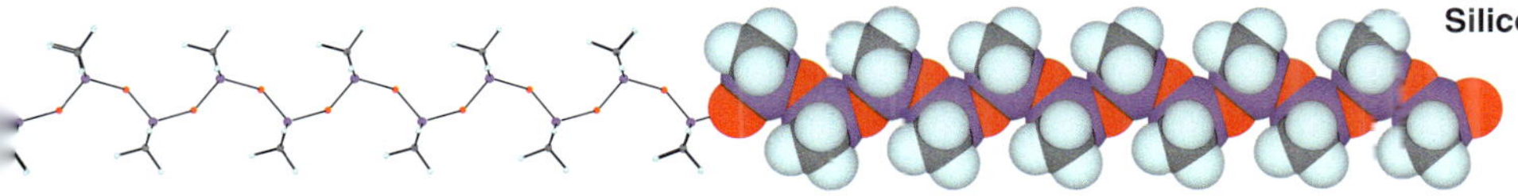

Silicon

6.8 Klebstoffe – wie halten sie fest?

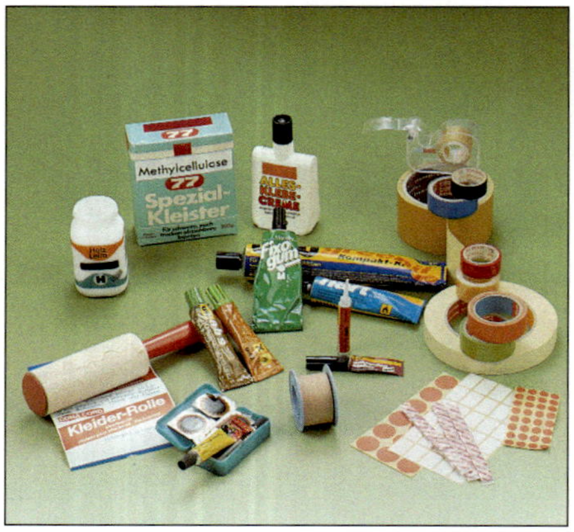

Klebstoffartikel

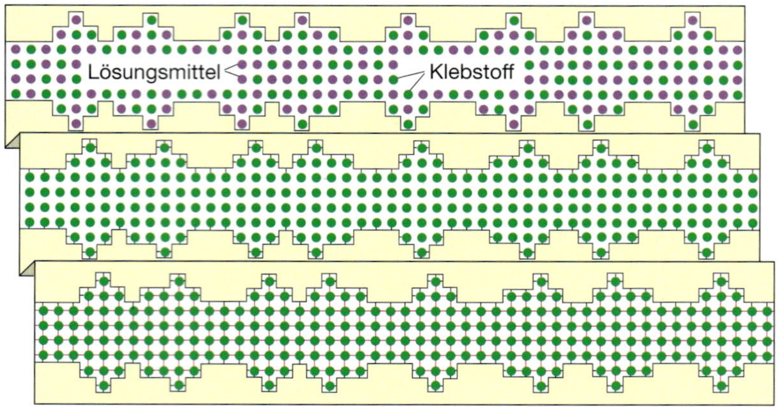

Klebevorgang bei einem Lösungsmittelkleber im Modell

Zum Basteln, Reparieren und Verpacken bietet der Markt heute eine fast unüberschaubare Fülle von Klebern an. Auch in der technischen Fertigung gewinnen Klebstoffe immer größere Bedeutung. Statt zu schweißen oder zu nieten, klebt man die Teile viel einfacher und billiger aneinander. So werden bei der Herstellung eines Autos durchschnittlich 15 verschiedene Klebstoffe eingesetzt. Sie erreichen eine Festigkeit, die den Schweißnähten und Nietverbindungen in nichts nachsteht.

Theorie des Klebens. Zwei Voraussetzungen müssen erfüllt sein, damit eine Klebeverbindung hält:

- Der Klebstoff muss das zu klebende Material gut *benetzen*. Darum wird er meist in flüssiger Form aufgetragen, denn nur so kann er in die kleinsten Unebenheiten eindringen.
- Der Klebstoff muss die zu verbindenden Teile *zusammenhalten*. Den Kontakt vermitteln Anziehungskräfte zwischen den Teilchen des Klebstoffs und denen des zu verbindenden Materials. Man spricht hier von *Adhäsionskräften* (lat. *adhaerere:* haften). Die Teilchen des Klebstoffs müssen aber auch untereinander durch genügend große Kräfte zusammengehalten werden. Das bewirken *Kohäsionskräfte* (lat. *cohaerere:* zusammenhalten).

Klebstoffarten. Klebstoffe lassen sich nach der Art ihres Aushärtens einteilen:
Lösungsmittelklebstoffe enthalten gelöste Makromoleküle. Der eigentliche Klebstoff härtet aus, wenn das Lösungsmittel verdunstet. In diese Gruppe gehören die so genannten Alleskleber. Sie enthalten beispielsweise in Aceton gelöste Polyester. Heute bevorzugt man in vielen Klebern Wasser als Lösungsmittel, weil organische Lösungsmittel gesundheitsschädlich und leicht entzündlich sein können.

Schmelzkleber sind thermoplastische Kunststoffe, die beim Erwärmen erweichen. Beim Abkühlen erstarrt der Kleber wieder und verbindet die Teile miteinander. Ein handliches Gerät zur Verarbeitung von Schmelzklebern ist die Klebepistole.
Reaktionskleber enthalten Monomere oder Vorstufen von Makromolekülen. Vor ihrem Einsatz werden sie mit einem *Härter* vermischt. Beim Aushärten setzt eine Polymerisation ein. Zu dieser Gruppe von Klebern gehören die Zwei-Komponenten-Kleber.
Nicht härtende Kleber beinhalten in der Regel Kautschuk oder Polyacrylate. Man verwendet sie für Klebebänder, Pflaster und Aufkleber, die sich wieder von der Unterlage abziehen lassen. Ein bekannter Kleber dieser Art ist die Gummilösung, mit der Löcher in Fahrradschläuchen geflickt werden.

Klebstoffe verbinden Teile durch molekulare Anziehungskräfte miteinander. Für bestimmte Zwecke werden unterschiedliche Klebstoffe eingesetzt.

1 Bringe verschiedene Klebstoffe in den Unterricht mit. Ordne sie einer Klebstoffart zu. Beachte dabei die Verarbeitungshinweise.

2 Erkläre mit Hilfe des rechten Bildes die einzelnen Phasen des Klebevorgangs. Wo wirken Adhäsionskräfte und wo Kohäsionskräfte?

3 Wie funktioniert ein Schmelzkleber?

4 Für welche Zwecke werden nicht härtende Kleber eingesetzt?

5 **a)** Was ist ein Zwei-Komponenten-Kleber?
b) Warum werden die Komponenten getrennt geliefert?

6 Welche Sicherheitsvorschriften sind beim Umgang mit Sekundenklebern zu beachten?

7 Warum muss Gummilösung beim Flicken eines Fahrradschlauchs eintrocknen?

6.9 Kunststoffe sind Wertstoffe

Seit Kunststoffe in größerem Umfang verarbeitet und genutzt werden, gibt es auch Probleme mit Kunststoffabfällen. Die Abfälle stammen hauptsächlich aus der kunststoffverarbeitenden Industrie und aus dem Verpackungsmaterial der Kleinbetriebe und Haushalte. Für die Verwertung dieses Material kommen drei Verfahren in Frage:

- Beim **werkstofflichen Recycling** werden die Kunststoffabfälle zerkleinert, umgeschmolzen und wieder verwendet.
- Was sich nicht in dieser Weise recyclen lässt, wird oft dem **rohstofflichen Recycling** zugeführt. Bei diesem Verfahren werden thermoplastische Kunststoffe in ihre niedermolekularen Bestandteile zerlegt, um sie anschließend zur Herstellung neuer Kunststoffe zu verwenden. Dieses Verfahren funktioniert aber nur dann problemlos, wenn die Kunststoffreste weitgehend sortenrein anfallen und nicht zu sehr verschmutzt sind.
- Kunststoffmüll, der weder werkstofflich noch rohstofflich recycelt werden kann, wird verbrannt. Bei dieser **thermischen Verwertung** wird der Energiegehalt des Materials genutzt.

Das Recycling von Kunststoffen hat zum Ziel, Rohstoffe einzusparen, den Energieeinsatz zu reduzieren und die Müllmenge zu verringern. Die Verfahren sollen möglichst kostengünstig sein und die Umwelt nicht belasten. Seit 1993 hat die *Duales System Deutschland AG* die vom Gesetzgeber übertragene Aufgabe übernommen, Verkaufsverpackungen, die in Haushalten und im Kleingewerbe anfallen, zu sammeln, zu sortieren und zu verwerten. 1998 wurde gesetzlich festgelegt, dass 60 % des anfallenden Kunststoffmülls in der einen oder anderen Weise zu verwerten sind. 36 % der Kunststoffabfälle sollen werkstofflich recycelt werden. Die restlichen 24 % können einem rohstofflichen oder thermischen Verwertungsverfahren zugeführt werden.

Modernste Anlagen ermöglichen heute die vollautomatische Sortierung des Inhalts der *„Gelben Säcke"*. Leichtverpackungen, Weißblech und Aluminium werden abgetrennt. Der Kunststoffmüll wird zerkleinert und sortenrein aufbereitet.

Kunststoffreste werden gesammelt und werkstofflich oder rohstofflich wieder verwertet. Der Rest wird verbrannt.

1 Mit welchen Techniken lässt sich ein Gemisch aus Kunststoffabfällen sortieren?

2 Stelle Vorteile und Nachteile des werkstofflichen Recyclings, des rohstofflichen Recyclings und der thermischen Verwertung von Kunststoffen zusammen.

3 Bestelle dir bei der Duales System Deutschland AG Informationsmaterial zur Verwertung von Kunststoffen.

4 Informiere dich in deinem Wohnort nach dem dortigen Abfallbeseitigungskonzept.

5 Beschreibe das abgebildete Fließschema zur Wertstoffsortierung.

Vollautomatische Sortierung und Aufbereitung von Wertstoffen aus den „Gelben Säcken" in der SORTEC 3.0-Anlage in Hannover

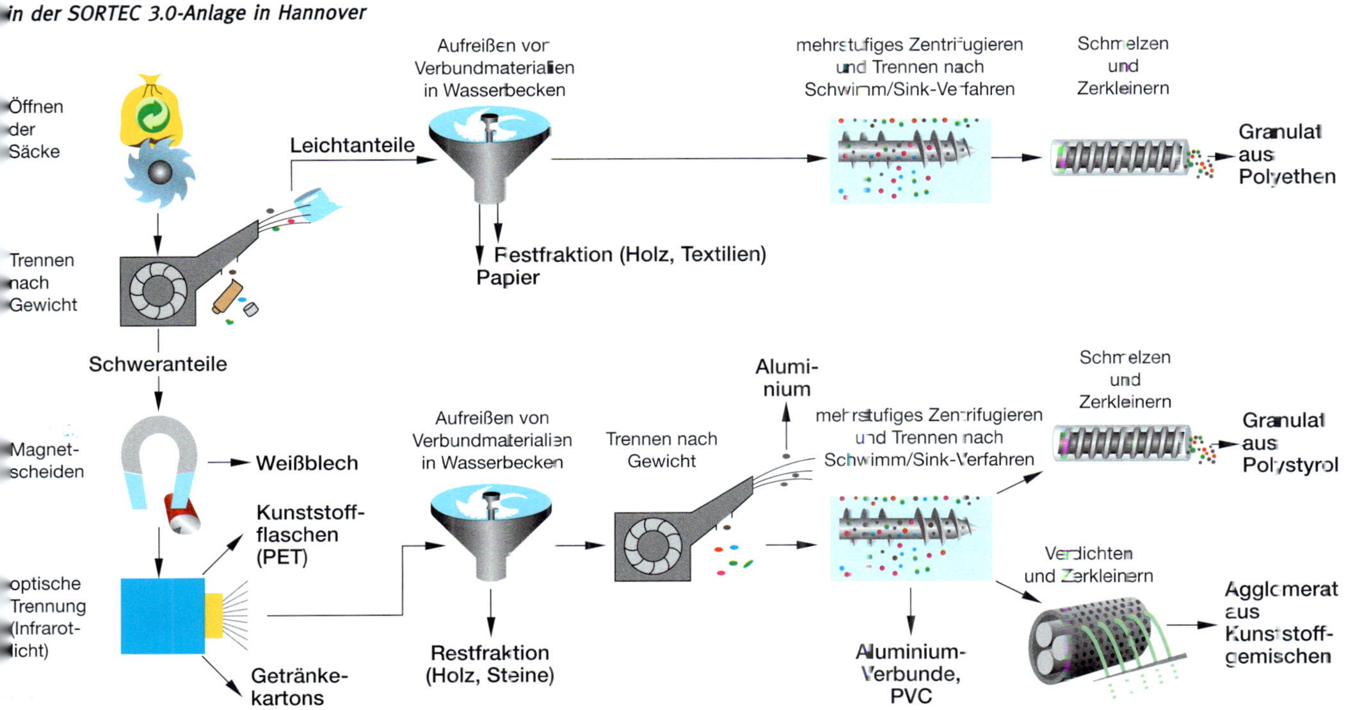

Prüfe dein Wissen

Quiz

A1 **a)** Erkläre die Begriffe des Fensters.
b) Notiere auf der Vorderseite von Karteikarten den Begriff, auf der Rückseite die Erklärung.

A2 In der Abbildung sind drei Gegenstände wiedergegeben. Ordne das Material, aus dem sie bestehen, den drei Kunststoffgruppen zu und begründe deine Entscheidung.

A3 Klebstoffe sind häufig nur zum Kleben bestimmter Materialien geeignet. Warum besteht diese Einschränkung?

A4 Viele Artikel, die früher aus Leder, Holz und anderen Naturstoffen gefertigt wurden, bestehen heute aus Kunststoffen. Nenne einige Beispiele und erkläre diesen Wandel.

A5 Kunststoffe werden durch Polymerisation oder durch Polykondensation hergestellt. Wodurch unterscheiden sich diese Polyreaktionen?

Know-how

A6 Nylonfäden werden im Schmelzspinn-Verfahren hergestellt. Anschließend streckt man sie auf das Zehnfache ihrer Länge. Nach der Streckung sind Nylonfäden zwar nicht mehr dehnbar, aber wesentlich reißfester.
a) Beschreibe das Schmelzspinn-Verfahren.
b) Entwickle eine Modellvorstellung, die auf molekularer Ebene die Reißfestigkeit von gestreckten Nylonfäden erklärt.

A7 Bei der Herstellung von Gummi wird Kautschuk vulkanisiert.
a) Erläutere das Verfahren der Vulkanisation.
b) Stelle die molekularen Vorgänge, die bei der Vulkanisation ablaufen, durch Strukturformeln dar.
c) Wie wird weiches und wie wird hartes Gummi erzeugt?
d) Warum wird Gummi im Laufe der Zeit spröde?

Die wichtigsten Begriffe

- Makromolekül
- Thermoplast
- Duroplast
- Elastomer
- Monomer, Polymer
- Polyreaktion
- Polymerisation
- Polykondensation
- Kautschuk
- Vulkanisation
- Silicone
- Klebstoffe

A8 Baumwollstoffe, die mit Silicon getränkt sind, lassen kein Wasser hindurch.
a) Was versteht man unter einem Silicon?
b) Warum fließt der Wassertropfen nicht durch die Löcher, die sich im Stoff befinden?

Natur – Mensch – Technik

A9 Zum Ausschäumen von Hohlräumen führen Handwerker zwei Flüssigkeiten aus Schläuchen zusammen, die den Schaum ergeben. Welcher Kunststoff wird hier hergestellt?

A10 In Regenmänteln früherer Zeiten wurde man eher von innen als von außen nass. Heute besteht dieses Problem in der Regel nicht mehr. Woran liegt das?

A11 Tauchanzüge bestehen aus einem weichen, aber hochelastischen Schaumstoff, dem Neopren.
a) Aus welchem Kunststoff könnte der Anzug gefertigt sein?
b) Warum kann sich ein Taucher in einem solchen Anzug in kaltem Wasser längere Zeit aufhalten, ohne auszukühlen?

A12 Im Handel ist mit Kunststoff ummantelter Draht zu haben. Wie stellt man dieses Produkt her?

A13 Miesmuscheln erzeugen Fäden aus Eiweiß-Stoffen, mit denen sie sich unter Wasser an Steinen und Hölzern befestigen. Sie sind dann nur äußerst schwer von ihrer Unterlage zu entfernen. Welche Eigenschaft dieses „Klebstoffs" ist wohl für die Technik von besonderem Interesse?

Organische Werkstoffe

Basiswissen

1. Kunststoffarten

a) Thermoplaste sind aus kettenförmigen Makromolekülen aufgebaut. Sie lassen sich ohne chemische Veränderungen beliebig oft schmelzen und in neue Formen bringen.

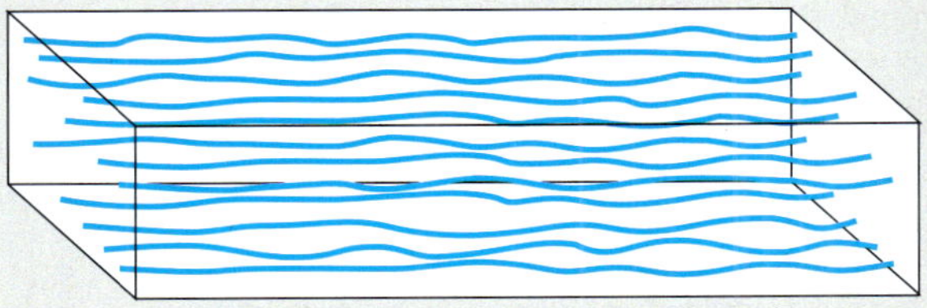

b) Duroplaste haben eine vernetzte Struktur, sie sind hart und spröde. Duroplaste zersetzen sich bei hohen Temperaturen.

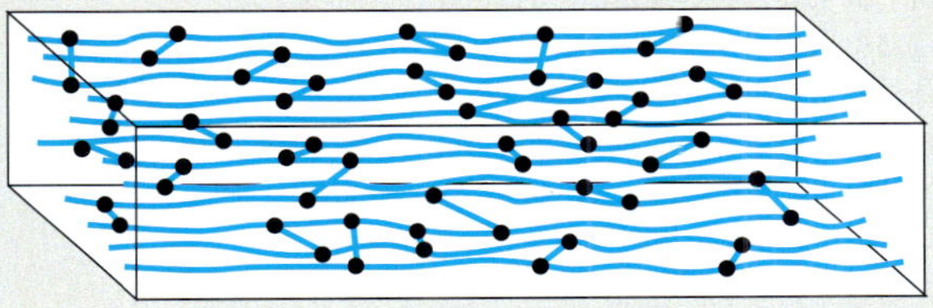

c) Elastomere sind weitmaschig vernetzte, gummi-elastische Polymere. Sie zersetzen sich bei hohen Temperaturen.

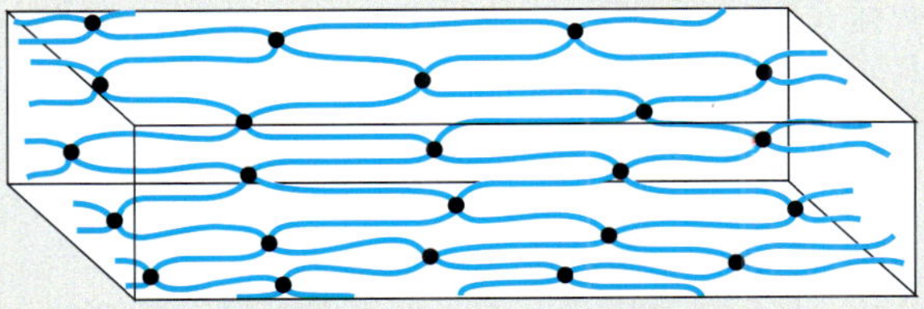

3. Silicone

Silicone sind siliciumorganische Kunststoffe, in denen Silicium-Atome und Sauerstoff-Atome das Gerüst der Makromoleküle bilden.

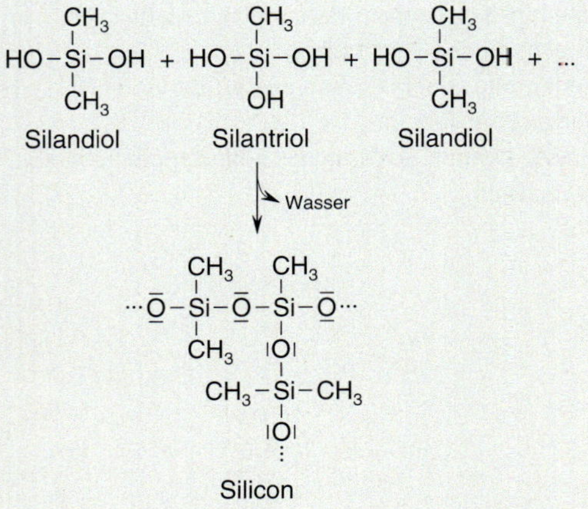

2. Polyreaktionen

Kunststoffe sind synthetisch erzeugte **Polymere**. Ihre **Makromoleküle** werden aus **Monomeren** durch Polyreaktionen gebildet.

a) Polymerisation: Die Monomere werden unter Spaltung von C=C-Bindungen miteinander verknüpft.

$CH_2{=}CH_2 + CH_2{=}CH_2 + CH_2{=}CH_2 + ...$

Ethen

$\downarrow$

$\cdots CH_2{-}CH_2{-}CH_2{-}CH_2{-}CH_2{-}CH_2 \cdots$

Polyethen

b) Polykondensation: Monomere werden unter Abspaltung kleinerer Moleküle miteinander verknüpft.

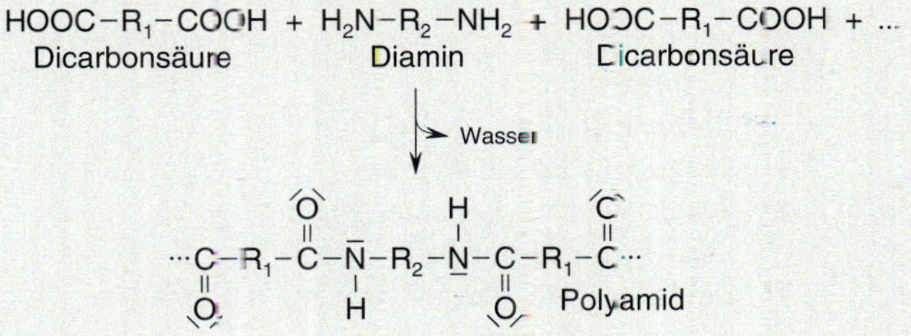

4. Klebstoffe

Lösungsmittelkleber bestehen aus Bindemittel und Lösungsmittel. Das Lösungsmittel verdunstet, das Bindemittel verbindet die Teile miteinander.
Beispiel: Papierkleber.

Schmelzkleber werden im festen Zustand durch Erwärmen geschmolzen. Beim Abkühlen werden sie wieder hart.

Reaktionskleber erhärten durch chemische Reaktionen.
Beispiel: Zwei-Komponenten-Kleber.

Nicht härtende Klebstoffe werden als Film auf eine Unterlage aufgebracht und sind mehrfach benutzbar.
Beispiel: abziehbare Klebestreifen.

5. Recycling von Kunststoffen

Werkstoffliche Verwertung: Kunststoffreste werden zerkleinert und umgeschmolzen.

Rohstoffliche Verwertung: Kunststoffreste werden zu chemischen Rohstoffen abgebaut, die wieder zu Kunststoffen verarbeitet werden können.

Thermische Verwertung: Verbrennung von Kunststoffmüll.

Gefahrenhinweise und Sicherheitsratschläge für gefährliche Stoffe

Gefahrenhinweise (R-Sätze)

Diese Hinweise geben in einer ausführlicheren Weise als die Gefahrensymbole Auskunft über die Art der Gefahr.

R 1 In trockenem Zustand explosionsgefährlich
R 2 Durch Schlag, Reibung, Feuer oder andere Zündquellen explosionsgefährlich
R 3 Durch Schlag, Reibung, Feuer oder andere Zündquellen besonders explosionsgefährlich
R 4 Bildet hochempfindliche explosionsgefährliche Metallverbindungen
R 5 Beim Erwärmen explosionsfähig
R 6 Mit und ohne Luft explosionsfähig
R 7 Kann Brand verursachen
R 8 Feuergefahr bei Berührung mit brennbaren Stoffen
R 9 Explosionsgefahr bei Mischung mit brennbaren Stoffen
R 10 Entzündlich
R 11 Leichtentzündlich
R 12 Hochentzündlich
R 14 Reagiert heftig mit Wasser
R 15 Reagiert mit Wasser unter Bildung hoch entzündlicher Gase
R 16 Explosionsgefährlich in Mischung mit brandfördernden Stoffen
R 17 Selbstentzündlich an der Luft
R 18 Bei Gebrauch Bildung explosionsfähiger/ leicht entzündlicher Dampf-Luftgemische möglich
R 19 Kann explosionsfähige Peroxide bilden
R 20 Gesundheitsschädlich beim Einatmen
R 21 Gesundheitsschädlich bei Berührung mit der Haut
R 22 Gesundheitsschädlich beim Verschlucken
R 23 Giftig beim Einatmen
R 24 Giftig bei Berührung mit der Haut
R 25 Giftig beim Verschlucken
R 26 Sehr giftig beim Einatmen
R 27 Sehr giftig bei Berührung mit der Haut
R 28 Sehr giftig beim Verschlucken
R 29 Entwickelt bei Berührung mit Wasser giftige Gase
R 30 Kann bei Gebrauch leicht entzündlich werden
R 31 Entwickelt bei Berührung mit Säure giftige Gase
R 32 Entwickelt bei Berührung mit Säure sehr giftige Gase
R 33 Gefahr kumulativer Wirkung
R 34 Verursacht Verätzungen
R 35 Verursacht schwere Verätzungen
R 36 Reizt die Augen
R 37 Reizt die Atmungsorgane
R 38 Reizt die Haut
R 39 Ernste Gefahr irreversiblen Schadens
R 40 Irreversibler Schaden möglich
R 41 Gefahr ernster Augenschäden
R 42 Sensibilisierung durch Einatmen möglich
R 43 Sensibilisierung durch Hautkontakt möglich
R 44 Explosionsgefahr bei Erhitzen unter Einschluss
R 45 Kann Krebs erzeugen
R 46 Kann vererbbare Schäden verursachen
R 48 Gefahr ernster Gesundheitsschäden bei längerer Exposition
R 49 Kann Krebs erzeugen beim Einatmen
R 50 Sehr giftig für Wasserorganismen
R 51 Giftig für Wasserorganismen
R 52 Schädlich für Wasserorganismen
R 53 Kann in Gewässern längerfristig schädliche Wirkungen haben
R 54 Giftig für Pflanzen
R 55 Giftig für Tiere
R 56 Giftig für Bodenorganismen
R 57 Giftig für Bienen
R 58 Kann längerfristig schädliche Wirkungen auf die Umwelt haben
R 59 Gefährlich für die Ozonschicht
R 60 Kann die Fortpflanzungsfähigkeit beeinträchtigen
R 61 Kann das Kind im Mutterleib schädigen
R 62 Kann möglicherweise die Fortpflanzungsfähigkeit beeinträchtigen
R 63 Kann das Kind im Mutterleib möglicherweise schädigen
R 64 Kann Säuglinge über die Muttermilch schädigen
R 65 Gesundheitsschädlich: Kann beim Verschlucken Lungenschäden verursachen
R 66 Wiederholter Kontakt kann zu spröder oder rissiger Haut führen
R 67 Dämpfe können Schläfrigkeit oder Benommenheit verursachen

Sicherheitsratschläge (S-Sätze)

Hier werden Empfehlungen gegeben, wie Gesundheitsgefahren beim Umgang mit gefährlichen Stoffen abgewehrt werden können.

S 1 Unter Verschluss aufbewahren
S 2 Darf nicht in die Hände von Kindern gelangen
S 3 Kühl aufbewahren
S 4 Von Wohnplätzen fernhalten
S 5 Unter ... aufbewahren (geeignete Flüssigkeit vom Hersteller anzugeben)
S 6 Unter ... aufbewahren (inertes Gas vom Hersteller anzugeben)
S 7 Behälter dicht geschlossen halten
S 8 Behälter trocken halten
S 9 Behälter an einem gut gelüfteten Ort aufbewahren
S 12 Behälter nicht gasdicht verschließen
S 13 Von Nahrungsmitteln, Getränken und Futtermitteln fernhalten
S 14 Von ... fernhalten (inkompatible Substanzen sind vom Hersteller anzugeben)
S 15 Vor Hitze schützen
S 16 Von Zündquellen fernhalten – Nicht rauchen
S 17 Von brennbaren Stoffen fernhalten
S 18 Behälter mit Vorsicht öffnen und handhaben
S 20 Bei der Arbeit nicht essen und trinken
S 21 Bei der Arbeit nicht rauchen
S 22 Staub nicht einatmen
S 23 Gas/Rauch/Dampf/Aerosol nicht einatmen (geeignete Bezeichnung(en) vom Hersteller anzugeben)
S 24 Berührung mit der Haut vermeiden
S 25 Berührung mit den Augen vermeiden
S 26 Bei Berührung mit den Augen sofort gründlich mit Wasser abspülen und Arzt konsultieren
S 27 Beschmutzte, getränkte Kleidung sofort ausziehen
S 28 Bei Berührung mit der Haut sofort abwaschen mit viel ... (vom Hersteller anzugeben)
S 29 Nicht in die Kanalisation gelangen lassen
S 30 Niemals Wasser hinzugießen
S 33 Maßnahmen gegen elektrostatische Aufladung treffen
S 35 Abfälle und Behälter müssen in gesicherter Weise beseitigt werden
S 36 Bei der Arbeit geeignete Schutzkleidung tragen
S 37 Geeignete Schutzhandschuhe tragen
S 38 Bei unzureichender Belüftung Atemschutzgerät anlegen
S 39 Schutzbrille/Gesichtsschutz tragen
S 40 Fußboden und verunreinigte Gegenstände mit ... reinigen (Material vom Hersteller anzugeben)
S 41 Explosions- und Brandgase nicht einatmen
S 42 Bei Räuchern/Versprühen geeignetes Atemschutzgerät anlegen (geeignete Bezeichnung(en) vom Hersteller anzugeben)
S 43 Zum Löschen ... (vom Hersteller anzugeben) verwenden (wenn Wasser die Gefahr erhöht, anfügen: „Kein Wasser verwenden“)
S 45 Bei Unfall oder Unwohlsein sofort Arzt hinzuziehen (wenn möglich dieses Etikett vorzeigen)
S 46 Bei Verschlucken sofort ärztlichen Rat einholen und Verpackung oder Etikett vorzeigen
S 47 Nicht bei Temperaturen über ... °C aufbewahren (vom Hersteller anzugeben)
S 48 Feucht halten mit ... (geeignetes Mittel vom Hersteller anzugeben)
S 49 Nur im Originalbehälter aufbewahren
S 50 Nicht mischen mit ... (vom Hersteller anzugeben)
S 51 Nur in gut gelüfteten Bereichen verwenden
S 52 Nicht großflächig für Wohn- und Aufenthaltsräume verwenden
S 53 Exposition vermeiden – vor Gebrauch besondere Anweisungen einholen
S 56 Diesen Stoff und seinen Behälter der Problemfallentsorgung zuführen
S 57 Zur Vermeidung einer Kontamination der Umwelt geeigneten Behälter verwenden
S 59 Information zur Wiederverwendung beim Hersteller/Lieferanten erfragen
S 60 Dieser Stoff und sein Behälter sind als gefährlicher Abfall zu entsorgen
S 61 Freisetzung in die Umwelt vermeiden. Besondere Anweisungen einholen/Sicherheitsdatenblatt zu Rate ziehen
S 62 Bei Verschlucken kein Erbrechen herbeiführen. Sofort ärztlichen Rat einholen und Verpackung oder dieses Etikett vorzeigen
S 63 Bei Unfall durch Einatmen: Verunfallten an die frische Luft bringen und ruhig stellen
S 64 Bei Verschlucken Mund mit Wasser ausspülen (nur wenn Verunfallter bei Bewusstsein ist)

Stoffliste

Stoff	Gefahrensymbole, Sicherheitssymbole, Entsorgungssymbole	Ratschläge R/S-Sätze
Acetaldehyd (Ethanal)	Xn F B3	R: 12–36/37–40 S: 16–33–36/37
Aceton	F Xi B3	R: 11–36–66/67 S: 9–16–26
Alkohol (Ethanol)	F B3	R: 11 S: 7–16
Ameisensäure $2\,\% \leq w < 10\,\%$	Xi B2	R: 36/38 S:
Ameisensäure (Methansäure) $w \geq 10\,\%$	C B3	R: 35 S: 23–26–45
Ammoniak-Gas	N T	R: 10–23–34–50 S: 9–16–36/37/39–45–61
Ammoniak-Lösung $w \geq 25\,\%$	C N B1	R: 34–50 S: 26–36/37/39–45–61
Ammoniak-Lösung $10\,\% \leq w < 25\,\%$	C B1	R: 34 S: 26
Ammoniak-Lösung $5\,\% \leq w < 10\,\%$	Xi B1	R: 36/37/38 S: 26
Amylase	Xn	R: 36–42 S: 22–24
Benzin (Waschbenzin)	F Xn N B3	R: 11–51/53–65–66–67 S: 9–16–23–24–33–61–62
Benzoesäure	Xn B3	R: 22–36 S: 24
Bleiacetat-Papier		R: S:
Brom (flüssig)	T+ C N X	R: 26–35–50 S: 7/9–26–45–61
Bromwasser (ges.)	T Xi X	R: 23–24 S: 7/9–26–45
Brombenzol	Xi N B4	R: 10–38–51/53 S: 61
Bromethan	F N B4	R: 11–20/22–40 S: 36/37
Bromphenolblau		R: S:
Bromthymolblau		R: S:
Butan	F+	R: 12 S: 9–16
Butandiol-monoacrylat	B3	R: S:
Butan-1-ol	Xn B3	R: 10–22–37/38–41–67 S: 7/9–13–26–37/39–46
Butan-2-ol	Xi B3	R: 10–36/37–67 S: 7/9–13–24/25–26–46
tert-Butanol (2-Methylpropan-2-ol)	Xn F B3	R: 11–20 S: 9–16
Buttersäure (Butansäure)	C X	R: 34 S: 26–36–45
Calciumcarbid	F X	R: 15 S: 8–43
Calciumhydroxid	Xi B1	R: 41 S: 22–24–26–39
Cetylalkohol (Hexadecanol)	B3	R: S:
Chlorwasser (ges.)	Xn X	R: 20–36/37/38/23 S: 7/9–45
Cumolhydroperoxid	T O N B3	R: 7–21/22–23–34–48/20/22–51/53 S: 3/7–14–36/37/39–45–50–61
Cyclohexan	Xn F N B3	R: 11–38–50/53–65–67 S: 9–16–33–60–61–62
Decansäure	B3	R: S: 24/25
1,6-Diaminohexan	C B3	R: 21/22–34–37 S: 22–26–36/37/39–45
Dieselkraftstoff/Dieselöl	F B3	R: 11 S: 9–16–29–33
Diethylether	Xn F+ B3	R: 12–19–22–66–67 S: 9–16–29–33
Dioctylphthalat	Xn B3	R: 62–63 S: 36/37
Essigsäure $w \geq 25\,\%$	C B1	R: 35 S: 23–26–45
Essigsäure $10\,\% \leq w < 25\,\%$	Xi	R: 36/38 S: 23–26–45
Essigsäureethylester (Ethylacetat)	Xi F B3	R: 11–36–66–67 S: 16–23–26–33
Ethan	F+	R: 12 S: 9–16–33
Ethanol	F B3	R: 11 S: 7–16
Ethen	F+	R: 12 S: 9–16–33
Ethin	F+	R: 5–6–12 S: 9–16–33
FEHLING-Lösung I	B2	R: 22–36/38 S: 22
FEHLING-Lösung II	C B1	R: 35 S: 26–27–37/39
Formaldehyd-Lösung $w \geq 25\,\%$	T B3	R: 23/24/25–34–40–43 S: 26–36/37/39–45–51
Formaldehyd-Lösung $5\,\% \leq w < 25\,\%$	Xn B3	R: 20/21/22–36/37/38–40–43 S: 26–36–37–51
Formaldehyd-Lösung $1\,\% \leq w < 5\,\%$	Xn B3	R: 40–43 S: 26–36/37–51
Formaldehyd-Lösung $0{,}2\,\% \leq w < 1\,\%$	Xi B3	R: 43 S: 26–45–51
Glycerin		R: S:
Heptan	Xn F N B3	R: 11–38–50/53–65–67 S: 9–16–29–33–60–61–62
Hexan	Xn F N B3	R: 11–38–48/20–51/53–62–65–67 S: 9–16–29–33–36/37–61–62

Stoff	Gefahrensymbole, Sicherheitssymbole, Entsorgungssymbole	Ratschläge R/S-Sätze
Hexandisäure-dichlorid	C B3	R: 34 S: 26–36/37/39–45
Hexansäure (Capronsäure)	C B3	R: 34 S: 26–36/37/39–45
Hexen	F B3	R: 11 S: 9–16–23–29–33
Hydrochinon	Xn N B3	R: 20–40–43–50 S: 26–36/37/39–61
Iod-Lösung (in Kaliumiodid-Lösung)		R: S:
Iod-Tinktur (alkoholische Lösung)	Xn F B2	R: 20/21 S: 23–25
Kalilauge $w \geq 2\,\%$	C B1	R: 35 S: 26–37/39–45
Kalilauge $0{,}5\,\% \leq w < 2\,\%$	Xi B1	R: 34 S: 26–37/39–45
Kaliumpermanganat	Xn O N B2	R: 8–22–50/53 S: 60–61
Kalkwasser		R: S:
Kupferoxid	B2	R: S:
Kupfersulfat	Xn N B2	R: 22–36/38–50/53 S: 22–60–61
Laurinsäure	B3	R: S:
Leichtbenzin	F B3	R: 11 S: 9–16–29–33
Magnesium	F X	R: 11–15–17 S: 7/8–43
Methan	F+	R: 12 S: 9–16–33
Methanol	T F B3	R: 11–23/24/25–39 S: 7–16–36/37–45
Methylenblau	Xn	R: 22 S:
Methylorange-Lösung		R: S: 22–24/25
2-Methylpropan-1-ol	Xi B3	R: 10–37/38–41–67 S: 7/9–13–26–37/39–46
Methylrot-Lösung (alkohol.)	F	R: 10 S:
Natriumhydrogen-carbonat (Natron)		R: S:
Natriumhydroxid	C B1	R: 35 S: 26–37/39–45
Natronkalk	C B1	R: 35 S: 26–36/37/39–45
Natronlauge $w \geq 2\,\%$	C B1	R: 35 S: 26–27–37/39–45
Natronlauge $0{,}5\,\% \leq w < 2\,\%$	Xi B1	R: 36/38 S: 26
Normalbenzin	T F B3	R: 45–11–23/24/25–18 S: 16–23–24/25
Oxalsäure $w \geq 5\,\%$	Xn B1	R: 21/22 S: 24/25

X: spezielle Entsorgungsreaktion

Stoff	Gefahrensymbole, Sicherheitssymbole, Entsorgungssymbole	Ratschläge R/S-Sätze
Oxalsäure (w = 0,05 %)		R: S:
Palmitinsäure	B3	R: S:
Paraffin	B3	R: S:
Paraffinöl	B3	R: S:
Pentan	Xn F+ N B3	R: 12–51/53–65–66–67 S: 9–16–29–33–61–62
Pentanol	Xn B3	R: 10–20 S: 24/25
Petroleum	F B3	R: 11 S: 9–16–29–33
Phenolphthalein-Lösung (alkohol.)	F	R: 11 S: 7–16
Polyethen		R: S:
Polyvinylacetat		R: S:
Propan-1-ol Propan-2-ol	Xi F B3	R: 11–41–67 S: 7–16–24–26–39
Propionaldehyd (Propanal)	Xi F B3	R: 11–36/37/38 S: 9–16–29
PVC-Pulver		R: S:
Saccharose		R: S:
Salpetersäure $w \geq 70\,\%$	C O B1	R: 8–35 S: 23–26–36–45
Salpetersäure $5\,\% \leq w < 70\,\%$	C B1	R: 35 S: 23–26–27
Salpetersäure $1\,\% \leq w < 5\,\%$	Xi B1	R: 36/37/38 S:
Salzsäure $w \geq 25\,\%$	C B1	R: 34–37 S: 26–45
Salzsäure $10\,\% \leq w < 25\,\%$	Xi B1	R: 36/37/38 S: 28
Schwefelsäure $w \geq 15\,\%$	C B1	R: 35 S: 23–30–45
Schwefelsäure $5\,\% \leq w < 15\,\%$	Xi B1	R: 36/38 S: 26
Silbernitrat	C N B2	R: 34–50/53 S: 26–45–60–61
Silbernitrat-Lösung (w = 1 %)		R: S:
Sorbinsäure	Xi	R: 36/37 S: 22–24/25
Sudanrot-Lösung (ethanol.)	F B3	R: S:
Styrol	Xn B3	R: 10–20–36/38 S: 23
Universalindikator		R: S:
Wasserstoffperoxid (w = 3 %)		R: S:
Weinsäure	Xi	R: 36 S: 24/25

Die chemischen Elemente

Elemente Name	Symbol	OZ	Atommasse in u	Dichte[1] in $\frac{g}{cm^3}$ (Gase: $\frac{g}{l}$)	Schmelztemperatur in °C	Siedetemperatur in °C
Actinium	Ac	**89**	(227)	10,1	1050	–
Aluminium	Al	**13**	26,9815	2,70	660	≈ 2300
Americium	Am	**95**	(243)	11,7	827	2610
Antimon (Stibium)	Sb	**51**	121,75	6,68	630	1640
Argon	Ar	**18**	39,948	*1,784*	–189	–186
Arsen	As	**33**	74,9216	5,73	817p	633s
Barium	Ba	**56**	137,34	3,7	717	1640
Beryllium	Be	**4**	9,0122	1,86	1278	2970
Bismut (Bismutum)	Bi	**83**	208,980	9,80	271	1560
Blei (Plumbum)	Pb	**82**	207,2	11,4	327	1750
Bor	B	**5**	10,81	2,34	≈ 2000	≈ 2500
Brom	Br	**35**	79,904	3,14	–7	58
Cadmium	Cd	**48**	112,40	8,64	321	767
Caesium	Cs	**55**	132,905	1,90	29	690
Calcium	Ca	**20**	40,08	1,55	845	1440
Cer	Ce	**58**	140,12	6,8	800	3600
Chlor	Cl	**17**	35,453	*3,214*	–102	–34
Chrom	Cr	**24**	51,996	7,19	≈ 1900	≈ 2500
Cobalt	Co	**27**	58,9332	8,83	1490	3100
Dysprosium	Dy	**66**	162,50	8,54	1407	≈ 2600
Eisen (Ferrum)	Fe	**26**	55,847	7,86	1535	2750
Erbium	Er	**68**	167,26	9,05	1497	2900
Europium	Eu	**63**	151,96	5,26	826	1439
Fluor	F	**9**	18,9984	*1,70*	–220	–188
Gadolinium	Gd	**64**	157,25	7,90	1312	≈ 3000
Gallium	Ga	**31**	69,72	6,0	30	2340
Germanium	Ge	**32**	72,59	5,36	960	≈ 2700
Gold (Aurum)	Au	**79**	196,967	19,3	1063	2700
Hafnium	Hf	**72**	178,49	13,3	2220	> 3000
Helium	He	**2**	4,0026	*0,178*	–272p	–269
Holmium	Ho	**67**	164,930	8,80	1461	≈ 2600
Indium	In	**49**	114,82	7,31	156	2072
Iod	I	**53**	126,9044	4,94	114	184
Iridium	Ir	**77**	192,2	22,69	2466	4478
Kalium	K	**19**	39,102	0,86	64	760
Kohlenstoff (Carboneum)	C	**6**	12,0115	[2]	> 3500s	≈ 4000
Krypton	Kr	**36**	83,80	*3,708*	–157	–153
Kupfer (Cuprum)	Cu	**29**	63,546	8,93	1083	2350
Lanthan	La	**57**	138,91	6,1	920	4515
Lithium	Li	**3**	6,941	0,53	180	1335
Lutetium	Lu	**71**	174,97	9,84	1652	3327
Magnesium	Mg	**12**	24,305	1,74	650	1105
Mangan	Mn	**25**	54,9380	7,3	1220	2150
Molybdän	Mo	**42**	95,94	10,2	2620	≈ 5000
Natrium	Na	**11**	22,9898	0,97	98	883
Neodym	Nd	**60**	144,24	7,0	1024	3300
Neon	Ne	**10**	20,179	*0,90*	–249	–246
Neptunium	Np	**93**	(237)	19,5	–	–
Nickel	Ni	**28**	58,70	8,90	1453	≈ 2800
Niob	Nb	**41**	92,906	8,5	2468	≈ 3700
Osmium	Os	**76**	190,2	22,5	≈ 2600	≈ 5500
Palladium	Pd	**46**	106,4	12,0	1555	3380
Phosphor	P	**15**	30,9738	[3]	44[4]	285[4]
Platin	Pt	**78**	195,09	21,45	1770	3300
Plutonium	Pu	**94**	(244)	19,7	640	3200
Polonium	Po	**84**	(209)	9,32	254	962
Praseodym	Pr	**59**	140,907	6,7	935	≈ 3300
Quecksilber (Hydrargyrum)	Hg	**80**	200,59	13,55	–39	357
Radium	Ra	**88**	226,05	≈ 6	≈ 700	1140
Radon	Rn	**86**	(222)	*9,96*	–71	–62
Rhenium	Re	**75**	186,2	20,9	3170	≈ 5900
Rhodium	Rh	**45**	102,905	12,4	1966	4500
Rubidium	Rb	**37**	85,47	1,53	39	690
Ruthenium	Ru	**44**	101,07	12,4	2400	≈ 4500
Samarium	Sm	**62**	150,35	7,5	1072	≈ 1900
Sauerstoff (Oxygenium)	O	**8**	15,9994	*1,429*	–219	–183
Scandium	Sc	**21**	44,956	3,0	1540	2730
Schwefel (Sulfur)	S	**16**	32,06	2,0	119	444
Selen	Se	**34**	78,96	4,8	220	688
Silber (Argentum)	Ag	**47**	107,870	10,5	960	2150
Silicium	Si	**14**	28,086	2,4	1410	2630
Stickstoff (Nitrogenium)	N	**7**	14,0067	*1,251*	–210	–196
Strontium	Sr	**38**	87,62	2,6	757	1365
Tantal	Ta	**73**	180,948	16,7	2990	> 5000
Technetium*	Tc	**43**	(97)	11,5	2140	–
Tellur	Te	**52**	127,60	6,2	450	990
Terbium	Tb	**65**	158,924	8,3	1350	≈ 2800
Thallium	Tl	**81**	204,37	11,85	303	1457
Thorium	Th	**90**	232,038	11,7	≈ 1800	≈ 3600
Thulium	Tm	**69**	168,934	9,33	1545	1727
Titan	Ti	**22**	47,90	4,51	≈ 1700	3260
Uran	U	**92**	238,029	19,1	1133	≈ 3600
Vanadium	V	**23**	50,9414	6,1	≈ 1800	> 3000
Wasserstoff (Hydrogenium)	H	**1**	1,00797	*0,0899*	–259	–253
Wolfram	W	**74**	183,85	19,30	3410	5400
Xenon	Xe	**54**	131,30	*5,89*	–112	–108
Ytterbium	Yb	**70**	173,04	6,5	8,25	1427
Yttrium	Y	**39**	88,905	4,5	1490	2927
Zink	Zn	**30**	65,38	7,2	420	910
Zinn (Stannum)	Sn	**50**	118,69	7,3	232	≈ 2400
Zirkonium	Zr	**40**	91,22	6,5	1860	≈ 3600

* künstlich gewonnenes Element, OZ Ordnungszahl, (243) Eine eingeklammerte Zahl gibt die Nukleonenzahl des langlebigsten Isotops des Elements an.
– Werte sind nicht bekannt, ≈ Wert sehr ungenau, p unter Druck, s sublimiert, 1) Bei gasförmigen Elementen wird die Dichte *kursiv* gedruckt angegeben. Sie gilt für 0 °C und 1013 hPa. 2) Graphit: 2,25, Diamant: 3,51, 3) weißer P: 1,83, roter P: 2,2, 4) weißer P

Eigenschaften von Gasen

Name	Dichte bei 20 °C (1013 hPa) in $\frac{g}{l}$	Schmelztemperatur (1013 hPa)	Siedetemperatur (1013 hPa)	Löslichkeit bei 25 °C in 1 l Wasser in l
Wasserstoff (H_2)	0,084	–259	–253	0,019
Stickstoff (N_2)	1,17	–210	–196	0,015
Sauerstoff (O_2)	1,33	–219	–183	0,028
Fluor (F_2)	1,58	–220	–188	–
Chlor (Cl_2)	2,95	–101	–35	2,2
Helium (He)	0,17	–270	–269	0,09
Neon (Ne)	0,84	–249	–246	0,016
Argon (Ar)	1,66	–189	–186	0,032
Krypton (Kr)	3,48	–57	–152	0,071
Luft	1,20	–	–	0,0063* 0,012**
Ammoniak (NH_3)	0,71	–78	–33	680
Chlorwasserstoff (HCl)	1,52	–114	–85	466
Schwefelwasserstoff (H_2S)	1,42	–83	–62	2,41
Schwefeldioxid (SO_2)	2,67	–73	–10	35
Kohlenstoffmonooxid (CO)	1,17	–205	–190	0,023
Kohlenstoffdioxid (CO_2)	1,83	–78 (sublimiert)		0,80
Methan (CH_4)	0,67	–183	–162	0,032
Ethan (C_2H_6)	1,25	–183	–89	0,043
Propan (C_3H_8)	1,84	–188	–42	0,06
Butan (C_4H_{10})	2,47	–138	–1	0,14
Ethen (C_2H_4)	1,17	–169	–104	0,13
Ethin (C_2H_2)	1,06	–81	–84	0,95

* von Sauerstoff aus der Luft
** von Stickstoff aus der Luft

Gewinde und Farbkennzeichnung von Stahlflaschen für Gase

Gas	Gewinde	alte Farbkennzeichnung	neue Farbkennzeichnung („N“) Flaschenschulter	Flaschenmantel
Sauerstoff	rechts	blau	weiß	blau oder grau
Stickstoff	rechts	dunkelgrün	schwarz	grau, schwarz oder dunkelgrün
Druckluft	rechts	grau	leuchtend grün	grau
Argon	rechts	grau	dunkelgrün	grau oder dunkelgrün
Helium	rechts	grau	braun	grau
Kohlenstoffdioxid	rechts	grau	grau	grau
Wasserstoff	links	rot	rot	rot
Acetylen	Spezialgewinde	gelb	kastanienbraun	kastanienbraun, schwarz oder gelb

Reagenzlösungen

Chlorwasser (Xn): Destilliertes Wasser durch Einleiten von Chlor sättigen; in brauner Flasche aufbewahren.

Bromwasser (T, Xi): 10 Tropfen Brom in 250 ml destilliertem Wasser lösen.

Iodwasser: Einige Blättchen Iod in destilliertem Wasser kurz aufkochen.

Iod/Kaliumiodid-Lösung: 2 g Kaliumiodid in wenig Wasser vollständig lösen und 1 g Iod zugeben. Nach dem Lösen auf 300 ml auffüllen und in brauner Flasche aufbewahren.

FEHLING-Lösung I: 7 g Kupfersulfat ($CuSO_4 \cdot 5\ H_2O$) in 100 ml Wasser lösen.

FEHLING-Lösung II (C): 35 g Kaliumnatriumtartrat (Seignette-Salz) und 10 g Natriumhydroxid in 100 ml Wasser lösen.

Kalkwasser: 1 g Calciumoxid in 500 ml destilliertem Wasser schütteln und filtrieren (0,02 $\frac{mol}{l}$).

Silbernitrat-Lösung: 17 g Silbernitrat auf 1 Liter auffüllen (0,1 $\frac{mol}{l}$).

Bariumchlorid-Lösung (Xn): 24,4 g Bariumchlorid ($BaCl_2 \cdot 2\ H_2O$) auf 1 Liter auffüllen (0,1 $\frac{mol}{l}$).

Bleiacetat-Lösung (T): 9,5 g Bleiacetat ($Pb(CH_3COO)_2 \cdot 3\ H_2O$) auf 250 ml auffüllen (0,1 $\frac{mol}{l}$).

Indikatorlösungen:
Bromthymolblau: 0,1 g in 100 ml 20%igem Ethanol.
Methylrot (F): 0,2 g in 100 ml 90%igem Ethanol.
Phenolphthalein (F): 0,1 g in 100 ml 70%igem Ethanol.
Universalindikator für pH 2–10 (F): 300 mg Dimethylgelb, 200 mg Methylrot, 400 mg Bromthymolblau, 500 mg Thymolblau und [illegible]00 mg Phenolphthalein in 500 ml 90%igem Ethanol.
Farbstufen: pH ≤ 2: rot; pH 4: orange; pH 6: gelb; pH 8: grün; pH 10: blau

BAEYER-Reagenz: 10%ige Sodalösung mit einer verdünnten Kaliumpermanganat-Lösung versetzen, bis die Lösung kräftig violett gefärbt ist.

TOLLENS-Reagenz (ammoniakalische Silbernitrat-Lösung): Silbernitrat-Lösung (0,1 mol · l^{-1}) mit etwa einem Zehntel des Volumens verdünnter Natronlauge versetzen. Anschließend unter Schütteln Ammoniak-Lösung (25 %) zutropfen, bis sich der Silberoxid-Niederschlag gerade wieder löst. Die Reagenz-Lösung wird jeweils frisch zubereitet. Sie darf nicht aufbewahrt werden, da sich Silberazid bilden könnte (Explosionsgefahr). Reste der Reagenz-Lösung ansäuern und über den Behälter B2 entsorgen.

SCHIFF-Reagenz (fuchsinschweflige Säure): 0,25 g Fuchsin in 1 Liter Wasser lösen (Rotfärbung); unter ständigem Rühren schweflige Säure (oder angesäuerte Lösung von $Na_2S_2O_5$) zutropfen, bis Entfärbung eintritt.

Saure und alkalische Lösungen

Lösung	gelöster Stoff	*	verdünnt Massenanteil	verdünnt Dichte bei 20 °C	konzentriert Massenanteil	konzentriert Dichte bei 20 °C
Salzsäure	HCl (g)	2	7 %	1,03[illegible]	36 %	1,179
Schwefelsäure	H_2SO_4 (l)	1	9 %	1,05[illegible]	98 %	1,836
Salpetersäure	HNO_3 (l)	2	12 %	1,06[illegible]	68 %	1,391
Phosphorsäure	H_3PO_4 (s)	1	10 %	1,05	85 %	1,71
Essigsäure	CH_3COOH (l)	2	12 %	1,01[illegible]	99 %	1,052
Natronlauge	NaOH (s)	2	8 %	1,08[illegible]	30 %	1,328
Kalilauge	KOH (s)	2	11 %	1,10[illegible]	27 %	1,256
Kalkwasser	$Ca(OH)_2$ (s)		0,16 %**	1,00[illegible]**	** Angaben für gesättigte Lösungen	
Barytwasser	$Ba(OH)_2$ (s)		3,4 %**	1,04[illegible]		
Ammoniak-Lösung	NH_3 (g)	2	3 %	0,98[illegible]	25 %	0,907

* Stoffmengenkonzentration in $\frac{mol}{l}$

Größen und ihre Einheiten

Größe		Einheit		
Name	Zeichen	Name	Zeichen	Beziehungen
Masse	m	Kilogramm	kg	1 kg = 1000 g 1 g = 1000 mg
Volumen	V	Kubikmeter	m^3	$1\ m^3 = 1000\ dm^3$ $1\ dm^3 = 1\ l$
		Liter	l	1 l = 1000 ml $1\ ml = 1\ cm^3$
Dichte	ϱ	$\frac{\text{Kilogramm}}{\text{Kubikmeter}}$	$\frac{kg}{m^3}$	$1\ \frac{g}{cm^3} = 1000\ \frac{kg}{m^3}$
		$\frac{\text{Gramm}}{\text{Liter}}$	$\frac{g}{l}$	$1\ \frac{g}{l} = 0{,}001\ \frac{g}{m^3}$
Druck	p	Pascal	Pa	$1\ Pa = 1\ \frac{N}{m^2}$ 100 Pa = 1 hPa
		Bar	bar	1 bar = 100 000 Pa 1 mbar = 100 Pa
Energie	E	Joule	J	$1\ J = 1\ N \cdot m = 1\ \frac{kg \cdot m^2}{s^2}$
Elektrizitätsmenge	Q	Coulomb	C	$1\ C = 1\ A \cdot s$
Anzahl	N			
Stoffmenge	n	Mol	mol	1 mol enthält $6{,}022 \cdot 10^{23}$ Teilchen
molare Masse	M	$\frac{\text{Gramm}}{\text{Mol}}$	$\frac{g}{mol}$	
Stoffmengenkonzentration	c	$\frac{\text{Mol}}{\text{Liter}}$	$\frac{mol}{l}$	
Temperatur	ϑ	Grad Celsius	°C	
	T	Kelvin	K	0 °C = 273,15 K

Umrechnungsfaktoren

Energie	J	cal	eV
1 J	1	0,2390	$6{,}242 \cdot 10^{18}$
1 cal	4,184	1	$2{,}612 \cdot 10^{19}$
1 eV	$1{,}602 \cdot 10^{-19}$	$3{,}829 \cdot 10^{-20}$	1
$1\ J = 1\ N \cdot m = 1\ W \cdot s = 1\ V \cdot A \cdot s$			

Druck	Pa	atm	mm Hg	bar
1 Pa	1	$9{,}869 \cdot 10^{-6}$	$7{,}501 \cdot 10^{-3}$	10^{-5}
1 atm	$1{,}013 \cdot 10^{5}$	1	760,0	1,013
1 mm Hg (Torr)	133,3	$1{,}316 \cdot 10^{-3}$	1	$1{,}333 \cdot 10^{-3}$
1 bar	10^{5}	0,9869	750,1	1
100 Pa = 1 hPa; 1 mbar = 1 hPa; 1 mm Hg = 1 Torr; $1\ Pa = 1\ \frac{N}{m^2}$				

Konstanten

Atomare Masseneinheit	u	$1{,}660 \cdot 10^{-27}$ kg
AVOGADRO-Konstante	N_A	$6{,}022 \cdot 10^{23}\ \frac{1}{mol}$
Molares Volumen eines idealen Gases (bei 1013 hPa und 20 °C)	V_m	$24{,}056\ \frac{l}{mol}$
Ladung eines Elektrons	e	$1{,}602 \cdot 10^{-19}$ C
Masse eines Elektrons	m_e	$9{,}109 \cdot 10^{-31}$ kg
Masse eines Protons	m_p	$1{,}673 \cdot 10^{-27}$ kg
Masse eines Neutrons	m_n	$1{,}675 \cdot 10^{-27}$ kg
FARADAY-Konstante	F	$96\,485\ \frac{C}{mol}$

Gehaltsangaben für Mischungen und Lösungen (nach DIN 1310)

Masse einer Stoffportion:	m_i	Massenkonzentration:	$\beta_i = \frac{m_i}{V}$
Volumen einer Stoffportion:	V_i	Volumenkonzentration:	$\sigma_i = \frac{V_i}{V}$
Stoffmenge einer Stoffportion:	n_i	Stoffmengenkonzentration:	$c_i = \frac{n_i}{V}$
Teilchenzahl einer Stoffportion:	N_i	Teilchenkonzentration:	$C_i = \frac{N_i}{V}$
		(V: Gesamtvolumen **nach** dem Mischen)	

Massenanteil (früher: Gewichtsprozent): $w_i = \frac{m_i}{m}$

Gesamtmasse $m = m_1 + m_2 + \ldots$

Volumenanteil (früher: Volumenprozent): $\varphi_i = \frac{V_i}{V_0}$

Gesamtvolumen $V_0 = V_1 + V_2 + \ldots$ (**vor** dem Mischen)

Stoffmengenanteil: $x_i = \frac{n_i}{n}$

Gesamtstoffmenge $n = n_1 + n_2 + \ldots$

Teilchenzahlanteil: $X_i = \frac{N_i}{N}$

Gesamtteilchenanzahl $N = N_1 + N_2 + \ldots$

Das Wort Gehalt wird als Oberbegriff bei der qualitativen Beschreibung verwendet. *Beispiel:* Der Wassergehalt einer Probe.

Dezimale Teile/Vielfache

Potenz	Vorsilbe	Symbol	Potenz	Vorsilbe	Symbol
10^{-1}	Dezi	d	10	Deka	da
10^{-2}	Zenti	c	10^{2}	Hekto	h
10^{-3}	Milli	m	10^{3}	Kilo	k
10^{-6}	Mikro	μ	10^{6}	Mega	M
10^{-9}	Nano	n	10^{9}	Giga	G
10^{-12}	Piko	p	10^{12}	Tera	T
10^{-15}	Femto	f			
10^{-18}	Atto	a			

Griechisches Alphabet

Buchstabe		Name	Buchstabe		Name
klein	groß		klein	groß	
α	Α	alpha	ν	Ν	nü
β	Β	beta	ξ	Ξ	xi
γ	Γ	gamma	ο	Ο	omikron
δ	Δ	delta	π	Π	pi
ε	Ε	epsilon	ϱ	Ρ	rho
ζ	Ζ	zeta	σ	Σ	sigma
η	Η	eta	τ	Τ	tau
ϑ	Θ	theta	φ	Φ	phi
ι	Ι	jota	υ	Υ	ypsilon
κ	Κ	kappa	χ	Χ	chi
λ	Λ	lambda	ψ	Ψ	psi
μ	Μ	mü	ω	Ω	omega

Griechische Zahlwörter

½	hemi		
1	mono	11	undeca
2	di	12	dodeca
3	tri	13	trideca
4	tetra	14	tetradeca
5	penta	15	pentadeca
6	hexa	16	hexadeca
7	hepta	17	heptadeca
8	octa	18	octadeca
9	nona	19	enneadeca
10	deca	20	eicosa

Kleines Lexikon der Chemie

Absorption: Aufnahme von Energie aus elektromagnetischer Strahlung (Licht, Röntgenstrahlung, Mikrowellen).

Additionsreaktion: Reaktion, bei der aus zwei Molekülen ein neues Molekül gebildet wird.

Adsorption: Anlagerung von Teilchen an die Oberfläche eines porösen Feststoffs wie Aktivkohle.

α-Strahlung: radioaktive Strahlung; sie besteht aus Helium-Atomkernen, also He^{2+}-Ionen.

Aldehyde: organische Verbindungen, deren Moleküle an einem Alkyl-Rest eine CHO-Gruppe (Aldehyd-Gruppe) besitzen; Oxidationsprodukte primärer Alkohole.

Alkalimetalle: Elemente der I. Hauptgruppe; bilden einfach geladene Kationen.

Alkane: gesättigte Kohlenwasserstoffe; allgemeine Molekülformel: C_nH_{2n+2}

Alkansäuren: organische Verbindungen, deren Moleküle an einem Alkyl-Rest eine COOH-Gruppe (Carboxyl-Gruppe) besitzen; Oxidationsprodukte der Aldehyde.

Alkene: ungesättigte Kohlenwasserstoffe mit einer C=C-Zweifachbindung; allgemeine Molekülformel: C_nH_{2n}

Alkine: ungesättigte Kohlenwasserstoffe mit einer C≡C-Dreifachbindung; allgemeine Molekülformel: C_nH_{2n-2}

Alkohole: organische Verbindungen, deren Moleküle eine oder mehrere Hydroxyl-Gruppen (OH-Gruppen) besitzen. Ist die OH-Gruppe an einen Alkyl-Rest gebunden, liegt ein **Alkanol** vor.

Aminosäuren: organische Verbindungen, deren Moleküle neben einer Carboxyl-Gruppe (–COOH) auch eine Amino-Gruppe ($-NH_2$) besitzen; Baustoffe der Eiweißstoffe.

Anion: negativ geladenes Ion.

Anode: positive *Elektrode.*

aromatische Kohlenwasserstoffe: reaktionsträge, ungesättigte Kohlenwasserstoffe. *Beispiel:* Benzol

Atome: Grundbausteine der Materie; es gibt ebenso viele Atomarten, wie es Elemente gibt; eine Atomart ist gekennzeichnet durch die Anzahl der Protonen im Atomkern.

Atomhülle: Aufenthaltsbereich der Elektronen; sie bewegen sich in bestimmten Schalen um den Atomkern. (→ Kern/Hülle-Modell)

Atomkern: Massezentrum des Atoms; besteht aus positiv geladenen Protonen und elektrisch neutralen Neutronen.

Atommasse: Masse eines Atoms; sie wird in der atomaren Masseneinheit 1 u angegeben; $1\ u = 1{,}66 \cdot 10^{-24}\ g$

Außenelektronen: Elektronen der äußeren Schale eines Atoms; sie bestimmen die chemischen Eigenschaften des jeweiligen Elements.

AVOGADRO-Gesetz: Bei gleichem Druck und gleicher Temperatur enthalten gleiche Volumina von Gasen gleich viele Teilchen.

AVOGADRO-Konstante: Größe zur Umrechnung zwischen Stoffmenge und Teilchenanzahl; $N_A = 6 \cdot 10^{23}\ 1/mol$

β-Strahlung: radioaktive Strahlung; sie besteht aus Elektronen.

Basen: Teilchen, die Protonen aufnehmen können (Protonenakzeptoren).

Brennstoffzelle: elektrochemische Stromquelle, bei der Wasserstoff (am Minuspol) und Sauerstoff oder Luft (am Pluspol) kontinuierlich zugeführt werden und zu Wasser reagieren.

Carbonsäuren: organische Verbindungen, deren Moleküle eine COOH-Gruppe (Carboxyl-Gruppe) besitzen.

Carbonyl-Gruppe: CO-Gruppe; funktionelle Gruppe der Aldehyde und Ketone.

Carboxyl-Gruppe: COOH-Gruppe; funktionelle Gruppe der Carbonsäuren.

Chromatografie: Verfahren zur Trennung kleiner Mengen von Stoffgemischen mittels eines Trägermaterials (Papier, poröser Stoff auf einer Platte oder als Säulenfüllung) und eines Lösungsmittels bzw. Gases.

Cycloalkane: gesättigte Kohlenwasserstoffe mit ringförmigen Molekülen; allgemeine Formel: C_nH_{2n}

Diffusion: auf der Teilchenbewegung beruhende selbstständige Durchmischung gasförmiger und gelöster Stoffe.

Dipol: Molekül mit polaren Elektronenpaarbindungen, bei dem die Ladungen nicht symmetrisch verteilt sind.

Duroplast: Kunststoff, der sich durch Erhitzen nicht verformen lässt.

Edelgase: Elemente der VIII. Hauptgruppe; Edelgase sind besonders reaktionsträge.

Edelgaskonfiguration: energetisch besonders stabile Elektronenverteilung: Die äußere Schale ist wie bei den Edelgasen mit 8 Elektronen besetzt (beim Helium 2 Elektronen). (→ Oktettregel)

Eiweißstoff: siehe Protein.

Elastomer: Kunststoff, der unter Druck die äußere Form verändert und anschließend wieder die alte Form einnimmt.

Elektrolyse: Zerlegung einer chemischen Verbindung mit Hilfe elektrischer Energie.

Elektronegativität: Maß für die Fähigkeit eines Atoms Bindungselektronen anzuziehen.

Elektronen: Träger der kleinsten negativen elektrischen Ladung; nahezu masselose Bausteine der Atome, die sich in der Atomhülle aufhalten.

Elektronenpaarabstoßungs-Modell: Modellvorstellung über den Bau der Atomhülle; danach werden die Außenelektronen der zu Molekülen verbundenen Atome zu Elektronenpaaren zusammengefasst. Sie bilden Elektronenwolken, die sich gegenseitig abstoßen und so den räumlichen Bau der Moleküle bestimmen.

Elektronenpaarbindung (Atombindung): Bindungstyp in Molekülen; der Zusammenhalt der Atome wird durch gemeinsame Elektronenpaare bewirkt. (→ Oktettregel)

Eliminierungsreaktion: Reaktion, bei der von einem Molekül unter Ausbildung einer Mehrfachbindung ein anderes Molekül abgespalten wird.

Emulgator: vermittelt zwischen hydrophilen und hydrophoben Stoffen und ermöglicht so die Bildung stabiler Emulsionen.

Emulsion: heterogenes Gemisch aus nicht ineinander löslichen Flüssigkeiten.

endotherme Reaktion: Reaktion, bei der aus der Umgebung Wärme aufgenommen wird.

Enzym: Eiweiß-Molekül, das als Biokatalysator wirkt.

Erdalkalimetalle: Elemente der II. Hauptgruppe; bilden zweifach geladene Kationen.

Ester: organische Verbindungen, die bei der Reaktion eines Alkohols mit einer Säure unter Abspaltung von Wasser entstehen.

Ether: organische Verbindungen, deren Moleküle durch die Reaktion zweier Alkohol-Moleküle unter Abspaltung eines Wasser-Moleküls entstehen; zwei Kohlenwasserstoff-Reste sind über ein Sauerstoff-Atom verknüpft (R–O–R').

exotherme Reaktion: Reaktion, bei der Wärme frei wird.

Fett: organische Verbindung, die aus Glycerin und Fettsäuren aufgebaut ist.

Fettsäure: langkettige Carbonsäure.

Formeln: *Verhältnisformeln* geben das Atomanzahlverhältnis einer Verbindung an; *Molekülformeln* geben die zahlenmäßige Zusammensetzung eines Moleküls an; *Strukturformeln* geben die Anordnung der Atome in einem Molekül an.

funktionelle Gruppe: ein Molekülteil mit charakteristischem Reaktionsverhalten.

galvanische Zelle: Anordnung, mit der die bei einer Elektronenübertragungsreaktion frei werdende Energie als elektrische Energie genutzt werden kann. *Beispiel:* Batterie.

Halogene: Elemente der VII. Hauptgruppe; bilden einfach geladene Anionen.

heterogene Gemische: uneinheitliche Gemische, bei denen man, manchmal auch nur mit dem Mikroskop, die einzelnen Bestandteile erkennen kann; einheitliche Gemische bezeichnet man als **homogene Gemische.**

homologe Reihe: Reihe von organischen Verbindungen, deren aufeinanderfolgende Glieder sich jeweils durch eine CH_2-Gruppe unterscheiden.

Hydratation: Bildung einer Hülle von Wasser-Molekülen (*Hydrathülle*) um ein Molekül oder Ion während des Lösungsvorgangs.

Hydrolyse: Spaltung von Molekülen unter Aufnahme von Wasser-Molekülen.
Beispiel: Spaltung eines Fetts in Glycerin und Fettsäuren.

hydrophiler Stoff: wasserlöslicher Stoff mit polarem Molekülbau.

hydrophober Stoff: fettlöslicher Stoff mit unpolarem Molekülbau.

Hydroxyl-Gruppe: OH-Gruppe; funktionelle Gruppe der Alkanole (Alkohole).

hygroskopischer Stoff: ein Stoff, der begierig Wasserdampf aus der Luft aufnimmt.

Ionenbindung: Bindungstyp in Ionenverbindungen; der Zusammenhalt wird durch die elektrostatischen Kräfte der entgegengesetzt geladenen Ionen bedingt. Daraus ergibt sich die dreidimensionale Struktur eines **Ionengitters.**

Ionenverbindungen: salzartige Stoffe; besitzen eine relativ hohe Schmelz- und Siedetemperatur und leiten in Schmelze und Lösung den elektrischen Strom.

Isomere: Stoffe mit gleicher Molekülformel, aber unterschiedlicher Molekülstruktur.

Isotope: Atome eines Elements mit gleicher Protonen-Anzahl, aber unterschiedlicher Neutronen-Anzahl.

IUPAC-Nomenklatur: internationale Regeln zur Benennung chemischer Verbindungen.

Katalysator: ein Stoff, der die Geschwindigkeit einer Reaktion erhöht und unverändert aus der Reaktion hervorgeht.

Kathode: negative *Elektrode.*

Kation: positiv geladenes Ion.

Kern/Hülle-Modell: Atommodell; danach bestehen Atome aus einem kleinen, positiv geladenen *Atomkern,* der praktisch die gesamte Masse des Atoms enthält, und der *Atomhülle,* in der sich die negativ geladenen Elektronen bewegen.

Ketone: organische Verbindungen, deren Moleküle zwischen zwei Alkyl-Resten eine CO-Gruppe (Keto-Gruppe) besitzen; Oxidationsprodukte sekundärer Alkohole.

Kohlenwasserstoffe: Kohlenstoff/Wasserstoff-Verbindungen; man unterscheidet: *gesättigte* Kohlenwasserstoffe mit C/C-Einfachbindungen und *ungesättigte* Kohlenwasserstoffe mit einer oder mehreren C/C-Mehrfachbindungen.

Kohlenhydrate: Verbindungen mit der Verhältnisformel $C_n(H_2O)_m$; je nach Molekülgröße unterscheidet man *Monosaccharide, Disaccharide* und *Polysaccharide.*

Kondensationsreaktion: Verknüpfung zweier Moleküle unter Abspaltung eines Wasser-Moleküls; *Beispiel:* Bildung eines Fett-Moleküls aus einem Glycerin-Molekül und drei Fettsäure-Molekülen.

Kunststoffe: makromolekulare Stoffe, die aus kleineren Molekülen aufgebaut werden.

Laugen: Lösungen, die Hydroxid-Ionen enthalten. (→ Säuren)

Legierung: ein homogenes Gemisch aus zwei oder mehreren Metallen, das in der Schmelze hergestellt wird.

LEWIS-Formel: Strukturformel, in der *bindende* und *freie* (nicht bindende) Elektronenpaare angegeben sind.

Makromolekül: Riesenmolekül, das aus regelmäßig wiederkehrenden Molekülteilen aufgebaut ist.

Massenzahl: gibt die Anzahl der Nukleonen im Atomkern an.

Modifikationen: Erscheinungsformen eines Elements. Sie sind aus den gleichen Atomen aufgebaut, unterscheiden sich aber in der Anordnung der Atome.
Beispiel: Diamant und Graphit sind Modifikationen des Kohlenstoffs.

Mol: 1 mol ist die *Stoffmenge* einer Portion, die $6 \cdot 10^{23}$ Teilchen enthält.

molare Masse: stoffspezifische Größe zur Umrechnung zwischen Masse und Stoffmenge; ihr Zahlenwert entspricht dem der Teilchenmasse in u, die Einheit ist g/mol.

molares Volumen: Größe zur Umrechnung zwischen Volumen und Stoffmenge; bei normalem Druck und Raumtemperatur gilt für alle Gase V_m = 24 l/mol.

Molekülformel: siehe Formel.

Neutralisation: Reaktion von H^+-Ionen aus einer *sauren* Lösung mit OH^--Ionen aus einer *alkalischen* Lösung zu Wasser-Molekülen.

Neutron: elektrisch neutraler Baustein des Atomkerns ($m \approx 1$ u).

Normbedingungen: häufig gewählte Bedingungen für die Angabe von Gasvolumina: $\vartheta = 0$ °C, $p = 1013$ hPa.

Nukleonen: Bausteine des Atomkerns: *Protonen* und *Neutronen.*

Oktettregel: Regel, nach der die Ausbildung von Elektronenpaarbindungen so erfolgt, dass die beteiligten Atome auf der äußeren Schale die Edelgaskonfiguration von 8 Elektronen erreichen.

Ordnungszahl: entspricht der *Kernladungszahl,* gibt die Anzahl der Protonen im Atomkern an.

Oxidation: Reaktion, bei der ein Stoff Sauerstoff aufnimmt; im erweiterten Sinn Abgabe von Elektronen; die Umkehrung der Oxidation ist die **Reduktion.**

Oxidationsmittel: ein Stoff, der einen anderen Stoff oxidiert, ihm Elektronen entzieht; Gegenteil: **Reduktionsmittel.**

Oxidationszahl: Anzahl der Elektronen, die ein Atom in einer Verbindung im Vergleich zum elementaren Zustand formal aufgenommen oder abgegeben hat.

Ozonschicht: Teil der Stratosphäre; liegt etwa in 30 km Höhe; dort absorbieren Ozon-Moleküle den größten Teil der UV-Strahlung der Sonne.

Paraffine: veraltete Bezeichnung für gesättigte Kohlenwasserstoffe (Alkane).

Periodensystem: tabellarische Anordnung der einzelnen Elemente; untereinander stehende Elemente bilden eine *Gruppe,* nebeneinander stehende eine *Periode.* Die Elemente sind nach ähnlichen Eigenschaften und dem Bau der Atome angeordnet.

pH-Skala: umfasst die Werte von 0 bis 14; der *pH-Wert* ist ein Maß für den Gehalt einer Lösung an H^+- oder OH^--Ionen. Bei pH 7 liegt eine *neutrale* Lösung vor, bei pH-Werten unterhalb von 7 ist die Lösung *sauer,* oberhalb von 7 *alkalisch.*

polare Elektronenpaarbindung: durch unterschiedliche Elektronegativität der Bindungspartner verursachte ungleichmäßige Ladungsverteilung entlang der Bindungsachse.

Polykondensation: Bildung von Makromolekülen durch den Reaktionstyp der *Kondensation.*

Polymerisation: Bildung von Makromolekülen, indem sich Zweifachbindungen von *Monomeren* aufspalten; dabei entsteht aus den Monomeren ein *Polymer.*

Polyreaktion: Bildung von Makromolekülen durch Reaktion vieler Monomere.
(→ Polykondensation; → Polymerisation)

Protein: makromolekularer Eiweißstoff, der aus *Aminosäure-Resten* aufgebaut ist.

Proton: positiv geladenes Teilchen im Atomkern ($m \approx 1$ u).

Radikal: reaktives Teilchen mit einem ungepaarten Elektron.

Radioaktivität: Eigenschaft bestimmter Stoffe in andere Elemente zu zerfallen und dabei α-, β- oder γ-Strahlung auszusenden.

Recycling: Wiederverwertung von bereits gebrauchten Stoffen oder Gegenständen.

Redoxreaktion: Reaktion, bei der Sauerstoff ausgetauscht wird; im erweiterten Sinn eine Reaktion, bei der Elektronen ausgetauscht werden.

Reduktion: Reaktion, bei der einem Stoff Sauerstoff entzogen wird; im erweiterten Sinn Aufnahme von Elektronen; die Umkehrung der Reduktion ist die Oxidation.

Reduktionsmittel: ein Stoff, der einen anderen Stoff reduziert.

saurer Regen: Regen, der durch aus Luftschadstoffen (SO_2, NO_2) gebildete Säuren sauer reagiert (pH-Wert ≤ 4,5).

Säuren: Molekülverbindungen, die beim Lösen in Wasser in H^+-Ionen und Säurerest-Ionen zerfallen; *Protonendonatoren.*
(→ Laugen)

Säure/Base-Reaktion: Reaktion, bei der Protonen übertragen werden.

Schalenmodell: Modellvorstellung über den Aufbau der Atomhülle; die Elektronen bewegen sich in definierten Schalen, denen jeweils ein bestimmtes Energieniveau zugeordnet werden kann.

Seifen: Anionen der Fettsäuren; setzen die Oberflächenspannung des Wassers herab und wirken dadurch *benetzend* und *emulgierend.*

Stoffmenge: Zählgröße für die Teilchenanzahl in einer Stoffportion. Einheit: 1 mol
(1 mol ≙ $6 \cdot 10^{23}$ Teilchen)

Stoffmengenkonzentration: gibt an, wie viel Mol eines Stoffs in einem Liter Lösung enthalten sind. Einheit: mol/l

Substitutionsreaktion: Reaktion, bei der in einem Molekül ein Atom oder eine Atomgruppe durch ein anderes Atom oder eine Atomgruppe ersetzt wird.

Tetraederstruktur: Molekülstruktur, die sich ergibt, wenn vier Elektronenpaare um ein zentrales Atom angeordnet sind.
Beispiel: Methan (CH_4).

Thermoplast: Kunststoff, der beim Erwärmen plastisch verformbar wird.

Titration: Verfahren zur Bestimmung des Gehalts einer Lösung durch allmähliche Zugabe einer anderen Lösung mit bekannter Konzentration.

VAN-DER-WAALS-Bindung: Anziehung zwischen unpolaren oder schwach polaren Molekülen.

Verbindung: Reinstoff, der durch chemische Reaktionen in Elemente zerlegt werden kann.

Veresterung: Bildung eines Esters aus Alkohol und Säure unter Abspaltung von Wasser.

Verseifung: Spaltung *(Hydrolyse)* von Fetten in alkalischer Lösung.

Wasserstoffbrückenbindungen: zwischenmolekulare Bindungen, die zwischen stark polar gebundenen Wasserstoff-Atomen des einen und freien Elektronenpaaren von Sauerstoff-Atomen oder Stickstoff-Atomen eines anderen Teilchens wirksam werden.

Stichwortverzeichnis

Das illustrierte Periodensystem

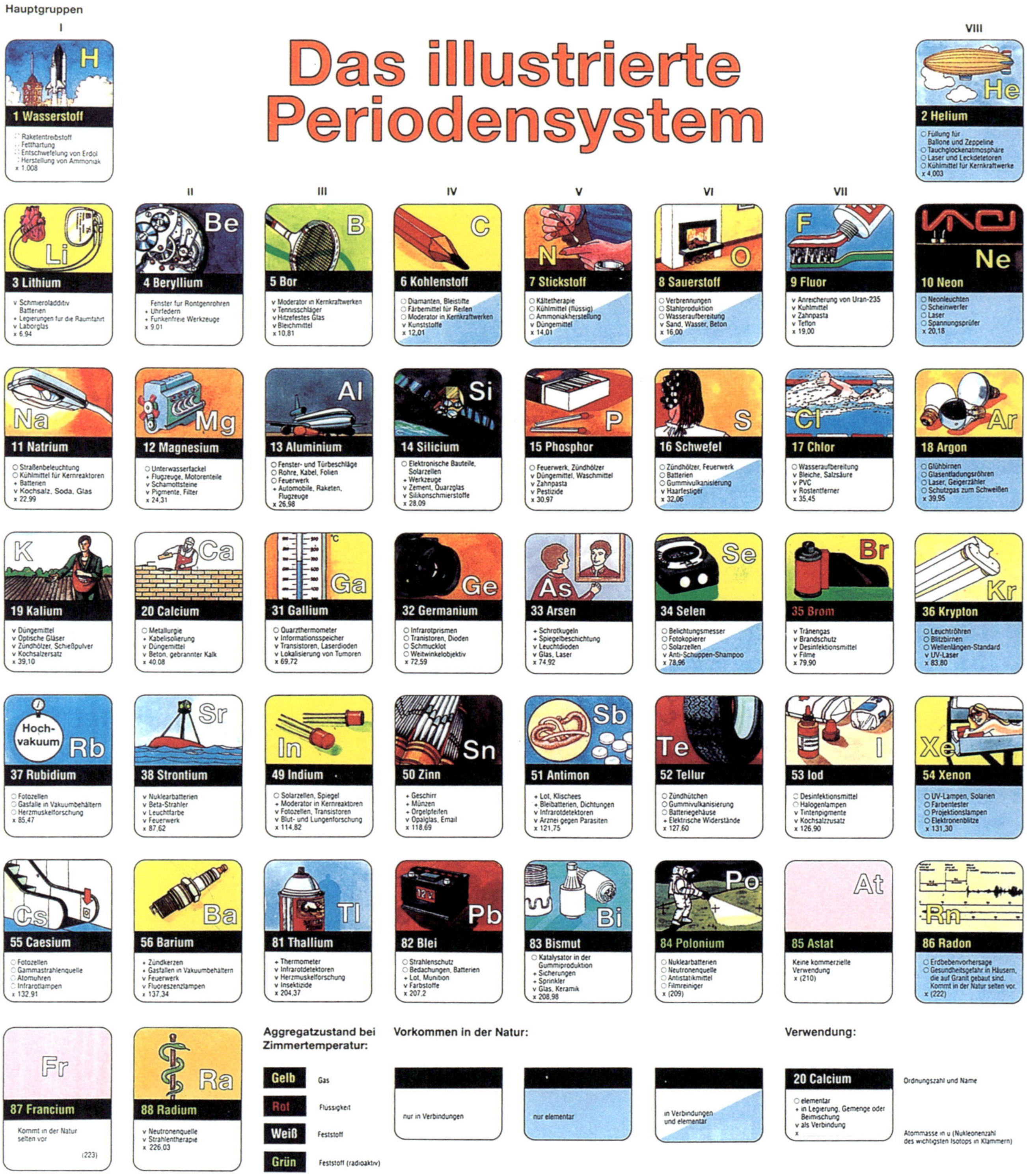